O

共情时代

The Age of Empathy

[荷] 弗朗斯·德瓦尔 著　刘旸 译

Frans de Waal

CTS K 湖南科学技术出版社

·长沙·

献给妻子凯瑟琳，那个带给我欢笑的人。

序言
Prologue

“贪婪”的时代已经过去，“共情”正变得越来越重要。 ix

2008年，经济危机席卷全球，接着，新总统上台。接二连三的大事让美国社会发生了翻天覆地的变化。多数人输得一贫如洗，像经历了一场噩梦；少数人赢了钱，不顾他人死活，得意洋洋地拂袖而去。这个“梦境”似曾相识。25年前撒切尔-里根的涓滴经济学（即里根经济学，里根政府认为，经济救济不是救助穷人最好的方法，应该通过经济增长使总财富增加，最终使穷人受益。——译注）以及后来人们对市场自我调节能力的过分信任，都曾把社会带入类似窘境。如今已经没人相信那一套了。

美国政治生活正迎来一个新纪元，它强调协同合作和社会责任。它关注的不再是我们能从社会中攫取多少物质财富，而是如何将社会力量整合在一起，如何让我们乐于在这个社会中生存。“共情”已成为这个时代的宏大主题，正如巴拉克·奥巴马在芝加哥西北大学毕业典礼上所言：“我们应该更多地看到，这个社会仍然缺乏温情……只有把你的小推车挂在一辆马力更强的机车后边，你才能明白自己究竟有多大潜力。”

通过这本书，我希望向读者传达一种理念：能帮助我们完成这项进步的，恰恰是人类的天性本身。诚然，当我们从生物性的角度评判社会问题，我们往往基于人类自私的属性；但我们不该 x
忘记，人类天性中同时有另一些特质，将人与人紧紧凝聚在一起。

这和其他动物群体中的凝聚力并无二致。动物也会同人一样，调整彼此的步调，协调彼此的行为，关怀弱者，帮助他人。因此，人对另一个人的感情能够感同身受，这种能力植根于漫漫历史长河。这便是我希望本书的名字能够传达出的另一层含义——脉脉温情的演化渊源。

弗朗斯·德瓦尔

目录
Contents

第 1 章　生物学：自私或温存

01

政府本身不过是人性集大成者罢了。 1

——詹姆斯·杰弗逊，1788

我们是我们兄弟姐妹的守护者吗？我们应该做他们的守护者吗？如果答案是肯定的，这项使命会不会和我们自身的生存使命相矛盾？毕竟从经济学角度来讲，人活着就是为了生产和消耗，生物学家也说，人类应该致力于生存和繁殖。两个学科的措词有异曲同工之妙，这并非巧合，因为它们孪生于英国工业革命时期。两者遵循的都是“竞争有益”的逻辑。

然而就在早些时候，在与英国毗邻的苏格兰，却诞生了大相径庭的思想。经济学之父亚当·斯密在《道德情操论》中提出独树一帜的观点，即对个人利益的追求需要顾及他人情感。这本著作的知名度当然比不上后来的《国富论》，但开篇那段话却赢得了广泛的知名度：

人类或许真的非常自私。尽管如此，他的天性里明显还存在 2
另一些特质，让他去关注他人命运，甚至为别人的幸福感到满足——哪怕自己除了观者的快感一无所得。

法国革命者讴歌“兄弟之爱”；美国前总统林肯呼吁“充满温情的伙伴关系”；西奥多·罗斯福总统则热切赞许同情之心，将之誉为“健康的政治和社会生活中最重要的元素”。但诚如他们所说，人们为什么时常挖苦那些心软的人，奚落他们滥施同情或者感情用事呢？让我们看看 2005 年美国路易斯安那州遭受卡特里娜飓风袭击后发生了什么吧。当时美国人被突如其来的灾难搞得人心惶惶，一个有线新闻台做了一期节目，质疑宪法中究竟有没有保障灾难救援的相关条款。节目请来的一名嘉宾立场鲜明地表示：他人疾苦，与我无关。

飓风引起路易斯安那州大坝决堤。事发当天我正巧从亚特兰大开车去亚拉巴马州的奥本大学做讲座。我去的那片地区损失不怎么惨重，只是倒了些树。尽管如此，宾馆还是人满为患，灾民千方百计地把老人、孩子、猫、狗全塞进来避难。我一觉醒来，发现自己周围变成了动物园！当然这对一个生物学家来说也没什么新鲜的，不过你可以由此看出灾难有多严重。这些能挤进避难所的人还算幸运；扔在我门口的晨报上赫然印着灾民迫切的呼救：就这么把我们扔下不管，和禽兽没什么两样！这些人已经被困在路易斯安那州体育场数天，没有吃的，也没有必要的卫生设施。

虽然灾民抱怨是天经地义的，但他的话我却不能苟同，动物才不是抛弃同伴的无情畜生呢。无独有偶，我那次到奥本大学刚好要做这方面的演讲，我的观点是，人类“内在的猿性”其实并非普遍以为的那样冷漠和卑鄙；正相反，共情的能力深深植根于人类本性之中，让我们对别人的喜怒哀乐感同身受。当然也不能要求人们随时随地和他人情感产生共鸣。在新奥尔良遇灾之时，成百上千的人带上各自的盘缠，开车扬长而去，将老弱病残抛在身后，任他们自生自灭。在某些地方，甚至能见到死尸漂浮在泛滥的洪水中，成为鳄鱼的腹中餐。

3 但就在灾难发生后不久，深深的不安在全国弥漫开来，大量支援物资汇向受灾地点。人们不是没有同情心，只是比较后知后觉。美国人原本挺慷慨的，可惜从小受到错误信仰的教导，把亚当·斯密奉为经典，这位大名鼎鼎的经济学家相信自由市场中有只“隐形的手”，可以解决各种社会困境。然而这次在新奥尔良上演了“优胜劣汰”的一幕，这只“隐形的手”显然没能在灾难中阻止骇人情景的发生。

经济成功有时是以损害公众利益为代价的，这是一桩丑陋的秘密。其后果是造出一个巨大的、没人在乎的底层阶级。卡特里娜飓风之灾让美国社会的这个弱点赤裸裸地暴露出来。在驱车回亚特兰大的路上，我突然意识到，“共同的利益”才应该是当前时代的主题。过去，我们一直将注意力集中在战争、恐怖袭击、全球化和政治丑闻的细枝末节，却忽视了更宏大和基本的东西，那就是如何在保证经济欣欣向荣的同时，让社会充满人文关怀。后者在卫生保健、教育、司法领域都不可或缺；一旦发生卡特里娜飓风这样的自然灾害，更是至关重要。路易斯安那州大坝一直遭到严重忽视，直到决堤。洪水发生一周后，媒体伸出手指，忙不迭地点数罪魁祸首。工程师有没有失职？钱款有没有被挪用？总统先生怎么还不从他的假期里抽身回来？照我家的传说，手指头应该点在大坝里（在荷兰传说中，一个勇敢的男孩用手指堵住坝上的破洞，让村庄免于受淹。——译注）。荷兰大部分土地低于海平面 6 米以上，大坝神圣不可侵犯，政客根本没有发言权，也就是说水的治理权超越了国家职权范围，掌握在工程师和当地市民委员会手里。

这样一想，荷兰的做法其实反映了民众对政府的不信任。这种不信任并非针对大政府，而是由于社会中多数政客都目光短浅。

不断进化和进步的精神

你也许认为生物学家不该多管闲事。世界上还有这么多生物问题没有解决，小到象牙喙啄木鸟、灵长动物对艾滋病病毒和埃博拉病毒的传播，大到热带雨林消失、从猿到人的演化。我承认，回答这些问题的确是生物学家的责任，然而毋庸置疑的是，公众
4 对生物学的看法已经发生了巨大的变化。想当年，生物学家爱德华·威尔逊第一次展现动物和人类行为的关联，人们嗤之以鼻，如今这种情况一去不复返。大家已经能够更开明地接受人类同其他动物的相似之处，这让生物研究变得更为便利。所以我决定更进一步，看生物学能不能给社会带来一些启发。哪怕要蹚政治的浑水，我们也不必太过紧张；毕竟生物学早已同社会建立起密切的联系。如今关于社会和政府的每项争论，都建立在大量对人性的假设之上。人们以为这些假设源自生物学事实，其实多数都是子虚乌有。

比如，人们热衷于各种公开赛，很多人把这个癖好归结为生物演化的结果。“演化”的说辞甚至出现在1987年的电影《华尔街》当中，迈克尔·道格拉斯扮演的冷酷无情的股市大亨戈登·盖柯（Gordon Gekko）口沫横飞地讲出那臭名昭著的“贪婪宣言”：

> 问题在于，女士们、先生们，“贪婪”——抱歉我找不到更好

的词，贪婪是好的，贪婪是正当的，贪婪有用，贪婪扫清障碍、摆平一切，贪婪，它是进化和进步精神的精华所在。

进化和进步的精神？为什么对生物的臆断永远是阴暗和负面的呢？社会科学描述人性时常常借用霍布斯的老话：人对他人像狼一样。这句话根本就建立在对其他物种的错误假设之上，在此基础上演绎出的对人类的描述当然也值得商榷。因此，生物学家解释社会和人性，无非老生常谈，只不过生物学不会去论证空泛的思想框架，而更关注实际问题，比如人类天性究竟是什么，源自何处；盖柯口中的“进化与进步的精神”，是否真的等同于贪婪，除了贪婪还有没有别的内容。

法律、经济学，以及政治学领域缺乏合理的工具，因此这些 5
学科的学生很难跳出局限，客观审视自己所在的社会，因为无从对比。他们真该多借鉴人类学、心理学、生物学和神经科学对人类行为的研究结果。这几门学科都向我们传达出同样的信息，人是群体动物：我们协同合作，对不公正的现象心思敏感；我们有时好战，但多数时候爱好和平。倘若忽视了这些人性特点，社会就无法理想运作。我也不否认人会为个人动机所驱使，所以我们才看重功名利禄，向往衣食无忧。社会同样不能回避这些人性特点。人有社会性和自私自利的双重面孔，然而问题在于，至少在西方世界，后者经常被看作人性的全部。因此我决定关注前者，包括共情能力，以及社会上人与人之间的紧密关系。

有些科研项目探讨了人类及其他动物利他性和公平意识的起源，已经得到了一些特别令人激动的结果。科学家发现，如果让两只猴子同工不同酬，受到不平等待遇的那只就会闹罢工。我们人类社会也是如此，工人宁可失业也不容忍分配不公。聊胜于无的道理谁都懂，但是猴子和人都不折不扣地违背着利润原则。这种抗议行为无疑说明生物看重奖励，同时也表明，我们对不公正的抵触是与生俱来的。

从某种意义上来讲，我们的社会正变得越来越缺少团结精神，可以想象这样发展下去，社会将充满阿谀曲从与暗箱操作。基督教的古老价值观又提醒我们不能对贫病交侵的弱势群体置之不理，看来两种价值观要水火不容了。常见的出路是将罪责全推卸到受害者身上。如果“穷困潦倒”是穷人的错，其他人就可以大言不惭地脱离干系了。依据这个逻辑，卡特里娜飓风之灾过后一年，一位声名显赫的保守派政治家纽特·金里奇竟然要求开展调查，矛头直指那些没能在飓风中成功避难的人，称他们“没履行好公民责任”。

那些强调个人自由的人常把集体利益描述成浪漫和富有传奇色彩的东西，认为追求集体利益的行为只适用于胆小鬼，而值得推崇的是人人为己的逻辑。在他们看来，与其花大钱建一座保护整个地区的大坝，不如“自扫门前雪”，各自照顾自己的安危。事实上在佛罗里达州，一家新公司应运而生，贯彻的就是此项精神。他们提供
6 私人飞机座位租用服务，好在飓风来袭时把人运出去。如此一来，付得起钱的人就单飞，剩下的人只好挤在一起，以每小时 8 千米的速度慢慢挪步。

所有社会都需要应付这种“先己后人”的态度。类似的故事每天都在上演。这里我指的可不是人的社会，而是耶基斯国家灵长类研究中

心（Yerkes National Primate Research Center）的黑猩猩群体。该中心在亚特兰大市东北有一处野外站，我们把黑猩猩养在露天畜栏里，有时会给它们一些可以分享的食物，比如特别大的西瓜。多数黑猩猩都想率先拿到食物，因为一旦什么东西被据为己有，就很少会再被其他人抢走。你能在这个群体中看出个体对占有权的尊重，即使是处在最低阶级的雌猩猩也能在最强势的雄猩猩眼皮底下霸占住自己的吃食。没有食物的个体时常凑到有食物的黑猩猩旁边，伸开手掌讨吃的（看，这个手势人也通用）。它们告哀乞怜的时候一点都不会不好意思，恨不得贴到别人脸蛋儿上。如果有食的富猩猩坚决不让，讨食者甚至可能突然爆发，哭天抢地、满地打滚，好似末日来临。

黑猩猩乞求食物的时候，和人的姿势是一样的，它们也会伸出手，掌心向上

黑猩猩种群里既能看到占有也能看到分享。一般只要 20 分钟不到，纷争就尘埃落定，所有黑猩猩都至少能分到一点吃的。抢到食物的把食物分给好友和家人，被分到食物的继续分给自己的好友和家人。尽管也有争权夺利，但整体看起来还是一派和平景象。曾经有位摄像师来拍摄食物分配过程，他转过身来对我说：“我该把这段给我小孩看。他们一定能从中学到点什么。”

因此，如果有人取证自然，影射我们的社会也该充满“同样的”生存斗争，你完全可以忽视他的言论。自然界已经以无数的例子向

7 我们表明，动物生存靠的不是铲除异己或资源独吞，而是合作与分享。这个特点毫无疑问适用于狼和虎鲸这样的群体猎食者，我们的灵长类近亲也遵循这一原则。位于西非象牙海岸的塔伊国家公园曾开展过一项关于黑猩猩的研究，参与研究的个体会照顾被豹子咬伤的同伴；它们将伤者的血舔净，小心翼翼地除去脏东西，如果有苍蝇接近伤口，就毫不疏忽地轰走。除了伤者会受到额外保护，大部队也会主动放慢脚步，好让伤员能跟上。黑猩猩群聚而居，必然有其道理；狼和人结群活动也有相同的好处。如果真要说“人对他人像狼一样”，那我们不该只看到阴暗和邪恶的一面。如果我们的祖先全都性格孤僻、离群而居，那人类肯定不是今日的模样。

我们需要彻底地重新审视人性的定义。无数经济学家和政客将人类社会模型构筑在他们所臆想的自然界之上，这个想象的世界充满凶险和纷争。这些专家如同魔术师，先把自己头脑中的偏见扔在自然这个帽子里，然后从里边一把抓出偏见的耳朵：“瞧，大自然里不就是这样吗?”我们被这招糊弄了好久。在人类发展史中，竞争的作用无可厚非，但我们绝不仅仅是靠着竞争生存下来的。

被溺爱的孩子

美国前副总统理查德·布鲁斯·切尼对“节约能源”不屑一顾，德国哲学家伊曼努尔·康德也不看好与人为善的价值。用切尼的话说，节约是“个人的美德”，对整个星球无益处可言，而在康德看来，怜悯之情固然美好，却同道德生活无关。既然“社会责任”是王道，谁还在乎什么柔情蜜意呢？

我们活在一个崇尚理智的时代，相比之下，情感就成了招致脆弱和让人优柔寡断的东西。更糟的是，情感难以被驾驭——人之所以为人不正因为我们能自我驾驭吗？现代哲学家们的目光全都聚焦于逻辑和推理，对人类情感则唯恐避之不及，好像禁欲的隐士躲避
诱惑。但是，正如隐士也会偶尔想象花前月下和鲜衣美食，没有一 8
个哲学家可以完全避讳人类的基本需求、欲念和迷恋，因为很不幸，人毕竟是血肉之躯。“纯粹的理性”就成了纯粹的臆想。

如果道德源自人为的抽象概念，那我们为什么每每能不假思索地迅速做出判断呢？事实上，心理学家乔纳森·海特认为道德决策来自直觉。他让实验参与者对异常的行为(比如兄妹一夜情)发表看法，实验对象都能立刻表达不赞同。海特继续让他们历数否定乱伦的原因，并一一辩倒这些理由，直到实验对象理屈词穷。比如，他们会提到乱伦容易生出异常的后代，但在海特设计的情景中，兄妹二人使用了有效的避孕措施，也就是说那些顾虑其实是不存在的。大多数实验者立刻就走入了“道德窘境”，他们只能强词夺理地坚称这些行为都是不正当的，却给不出任何严谨的理由。

毫无疑问，我们时常“不过脑子”就能做出道德判断。实际上是情感先做了决定，我们那善于思考的头脑才事后诸葛亮似地站出来，自圆其说地拼凑出一套合理的解释。考虑到逻辑思维中这项基本缺陷，我们似乎应该反思一下前康德哲学对道德的诠释。它认为道德感植根于“情绪”——此观点恰恰符合演化理论、现代神经科学，以及对我们的灵长类近亲行为的观察。这并非意味着猿也有道德观念，但我非常赞同达尔文在《人类的由来》一书中表达的观点，

即人类道德感源自动物社会：

> **任何一种具有明显社交天性的动物……一旦其智力水平发展到接近或等同于人类的程度，都毫无疑问会产生道德感或道德意识。**

那么达尔文所说的“社交天性”具体指什么呢？我们究竟为什么
9 要关心他人，为什么要关注他人的行为？显然，道德评判的含义远不止于此，但对他人发生兴趣是前提。失去这个前提，就难以发展出什么道德。人类的这种习性，是一切的基石。

我们的身体实际上在许多情况下都会在不自觉中做出反应。聆听他人讲述悲伤的故事，我们也会不由自主地垂头丧气，像当事人一样皱起眉头。身体上的这些变化反过来致使我们的情绪变得像讲述者一样忧郁。在这样的情形下，我们的脑子并没有钻到对方脑子里去，而是身体准确地捕捉到了对方的情绪信息。不仅忧伤的感情如此，愉悦感也可以传递。有天早上我迈出早餐店，竟莫名其妙地吹起口哨来，我想我的情绪怎么突然变得这么好呢？原来刚才我的邻座坐着两位男士，看得出来是久别重逢的老友，谈笑风生，天南海北。我被他们的情绪所感染，尽管我们素昧平生，而且我对他们聊天的内容也不知情。

情绪可以通过面部表情和肢体语言来传递，这对我们的影响非常大，以至于每日进行这种交流的人的长相会日渐相仿。此现象已经通过实验得到了证实。研究人员给实验参与者展示多年夫妻的两组单人照片，一组是结婚当天照的，另一组拍摄于 25 年之后；接着，参与者要根据面孔相似性将照片配对。当看到老年时代的照片，受试者很容易判断出谁和谁是夫妻；然而当看到年轻时的照片，配对结果就一团糟。因此，长相厮守的夫妻有所谓“夫妻相”，并不是因为他们开始选了长相相似的人做伴侣，而是由于经年累月各自的特征发生了趋同的改变。夫妻自我评估生活越幸福，长相也越相似。每日情绪的交流显然可以让二人变得“你中有我、我中有你”，别人从外表一眼就看出他们已经彼此拥有了。

说到这里，我忍不住想到，我们也时常觉得狗长得像主人。这和夫妻相像的道理并不相同。只有当狗是纯种时，我们才能成功地将狗和主人的照片进行配对。遇到杂种狗，人的判断力就失灵了。因为纯种狗通常是主人不惜血本精心挑选而来的。可以想象一位高雅的女士恐怕更愿意牵猎犬在街上闲逛，而性格坚毅的汉子和罗威纳犬走在一起那才更拉风。关键问题在于狗同狗主人的相似度不会逐年增长，因此造成狗像狗主人的原因只是品种选择，这和配偶之间由于情绪传递而造成的彼此相像是完全不同的。

我们的身体和头脑都太适应社会生活了，一旦落单，就会无可救药地精神消沉。这就是为什么单独囚禁是除死刑之外最严酷的惩罚。社会联系无可取代，因此延长寿命最可靠的方式就是告别单身，并一直维持婚姻关系。这样也有危险，有朝一日失去伴侣，活着的另一半就常常心灰意冷，甚至连活下去的愿望也没有了，这能解释为什么那么多丧偶的人随之死于交通事故、酗酒、心脏病和癌症。统计数据显示，夫妻一方去世之后，另一半的死亡率在半年之内会很高，这个规律在年轻人中表现得比老年人明显，而男性又比女性更甚。

其实动物也是如此，我就因为这个原因失去过两只动物伙伴。

第一次是我亲手养大的寒鸦（一种状如乌鸦的鸟）乔汉（Johan），它性格驯良温和，不过对我并不怎么亲密。它毕生最爱寒鸦拉菲亚（Rafia）姑娘，一双鸟儿相伴多年，直到有一天拉菲亚独自飞出鸟笼追求自由去了（我怀疑是邻家小孩儿出于好奇把笼子打开了）。剩下乔汉一个，孤苦伶仃终日对着茫茫天空嘶鸣。几个星期后就撒手“鸟”寰。

还有暹罗猫莎拉（Sarah）。它是被我们的老公猫迪亚戈（Diego）“收养”的。迪亚戈对莎拉温柔有加，不仅为莎拉舔净身体，还任它蜷缩在腹部，好像在喂奶，两只猫连睡觉都挤在一起。这样的忘年交持续 10 年，直到迪亚戈寿终正寝。莎拉那时还年轻，身体也健壮，可它竟然停止进食，兽医也说不出个道儿，2 个月后竟追随迪亚戈而去。

这样的故事太多了，至爱的亲人死去，不肯弃尸而去的事屡见
11 不鲜。灵长类的妈妈有时会一直抱着死婴，直到剩下皮包着骨头。曾经还有一只失去孩子的肯尼亚母狒狒，几个星期后当她再次见到当初安置尸体的树丛，还会躁动不安。那只狒狒妈妈爬到附近的高树上俯瞰地下并发出悲号，狒狒一般只有找不到大部队时才会这么叫。还有大象，它们时常回到同伴死去的地方，在那经受风吹日晒的尸骨旁站上半晌。几个小时内，它们一边嗅一边轻柔地翻动骨头。有的大象会敛些骨头随身带走，还有的会把骨头再送回葬身之地。

人们被动物的忠诚所感动，甚至为之树碑立像。在苏格兰爱丁堡有一座名为“格雷菲尔斯鲍比”的小塑像，塑像原型是一条斯凯梗犬。主人于 1858 年死后，小狗鲍比（Bobby）不肯离开主人的坟墓，

整整守护了14年，靠它的粉丝送来的食物维持生命，直到生命的最后一天。它死后被埋葬在离主人不远的地方。在它的墓碑上刻着这样的话："让它不渝的忠诚成为我们的榜样。"日本东京也有一座类似的雕像，纪念的是秋田犬八公(Hachiko)。主人在世时，八公每天都会跑到涉谷车站等待他下班归来。1925年，主人去世，但是八公竟然矢志不渝地坚持着它的习惯，每天准时出现在车站，长达11年之久。如今，狗狗爱好者每年还会在车站出口聚会，表达对忠犬八公的敬意，而这个车站也用"八公"取代了原来的名字。

听到这里，你也许仍然会不屑一顾，故事倒挺感人，但它们和人的行为有什么关系呢？不要忘了，我们属于哺乳动物，在这一类动物中，母亲照顾孩子义不容辞。社会关系显然对人类生存至关重要，而其中最根本的就要数母亲和孩子的关系。它提供了一个演化模板，包括成人之间的其他一切社会关系都建立在此基础之上。这样一来，当我们看到谈恋爱的人有时会模仿亲子之间才有的行为，比如互相喂吃的，好像自己不会吃饭似的，或者像小宝宝那样提高嗓门说特别幼稚的话，就不足为奇了。至于我呢？我就是在甲壳虫乐队的爱情歌曲中长大的——"我要握住你的小手"——这何尝不也是一种向童年的回归。

实际上，过去某些动物研究对人类社会造成了巨大而具体的影响。一个世纪以前，弃儿所和孤儿院一概遵循行为主义的原则，这造成了前所未有的糟糕后果。行为主义是心理学派的一支，顾名思义，它相信行为是科学唯一能够观察和量化的，因此也是唯一值得 12
研究的，而大脑的意识哪怕真的存在，也像个黑盒子一样无法捉摸。情绪就更不用说了。如此一来，动物还有内心世界就成了无稽之谈，它们被比作机器。这可苦了动物行为学家，他们必须重新创立一套名词，好将对动物的描述和对人类的描述相区别。可笑的是，好不容易重新命名了，有的词竟再次被人利用。比如，人们顾虑“朋友”“伙伴”这样的称呼会给动物带上人类行为的意味，于是造出“亲密关系”(Bonding)这个词，专门用于描述动物。谁料想，这词听起来太棒了，立刻变成形容人类关系的流行语汇(比如“男性亲密关系”和“亲密关系体验”)。这让人始料未及，结果反而要让它从动物行为领域再次退役。

行为主义之父约翰·华生曾成功地“训练”婴儿，让他们对毛绒物体产生恐惧。这个结果终于让人相信，人的行为同样符合效果法则(即人倾向于重复那些会带来好结果的行为，而避免结果不理想的行为。——译注)。华生首先让小艾尔伯特高高兴兴地玩着一只毛绒小白兔。过了一会儿，阴谋就开始了：小白兔一出现，华生就拿铁器在可怜的小艾尔伯特耳边制造噪声。如此一来，恐惧就成了毛绒小白兔的后果。从那以后，每次小白兔(或研究人员)一出现，艾尔伯特就吓得号啕大哭。

华生认为条件反射无所不能，“情绪”是应该回避的。他尤其质疑母爱，把母爱看成一种危险的感情，认为无微不至地关照孩子其实相当于向孩子灌输软弱、恐惧和自卑性格，这样下去将毁掉孩子的前程。最后他申明，社会需要多一些条理少一些温情。他甚至设想了一个“婴儿园”，园里没有多事的父母，婴儿的抚养完全遵照科学设计。比如，小孩只有在行为表现无可挑剔时才可以被人碰一碰，而且不可能是拥抱、亲脸这种亲昵动作，只能在头上轻拍一下。华生认为，在培养下一代的过程中，有组织地分发物质奖励会带来惊人的效果，而平庸的好好妈妈只会滥施感情，完全不懂育儿之道。

不幸的是，这种“婴儿园”真的存在，效果简直差得没得说！看 13
看心理学家对孤儿院孤儿的研究，结果不言自明。这些孤儿被分开关在有栏杆的小床里，彼此之间用白布单隔开，缺乏视觉刺激，没有肢体接触。他们从没听过柔声细语，没被人抱过，更不曾像其他孩子那样被人挠痒逗乐——恰好符合科学家们的推荐。可这些孩子看上去面无表情，目光呆滞，和行尸走肉没什么区别。照华生的说法，他们理应茁壮成长，实际上却对疾病一点抵抗力也没有。在某些孤儿院，死亡率甚至接近百分之百。

华生当年对所谓“过分溺爱的孩子”的声讨，以及 20 世纪 20 年代公众对华生强力的支持，我们今天看来简直不可理喻。这促使心理学家哈里·哈洛着手证明另一个更符合常识的理论，即母爱很关键——对猴子来说……哈洛在美国威斯康星州麦迪逊的灵长类实验室中证明，在孤立环境中养大的猴子，不管精神还是社交能力都不健全。如果愣是把这些猴子放归到群体中，别提社交技巧，它们连社交欲望也没有；不仅如此，这些猴子也不会像其他成年猴子那样交配和抚养后代。先不论是否符合伦理，哈洛的实验确实已经向人们证明，剥夺肢体接触，对哺乳动物可不是什么好事。

随着时间的流逝，此类实验慢慢改变了人们的看法，孤儿们的命运也逐渐得到了改善。不过历史还有个例，罗马尼亚总统尼古拉·齐奥塞斯库曾集结上千名新生儿，把他们投入“感情集中营”，剥夺他们应得的温情。当统治的铁幕最终被打破，齐奥塞斯库的孤儿院终于打开大门的时刻，全世界再次见证了教训。这些孩子不会哭笑，终日像胎儿那样蜷成一团，摇来晃去(同哈洛的猴子惊人地相像)，连玩耍也不会。如果给他们递上新玩具，他们就会猛地向墙边掷去。

罗马尼亚的孤儿依据所谓“科学”理论被养大，对他们的培养完全忽视孩子的情感需求

亲密的人际关系对人类至关重要，它带给我们最大的欢乐。虽然戴高乐将军有句名言：“欢乐是为蠢货准备的。”但我说的欢乐并非他所指的那种癫狂状态。美国《自由宪章》中也描述了“欢乐”，
14 是人满足于自己生存现状的心理状态。这种状态是可以度量的。不仅如此，研究表明，在收入达到特定水平之后，物质财富带来的区别并不显著。在过去几十年间，生活水平稳步提升，但我们欢乐的程度可曾有所改变？答案是，一点也没有。对人最有益的，并不是金钱、成就，以及功名等，而是同家人朋友待在一起的时间长短。

人们把社交圈的存在视为理所当然，以至于时常忽视它的重要性。我所在的灵长类专家工作小组就曾经历过一次教训，尽管我们这帮人其实应该是最了解这些动物的。那次，我们为黑猩猩建了一

个新攀爬架，然而却把精力过多地集中在物质环境上。哪知道，这些猿已经在那个老的户外金属攀爬架上耍了 30 年。我们却心血来潮，决定弄几根大木杆，拧出个更激动人心的架子来。在整个建造过程中，黑猩猩们被锁在隔壁。起初，它们坐立不安，不停制造噪声；可有一次听到外边的巨型机械开始立杆子，它们不再折腾了。它们看出来，这帮人是动真格儿的了！我们把杆子用粗大的绳索连接起来，在地上铺了新草皮，挖了新管道。8 天后，新攀爬架拔地而起，比旧的高 10 倍。万事俱备。

跑来观看黑猩猩乔迁新居的野外站工作人员不下 30 名。我们甚至开始打赌哪只黑猩猩会率先碰到新架子的木头，哪只会最快爬到顶端。这些猿几十年都没碰过木头，有的一辈子连木头味儿也没闻过。灵长类动物中心主任猜测地位最高的雌、雄黑猩猩会赢，不过我们也知道雄性黑猩猩其实根本就不是什么英雄。它们成天忙着巩固自己的政治地位，不惜冒险，却完全可能见到点新事物就吓得跑肚拉稀。 15

我们在观测塔上架好摄像机，对准镜头。黑猩猩在众目睽睽之下被放出笼子。那情景让所有人始料不及。显然，我们光顾着为自己顶着炎炎烈日精心搭建的攀爬架而欢欣鼓舞，根本就忘了黑猩猩们已经在各自的笼子，甚至彼此分开的楼里关了好多天了。打开牢笼后它们做的第一件事就是开展社交活动。有些黑猩猩直接扑进别人怀里，彼此拥抱亲吻。一分钟不到，成年雄性已经竖着全身的毛，开始四处恐吓，好像在提醒其他个体：不要忘了谁是头儿。

这些黑猩猩压根儿没注意到它们头顶的新攀爬架。有的径直走到下方，好像新架子根本不存在似的。它们看来一点也不准备接受！直到从地上看到我们巧费心机挂上去的香蕉，情况才有所改观。率先爬上去的是年长一些的雌性黑猩猩，讽刺的是，最后碰到那上边木头的，反倒是整个群体里最横行霸道的雌性。

好景不长，挂在攀爬架上的美食一旦被吃光，大伙儿就撤了。显然，它们还没做好入住新居的准备。所有黑猩猩又集合在旧金属架子里，实际上我的学生在前一天已经测试过，证实这个旧架子确实是极不舒服的。可这些黑猩猩一打出生就活在这里，“金窝银窝不如自己的狗窝”，它们四仰八叉懒洋洋地躺在里头，抬头瞻仰着隔壁的“宫殿”，好像那根本不是给它们享受的，而是一个具有研究价值的物件。足足过了几个月，黑猩猩们才开始把大把时间花在这个新架子上。

我们这些研究人员过于沉醉于自己的杰作，反被黑猩猩教了一课，让我们认识到什么才是最基本的需求。这件事让我重新思考康德。这不正是现代哲学的症结所在吗？一门心思研究那些所谓人类最独特和最重要的东西，什么抽象思维啦，良知啦，道德啦，结果恰恰忽视了最基础的方面。我并不想刻意贬损所谓“人类的特质”的重要性，但是，如果真想弄明白我们何以成为今天的样子，就必须尝试着以自下而上的方式进行思考。让我们将注意力从人类文明的
16 巅峰转移到山脚。巅峰在阳光的照耀下发出让人无法忽视的光芒，可山脚却蕴藏了推动人类演化的东西——包括那些驱使我们去溺爱孩子的“龌龊”的多愁善感。

大男子气概的神话

那是一场典型的发生在雄性灵长类动物之间的冲突：在一家高档意大利餐厅里，一名男性当着他的女朋友，向另一位男性——我——发出挑衅。他读过我探讨人性在自然中地位的著述，这正是绝佳的进攻话题。“你来说一种人和其他动物共通的行为。”他想找个例子开刀。我悠闲地大嚼美味的意大利面，不假思索地脱口而出：“性行为。”

不难看出，我的回答触及一些本该难以启齿的东西，他迟疑了一下，不过只是很短的时间，随即发起反击。我的对手开始极力捍卫所谓人类特有的“激情”，强调浪漫的爱情只是生物演化到很晚的时候才出现的，比如诗情画意、小夜曲什么的，都是人的专利；同时竭力把我对爱情本源的分析说得一无是处。我在文章中曾指出人类的爱情在本质上同仓鼠和孔雀鱼并无二致（雄性孔雀鱼长了一种变形了的鳍，看起来状如阴茎）。说到这些“粗俗不堪”的解剖学方面的细节，他露出鄙视的神情。

可怜的家伙。他的女朋友碰巧是我的同事，她兴致勃勃地举出更多动物性行为的例子。结果，我们这场对话让灵长类行为学家乐此不疲，却几乎羞辱了在座其他所有人。当这位女朋友说到“他阴茎勃起就那么一丁点”，旁边桌子的人明显吃惊了，不知道是因为这句话本身，还是因为她大拇指和食指略微分开的手势。其实她说的只是一只南美小猴子。

争论显然没结果，幸好甜点上来之前，话题已经降温了。这类讨论成为我生活中不可缺少的内容：我相信我们就是动物的一种，其他人相信我们是完全不同的东西。一旦讨论到性，人和其他动物
17 看起来就没什么区别，而若想想飞机、议会、摩天大楼，就另当别论。在文化和技术方面，人类毫无疑问具有最杰出的才能。虽然某些动物也偶尔展示出些许文化痕迹，不过如果你在丛林里看到一只黑猩猩端着相机，我敢打包票这玩意儿不是它自己造的……

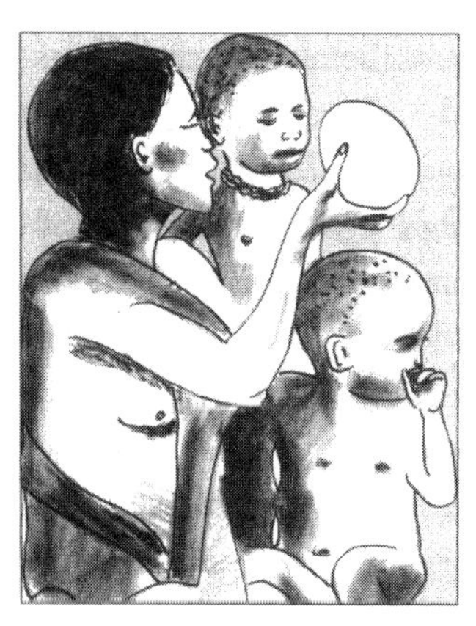

一位布希曼母亲把鸵鸟蛋当水瓶，给小孩喂水

然而，当大部分的世界经历了几千年来文化进步的血雨腥风，不是也有些人类群体，一直安身于现代文明的大潮之外吗？他们躲在远离尘世的角落，竟也发展出人类物种的一切特征，比如语言、艺术和对火的使用等。我们可以好好研究一下，这些人究竟如何能够不受当今科技的“骚扰”，悠然过活。他们的生存状态就是西方文化长久以来反复提及的“自然状态”吗？仔细想想法国大革命、美国立宪和其他向现代民主政治迈进的努力，想想这些历史事件前的那些“自然状态”，便很难理解人类如何能在这样的世界中保持那些原始的生活模式。

其实，非洲西南部的布希曼人（Bushmen）就是一个很好的例子。20 世纪 80 年代的老电影《上帝也疯狂》就调侃了这些“丛林居民”的原始生活方式。电影讲的是人类学家伊丽莎白·马歇尔·托

马斯十几岁时随父母去卡拉哈里沙漠找布希曼人的故事，她的父母都是人类学家。布希曼人又称桑人（San），他们身材矮小，行动敏捷，在开阔的热带草原开发出了属于自己的生态位。这片地区在一年的一半时间里水源稀缺，有限的几个可靠的小水潭就决定了生活在这里的人们的活动区间。布希曼人这样繁衍生息了上千年，因此，马歇尔·托马斯将她写布希曼人的书命名为《古老的方式》（*The Old Way*）也就不足为奇了。

那么，“古老的方式”具体指什么呢？这些人穿的是刚刚能遮住隐私部位的羚羊皮，住的是草搭的窝棚，用带尖儿的木棍儿挖地，白天就用鸵鸟蛋的蛋壳盛着水到处跑。他们总要不停修葺自己的住
所，把几根棍子插在地里，顶端互相编起来，然后把草搭在这个棍 18
子框架上。这种住法让马歇尔·托马斯想起猿，当它们想临时整理一个地方过夜，就把几根树枝盘成一坨，弄成了过夜用的床。用这种方法，猿就能远离危机四伏的地面。

大部队迁徙时，布希曼人会排成一纵列前进，打头的男性负责侦查地面，看有没有蛇和其他捕食者新留下的印记。女性和孩子排在队列中相对安全的位置。这种方式很像黑猩猩在危险时刻的表现。当它们穿越人类修筑的土路，也会排成这样的队列，成年雄性打头和断后，雌性和年幼的成员占据中段。阿尔法雄性（一号雄性，即地位最高的雄性）有时还会一直守在路中央，直到所有成员安全通过。

或许人类祖先在食物链上的位置确实高于其他灵长类动物，但绝非位于顶端。他们也要提防身后的敌人。于是我要提到第一条错误的“迷信”，即人类祖先称霸热带大草原。想想也不可能。双足着

地的远古猿，站起来只有1.2米，而那时的鬣狗足有狗熊那么大，猫科动物长着尖利的獠牙，个头是今日狮子的两倍，我们的祖先肯定终日生活在恐怖的阴影中。为了不和猛兽狭路相逢，他们只得退而求其次，占据对捕猎者来说不是那么方便的捕猎时间。夜晚的黑暗是捕猎者最好的掩护，到了白天，被猎物离着好几千米远就能发现危险。所以我们的祖先只能在光天化日下作业，就和今日的布希曼人一样，因为夜晚都留给凶残的“专业”捕猎者了。

记得动画片《狮子王》吗？正如片子所描述的，狮子是热带稀树草原的王者，这从布希曼人对它们的敬畏也可见一斑。但令人惊奇的是，布希曼人从不用抹了剧毒的箭头对付狮子，因为他们知道这种刺激行为很可能引发一场置自己于死地的搏斗。狮子在多数时候也同这帮人相安无事，但如果哪次狮子兴致大发，布希曼人就只能三十六计走为上。他们对潜在的危险保持高度的警觉，晚上睡觉时留着篝火，这就意味着夜里也不得安生，得起来捣鼓火堆。一旦看
19 到夜行性猛兽在暗夜里放光的双眼，他们就立刻行动起来，从火堆里拔出一根树枝，像火炬一样在头顶挥舞（让自己的体型看起来大一点儿），同时发出稳健的叫声把捕食者驱赶走。布希曼人确实很勇猛，但请求猛兽放了自己这件事，看上去也不是“霸主”该做的吧。

方式虽然古老，不过肯定特别管用，即使在今天，人类还会为了安全的缘故聚在一起。危险来临时，我们就忘了将我们彼此分开的因素了。比如，经历过“9·11”飞机撞击世贸大厦事件的人们，承受了难以想象的心灵和肉体创伤。9个月之后，一项调查询问人们如何看待当前的种族关系，纽约居民——不管是什么种族，都对

种族关系给予了积极的评价；而就在事发前，他们的答案还经常是负面的。危难之后，同舟共济的感觉油然而生，把整个城市都团结起来了。

此类反应在生物演化的历程中由来已久，其根源可以一直追溯到我们大脑深处最古老的那层，这个部分不仅同哺乳动物，甚至同许多其他门类的动物都是相通的。如果不信，可以看看鲱鱼们见到大鲨鱼和海豚是如何反应的，这些小鱼平时就拉帮结伙地游在一起，遇到危险更是瞬间紧密团成一团，一下变成一个耀眼的“大块头”，进攻的家伙们看不清楚一条条小鱼究竟在哪里，无法下口。成群行动的小鱼之间保持着精确的间距，它们盯紧同自身尺寸相当的同类，不消一秒就可以迅速调整自己的速度和方向，好保持步调一致，又不撞上彼此。如此一来，明明是几千个单独的生命，却表现得如同一个生物体一般。鸟类也使用此法，比如椋鸟看到老鹰来袭便凑作一团。生物学家将此类行为形象地统称为“自私的羊群”，也就是说，这些小动物躲进大部队的掩护，可换来自身的安全，而与自己为伍的倒霉蛋越多，自己被吃掉的概率则

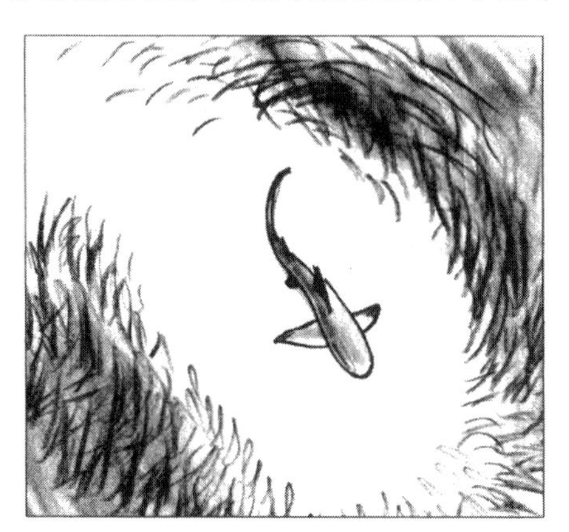

小鱼形成非常密集的阵营，它们的行为让硕大的捕食者非常困惑，用这样的方式可以摆脱鲨鱼袭击

越小。这听起来多像两个男人在丛林里遇到熊的那个故事——你未必得跑得过熊，只要腿脚比你同伴麻利点儿就行。

即使是竞争对手，在大敌当前时也会建立统一战线。鸟儿在繁殖季节为了一小块领地拼得你死我活，可到了迁徙的季节就会比翼
20 齐飞。每次清理我的热带水族箱，我都会亲身体验这个道理。许多鱼都很有领地意识，热带淡水的慈鲷鱼便是一例。平时它们总会张着自己的鳍耀武扬威，互相追着到处跑，好守着自己那一方清静领土不受侵犯。每隔几年，我都会为热带水族箱搞个彻底大扫除，扫除期间鱼不能待在里边，我就把它们盛到另外的桶里，几天后再放回到焕然一新的缸里。每次看到它们迅速找到同伴，集结成群，我都叹为观止。昔日打破头的对手如今尽释前嫌，像好伙伴一样并肩游走，共同闯荡新环境，直到对周边再度熟悉，重获自信，再各自占山为王。

安全是社会生活的首要原因。于是就引出了第二条关于人类起源的不切实际的“神话”，即人类社会是一帮有自由意志的人自发创造出来的。人们幻想我们的祖先实际上并不需要他人的存在。他们过着不用行使任何责任的生活。但麻烦随之而来，争强好胜的性格使得纷争不断，为此那时的人们常常需要付出惨重的代价。所幸这些人还有点智商，他们决定放弃一些自由，以换取和平的社会生活。这就是法国哲学家让・雅克・卢梭解释社会起源的经典论调，即社会契约论。美国的开国元老们就在这一理论的光辉指导下建立了所谓“自由的土地”。这则神话直到今天还是各大政治科学系和法学院的流行教案，因为在这则动人的故事中，社会是协商和妥协的产物，而不是自然而然就产生了。

可想而知，如果人和人的联系源自平等党派间的协议，那是很有教育意义的。这样，当我们反思对待他人的方式，或者思考应该如何对待他人时，就会有章可循。实际上，我们应该意识到，这一 21
整套思维，都源自前达尔文时代遗留下来的对人类物种的错误理解。正如其他大多数哺乳动物，每个人的一生都有需要他人和被他人需要的时期，因为我们都有幼小和年老体弱的一天，也要去照顾幼小和年老体弱的人。我们的生存几乎可以说无时无刻不倚仗别人。这个事实才是讨论人类社会的真正前提。几个世纪以来，人们一直空想人类祖先应该像鸟儿一样自由，什么社会责任也没有。事实并非如此。

人类演化可以上溯到一系列群居哺乳动物，个体间相互依存不可分隔。灵长类行为学家曾对印度尼西亚各个岛屿上长尾猕猴的数量进行统计，从计数结果可以明显看出：对安全的需求甚至塑造了社会生活的形式。印度尼西亚的某些岛屿上有大型猫科动物（比如老虎和云豹）出没，分布在这些岛屿上的长尾猕猴就集结成大部队；而在没有大型猫科动物的岛上，长尾猕猴就结成较小的群体。被捕食的威胁把大家团结在一起。通常来说，一个物种在某个环境中越脆弱，就越倾向于结成更大的群体。狒狒主要在地面活动，于是比在树上的猴子班组大，因为如果技巧过硬，在树杈间逃命是很方便的。黑猩猩则因有“巨无霸”的身材而有恃无恐，因此白天通常都单独觅食或小分队觅食。

不过也有些动物当真不具备群体活动的天性。前美国参议院多数党领袖特伦特·洛特写了一本回忆录，书名《牧猫》，他借放牧猫咪来比喻达成共识的难度。对政客来说，这肯定特别令人懊恼，不过猫咪觉得这别提多合理了。家猫是单独捕猎者，它们当然没必要关注他人。其他协同猎食的捕食者（如犬科动物）和被捕食者（如角马）都需要彼此协调。它们通常得跟住领头的，并和大部队步调一致。想当年我们的祖先鼓起勇气离开密林，跑到开阔地开拓新的活动天地，就注定了使自己沦为被捕食者。于是他们演化出群体活动
22 的本能，在众多物种中胜出。我们善于保持行为同步，之后演变为因同步而快乐。两人一起走路，会自动同时迈步。在体育比赛现场，人们整齐地喊口号，所有人一起制造人浪；在演唱会上大家一同挥手；跳健美操时所有人跟着节奏一起跳。如果你还没明白，可以去听讲座，试试在别人不鼓掌的时候鼓掌，或者别人都鼓掌的时候一动不动。我们是群体动物，已经把群体行为实践得登峰造极。政治领导人精通群众心理学，因此人类历史上屡屡出现群众为了效忠领袖做出疯狂举动的事。这些领袖用的什么把戏呢？他们只需要营造大敌当前的氛围，把人民的恐惧给煽动起来，接下来，嘿，就交给人类的群体天性来搞定吧。

这里我们自然而然地引出第三条关于人类的“神话”，许多人相信，人自打出现就乐此不疲地发动战争。20 世纪 60 年代，在那场毁灭性的第二次世界大战之后，人类被冠以“杀戮猿”之名，以此同爱好和平的普通猿相对。“好斗”也被归为人性的显著特点。我当然不觉得人类是爱好和平的天使，但我们也该分清嗜杀成性同战争的区别。战争源自多党派之间严格的阶层制度，并不单是由好斗导致的。事实上，许多情况下战争只是奉命行事罢了。拿破仑的士兵在冰天雪地里开进俄国时，心里并非燃烧着侵略的熊熊烈火；美国士兵飞到伊拉克也不是想杀人。战争的命令都是坐在首都办公室里的

老头儿下的。行军列队中未必看得到杀气。成千上万的人迈着统一的步伐，随时待命，我眼中只看到群体活动的天性。

人类历史战事不断。太多的死亡，让我们想当然以为这就是本源状态，恨不能说战争就是深深烙印在我们 DNA 上的。用温斯顿·丘吉尔的话讲：“人类故事就是战争史。除了短暂和偶然的中场休息，世界上从不会有和平；史前也如是，凶残的杀戮主宰世界，永无休止。”但是，丘吉尔口中所说的这个挑战斗殴的自然状态，真的比卢梭所描述的高尚的野蛮人世界更符合事实吗？尽管考古学证据为我们揭示了 10 万年前的谋杀，但我们却未能找到发生在农业革命以前的任何战争的证据（比如埋满了尸骨和武器的坟
地）。杰里科墙倒被认为是最早的战争证据之一，它倒塌的故事还 23
借《圣经·旧约》千古流传，实际上恐怕是为了阻挡泥石流而建的。

时光再向前推进，我们的祖先生存在当年那人烟稀少的星球，全球人口只有百万的量级。人口密度恐怕和今天的布希曼人有一拼，人均占地面积差不多有 26 平方千米。甚至还有些证据显示，在更远古的 7 万年前，我们的祖先一小撮一小撮地散居，全球人口几千人，差点就绝了迹。那时几乎没有促成持续战争的条件。更重要的是，远古人根本没什么好打的，正如布希曼人一样，顶多就是争一争水和女人。然而，布希曼人却能将珍惜的水源同口渴的外族人分享，还经常把自己的女儿嫁到邻近的部族。后一种做法导致一族的男人经常有外族的亲人，各族便联系在了一起。归根结底大家都知道，谋杀亲属显然不是一种成功的性状。

在马歇尔·托马斯对布希曼人的观察中，她从没见到过战争；而且布希曼人不使用盾，这表明他们很少同陌生人发生争斗。只要

有结实的兽皮，盾牌是一种很容易制作的工具，而且在面对弓箭时能给人提供有效的保护。布希曼人不配备盾牌武装，说明他们不怎么担心他族来犯。这并不意味着文字前社会就不存在战争，事实上许多部族确实偶有，甚至常有刀光剑影。我想，不排除远古时代存在纷争，但就像今日靠狩猎和采集过活的人们一样；但事实应该同丘吉尔所说恰恰相反，远古人类应该长期和平共处，部族之间相安无事，残暴的战事只是插曲罢了。

同猿作比并不能解决这个问题。因为黑猩猩有时也会对邻族开
24 展“突袭”，用残忍的手段毫不留情地夺取敌人性命。此时的猿同我们塑造的人类勇士形象就很接近了。和人类一样，黑猩猩也会因为夺取领土而发动战争。然而从遗传的角度来说，人类同黑猩猩的亲缘关系，与同倭黑猩猩一样远，而后者却从不会做那些残忍的事。倭黑猩猩对邻居有时也不那么友善，但冲突只要开始一小会儿，雌性就会跑到敌方去，和敌人做爱，雌雄通吃。你看，你很难想象做爱和发动战争能同时进行，所以战争场面瞬间就给搅和了，反而变得像野餐郊游似的，不同部族的成年个体互相梳理，小不点儿们闹作一团。迄今为止，致命的进攻在倭黑猩猩之间还是闻所未闻的。

唯一可以肯定的是，我们这个物种具有战争的潜能，这个苗头在某些特定环境下就会抬头。小冲突有时会失控爆发，结果引发血光之灾。再加上不管哪儿的年轻男性都喜欢显摆自己骁勇善战，他们会不顾后果地打击外族人，局势就会更加雪上加霜。不过同时，人类这个物种也有其独特之处，即使在同族人散布开很久之后，我们还会同亲人保持某种联系。结果，部族间就会维持一个完整的人际关系网络，这个网络的存在会促进经济交流，与此同时让战争变

得非常没有建设性。同外族的联系相当于在不可知的环境中为活命提供了一项保险，如此一来，食物和水短缺的风险，就可以在各个族群间平摊了。

美国人类学家波莉·维斯纳研究了布希曼人的“风险库”，并记录了他们为获得领土之外的资源所进行的精心协商。协商的过程非常小心翼翼，极尽婉转，因为他们知道，人和人之间从来不乏竞争。

**20 世纪 70 年代，平均每名布希曼人每年要花 3 个月的时间离家，游荡在外族。来访者和主人共同举行问候仪式，以此来表达对主人的尊敬，并申请留住。来访的一方先在人家营地外边的树荫里坐上几小时，然后，主人出去同他们问好。接着，来访的人和着韵律向本地人讲述他们族群的情况。主人同他一唱一和，在每句结束后重复最后一个词，并加上“eh he”（唉呵）两字。照常 25
理，主人会抱怨自己食物短缺，但来访者可以自己体会出实际状况有多严峻。如果真的严重，他们就说只想暂住几日；如果主人并没有反复强调粮食匮乏等问题，来访的人就知道他们可以赖一阵子不走了。如此这般地交流一番，客人被迎进帐房，他们此时会呈上精心准备的礼物，方式非常得体，以免引起主人一方的嫉羡。**

资源匮乏的族群之间相互依赖，因此我们的祖先恐怕从来不会发动大规模战争，直到他们在一处定居下来，通过发展农业扩充自己的财富。因为这个时候，袭击他人可能为自己带来更多好处。如此看来，战争并不起源于寻衅挑事的冲动，而是对权力和利益的欲望所招致的。这也说明战争都是可以避免的。

西方世界对人类的本原状态进行了过度诠释，人们相信我们的祖先必然凶残暴烈，毫无约束，像常见的动作片里的角色，不受社会责任的束缚，对待敌人像秋风扫落叶一样无情。如今的政治思潮仍在鼓吹这些神话，仿佛大男子气概真的是我们与生俱来的本性。比如，有人说我们可以随心所欲地主宰我们的星球，说人性决定地球上战争不断，还有人说个人自由永远高于集体利益等。

其实所有这些论点都不符合事实，古老的人类彼此信赖，互通有无，竭力压制一切可能引发争执的内忧外患。因为生命如此脆弱，食物和安全才是首要问题。妇女采集果实，挖掘可以吃的根茎，男人们出外狩猎，只有融入一个相对庞大的社会体系，一个个小家庭才得以维系。集体的存在就是为了个人，同时人人为集体。布希曼人花费大量精力和时间维持族群间的礼尚往来，部族的网络遍布方圆数千米，代代传承。他们殚精竭虑地靠协商达成共识，对他们来说，被放逐和受孤立所带来的恐怖远远胜过死亡本身。一位女士的话传神地表达出这个意思：“死亡很可怕，因为死的时候你孤身一人。”

26 工业革命前的生活一去不返。如今的社会，庞大、复杂，已经到了令人难以置信的程度，它的整个运作也必然不同于“自然状态”下的远古人社会。然而，尽管我们已经摇身变作“城市栖居动物”，身边飞跑着高级轿车，生活充斥着电脑高科技，骨子里却还是有着同样心理诉求的动物而已。

第 2 章 别样达尔文主义

02

我曾在一份曼彻斯特报纸上读到一篇相当不错的讽刺文，里边说我已经证明“暴力就是真理”，因此拿破仑是真理，骗子推销员也是真理。

——查尔斯·达尔文，1860

曾几何时，美国开始将竞争奉为主要的社会组织原则；可如果环顾社会各个角落，不管在工作场所、大街上，还是人们家里，你会发现人们仍然看重家庭、友情、伙伴关系和公民责任，同世界其他地方并无二致。经济自由同社会价值观之间出现了令人触目惊心的矛盾，作为一名在美国生活和工作了25年的欧洲人，我有幸以旁观者和参与者的双重身份体会着这种张力。政治党派轮番上台，就像钟摆准确地在两点间摇摆，真真切切地提醒人们矛盾的存在。短期内，没有任何一个政党能轻而易举地统领全局。

美国社会形成这种两极状态的原因不难理解，同欧洲并没有太大不同，只不过大西洋这一头的政治意识形态似乎整体偏右。给美 28
国政客带来困惑的始作俑者，正是生物学和宗教两股力量的同时存在。

保守派特别喜欢借用演化理论，不过可真不是生物学家希望的那样。这个理论就如同他们的秘密情妇，以似是而非的“社会达尔文主义”的形象被拥在怀里，而真正的达尔文主义反而遭到他们的厌弃。在2008年共和党总统辩论上，当被问到“谁不相信生物演化论”时，不下3位候选人举起了手。怪不得学校都对讲授演化理论心有余悸，动物园和自然历史博物馆也避免使用“演化”这个词。美国政界最为匪夷所思的悖论，就是它对生物学的爱恨交加。

社会达尔文主义的核心，就是戈登·盖柯所说的“进化和进步的精神”。它把生命理解为一场艰难的摸爬滚打，那些成功脱身的人不该被搞不定的蠢货拖了后腿。这一思想被19世纪英国政治哲学家赫伯特·斯宾塞细细阐释出来，他将自然法则翻译成经济学语言，并自创了“适者生存”这个名词(我们总错误地以为这个词是达尔文说的)。斯宾塞极力反对社会阶层均等化。他认为，如果“适者”还要对“不适者”承担责任，那结果肯定要误事。他在那些热卖的大部头书里是这么说的：“大自然费了这么大的劲儿，就是为了摆脱弱者，把他们从这个世界扫清，给有能力的人腾地儿。”

美国把这句话熟记于心。经济领域将这个道理全盘接纳。安德鲁·卡耐基称竞争为生物法则，认为正是有了竞争，人类物种才会进步。约翰·D. 洛克菲勒甚至将其同宗教联系起来，说某项事业能蒸蒸日上，必然是“掌握了自然法则和上帝的法则”。这种宗教视角在今日便体现为“基督教右派”，它是存在于美国社会的第二大悖论。大多数美国家庭和每个旅馆的房间里都放着《圣经》，里边字字
29 句句鞭策我们要心怀怜悯；社会达尔文主义则取笑这种情感，认为自然本来要给人类好好上一课，同情心却上去碍手碍脚。理会贫穷干什么，贫穷是懒惰最好的证据；而社会公正呢，只体现了软弱罢了。干什么不让弱者自行消失？如此残酷的理念，我很难想象基督徒们如何能接受，这必然会在认知上造成巨大的矛盾。可事实上还是接受了。

接着是第三个，也是最后一个悖论：追求自由经济激发出了人性最好和最劣的一面。“劣”指的是前边提到的同情心匮乏，至少在

政府阶层是如此；但美国人也具有很好，甚至可以说是最棒的特质（否则我早卷铺盖回家了），那就是他们看重个人成就。名门出身、贵族头衔和家族遗产当然会受到重视和尊敬；但个人进取心、创造力和勤恳的工作态度同样不会遭到忽视。美国人欣赏事业成功的故事，只要不是靠投机取巧，不管谁获得了成功，都会得到肯定。这样，那些勇于接受挑战的人便可以无拘无束地去奋斗了。

相比来说欧洲人的等级制度更根深蒂固，他们更喜欢平稳安定的状态，不爱冒风险。人们带着怀疑的有色眼镜审视成功。所以，法语给靠自己创业白手起家取得成功的人贴上否定性的标签，用“暴发户”来形容他们（Nouveau riche 和 Parvenu），并不是毫无来由的。这种态度容易让国家经济陷入僵局。当我看到才 20 岁出头的年轻人在法国街头游行，要求就业保障，当我看到上点儿年纪的人就叫着要维持 55 岁退休的权利，我情不自禁地觉得我的立场滑向了美国保守派一边，也同他们一样憎恨起政府津贴制。国家本不该是一个随时能榨出奶来的牛，不幸的是，在许多欧洲人眼里就是如此。

除此之外，那么多政治哲学家的观点就漂流在大西洋两岸之间，这可不是个待得舒服的地方。我欣赏美国这边的经济活力和活跃的创造力，但同时也为这个国家所充斥的反征税和反政府情绪而感到困惑。生物学也不得独善其身，就像其他一切思想体系一样，它仍然在寻求一个合理而公正的诠释。美国是典型的移民国家，它自然而然地发展出了自力更生和个人主义的氛围，社会达尔文主义的追随者便希望从美国这个例子为自己的信条找到科学支持。

问题随之而来，依据大自然的目的确实推不出社会运转的目

30 的。人们还为这种错误专门起了个名字——自然主义谬误，用来说明不能从事情“是”什么样推出“应该是”什么样。因此，我们不会说动物和平共处所以我们也得和平共处，同样，如果动物普遍互相残杀，那并不意味着我们也要互相残杀。自然为我们提供的只有信息和灵感，而不是处方。

然而，信息却是十分宝贵的。动物园兴建一座新的动物房之前，要考虑这个动物喜欢独居还是群居，喜欢爬高还是挖洞，是夜行性还是昼行性等。当我们设计人类社会时，怎么可以坦然将人类特点抛到脑后呢？有些人将人性概括为“腥牙血爪的自然状态”（Nature red in tooth and claw，语出英国诗人丁尼生的长诗 *In memoriam A. H. H.* 第 55 节。——译注），也有人认为我们具有团结合作的天性，两者明显是截然不同的境界。斯宾塞等人从达尔文的理论中“精炼”出“暴力就是真理”的教义，可达尔文本人却并不接受这种概括。那么多人在谈论社会问题时张口闭口“演化理论”，可实际上他们根本就不关心理论本身的具体含义，也不关心它究竟能告诉我们什么。这就是为什么作为一名生物学家，我觉得身心俱疲。

进步的利己主义

达尔文观察到自然界中同种生物争夺相同资源的现象，总结出自然选择理论。此前，他曾读过托马斯·马尔萨斯 1798 年的著作《人口论》，按照书中观点，人口增长如果超过食物供给能力，人口数量就会因饥荒、疾病和死亡率增高等因素自动衰减。斯宾塞读了同样的书，不幸的是他却得到完全不同的结论。他认为，强者活命以牺牲弱者为代价，这不仅是事实，更是理所应当。竞争的出现是自发的，对整个社会都有好处。看，他将自然主义谬误发挥得淋漓尽致。

斯宾塞的说法为什么这么容易被人接受呢？我认为，当人们开 31
始对道德窘境习以为常，斯宾塞的理论就正好能给他们台阶下。以前，有钱人无视穷人，根本不需要理由。贵族生就打上皇家血统的烙印，他们是纯种，其他人是杂种。他们还用鲜明的标志来表达对体力劳动的不屑，比如西方的贵妇要把自己的腰勒得细细的，东方人则留起长得吓人的指甲。他们或许并不都打心眼儿里觉得穷人的生活和他们一点干系也没有（所以才有“贵族的义务”之类的说法，Noblesse oblige），但是“朱门酒肉臭，路有冻死骨”，他们看在眼里，确实可以心安理得。

工业革命之后，风水就变了，一批新的“上层成功人士”冒出来。他们可不能坦然无视他人的窘境，因为自己早几代的长辈根本就是“杂种”的一员。照理说，他们是不是该和“同根生”的穷人分享自己的成就和财富？实际上这些人可不乐意了。所以，当他们听说有些人就是活该给他们卖苦力，听说功成名就之后忘记过去是很道德的行为，简直乐得合不拢嘴。斯宾塞的理论恰好告诉他们，自己的行为完全符合自然规律，富人如同吃了一颗定心丸，良心里隐隐冒出来的那点谴责也都烟消云散了。

除此之外，美国社会发展到今天，得感谢另一个独特之
处——人口迁移。绕着地球大搬迁可要下很大的决心，除了有决心 31
还得自力更生。我是有发言权的，因为我自己就是移民。离开你的

伙伴和家庭，同你熟悉的语言、家乡菜、音乐和气候说拜拜，这相当于迈出巨大的一步。移居是场赌注，我当年一时冲动下了注，肯定有无数前人像我一样。

如今移民也没什么大不了的。有飞机、电话、E-mail，保持联系易如反掌。但很多年前，人们挤在快要散架的破船上（俗称“棺材船”），如果侥幸从风浪和疾病中活下来，那么恭喜，你就踏上了一片未知的土地。上了船的人心知肚明，他们怕是一辈子再也见不到祖国和亲人；同亲生父母说一句“再见”，就知道再见只在梦里。无数投机者和想要探索新天地的人就这样抵达加拿大、澳大利亚和美
32 国，并依靠自我选择形成新的人群。自我选择的过程有点像自然选择：下一代继承上一代的基因和文化。同时，由于每个移民都梦想过得更好，因此他们的文化围绕其中每一个人的成就变迁和演进。

法国思想家和政治家亚力西斯·托克维尔很早便看清了这一点：

> 我们欧洲人习惯性地认为不安于现状、理智追求财富，以及热爱独立自主，都是对社会极大的威胁。然而对于美利坚合众国而言，恰恰是这些因素给它带来了一个长治久安的未来。

怪不得斯宾塞那“成功才是王道”的论点那么容易被接受。在斯宾塞之后，一位俄裔美国移民安·兰德以不同的方式表达出了相似的观点。这位女作家对成功应担当道德责任的看法嗤之以鼻，说利己主义非但无可指摘，反而是真正的美德。这种说法为她赢得了数以百万的热情读者。她颠覆了从前的世界，用一本接一本厚厚的长

篇小说大力鼓吹一个观点：**如果一定要说我们有义务，那也只对我们自己。** 前美国联邦储备委员会主席艾伦·格林斯潘赞许兰德，说她是对自己工作和生活影响最大的人。

啰嗦了这么一大堆，到目前为止我所列举的所有论点都建立在人类自己编造的前提之上，可惜这个前提本身漏洞百出。在斯宾塞的年代，俄国的彼得·克鲁泡特金王子就是反例。这人可是个了不得的人物，不仅是杰出的无政府主义者，还是出类拔萃的博物学家。1902 年，他发表著作《互助论》。书中指出，人为生存而奋斗，

成年的公牛排成一排，面向狼等捕食者，形成一面带犄角的墙

并不是一个人对付其他人的过程，而是大伙儿一起对抗恶劣环境的过程。互助普遍存在，比如当野狼来袭，野马或者牛群会自动围成一个圈，把幼年的成员护在中央。

克鲁泡特金的灵感来源同达尔文大相径庭。达尔文去的是野生 33
动物繁多的热带地区，那里物产丰饶，动物的密度和它们之间的竞争同马尔萨斯关于人口的观察非常吻合；而克鲁泡特金的研究对象则位于冰天雪地、环境恶劣的西伯利亚。那里的气候酿造了无数惨

剧，大风暴吹散马群，牛群葬身积雪之下，克鲁泡特金目睹这一切，怎么也不相信生命就是一场“角斗表演”。在他眼中，个体之间并非成天拳脚相向，打赢的带着战利品跑路；正相反，动物尊崇公有制原则。在极度严寒中，要是不同“仇”敌忾，就都得死翘翘。

如今，互助已成为演化理论毋庸置疑的组成部分，尽管其细节同克鲁泡特金当年所描述的并不完全相同。两位伟人都相信，懂得合作的动物（或人），会比丝毫没有合作精神的动物（或人）获得更好的生存机会。换句话说，能集结成群，并建立起一套互相帮助的体系，是一项至关重要的生存技能。最近在肯尼亚平原开展了一项研究，结果证实，合作技能对灵长类动物同样重要。在研究中，社会关系最好的雌性，婴儿的成活率最高；互相梳理毛发的个体，不仅能向对方提供安抚心灵的肢体接触，而且在发现危险的时候会彼此提醒，互相保护。此类行为可以帮助狒狒妈妈更好地养育后代。

我也见过两只形影不离的恒河猴，它们分别叫“破烂儿”（Ropey）和“甲虫”（Beatle）。两只猴子年龄相仿，互相理毛，形影
34 不离，还时不时跑去和对方的孩子亲个嘴儿。它们为对方两肋插刀，谁要敢欺负甲虫（地位比破烂儿低），破烂儿就一边盯着好朋友，一边声嘶力竭地叫。到最后群里每只猴子都知道，如果想找事儿，就得做好准备对付两只猴子。开始我还以为它们是一对姐妹，然而记录却显示它俩非亲非故。

猴子为了活下去建立了许多类似的“信任同盟”。所有灵长类动物都有这种倾向，有些甚至把整个群体视为一个大联盟。也就是说，这些动物采取行动时不会只顾自己，它们的行为体现了集体价值取向。显然，这样做的好处是能增进家族团结。比如，金丝猴

“部落”由一雄多雌组成，雄性的体形比雌性魁梧，全身覆盖又厚又漂亮的橘色长毛。女眷多了，家事也比较难缠，每次雌猴打架，雄性金丝猴就要站在中间劝架，一会儿这边扮扮好脸，一会儿那边梳理梳理毛。

黑猩猩群体中，雌性和雄性要共同扮演公共关系调解员的角色。我曾用动物园里一大群黑猩猩做过研究，当中的雌性有时会群起而上，让一只准备发飙的雄性缴械投降。雄性在真正发起进攻前总要先恐吓一番，全身毛发直立，边大声嘶叫边夸张地左摇右摆，做出很生气的样子，要是没人拦着，它能这么干上 10 分钟。趁这个当儿，雌性黑猩猩们就拥上前去撬开它的手掌，让它放下大树杈和大石头。它一般也就是摆摆谱儿，通常都会乖乖就范。

如果雄性们真的干了一架，事后又不和好，雌性就要出面干涉了。两只雄性面对面坐着，斜眼儿瞄着对方；雌性先跑到一只跟前，再到另一只跟前，直到它俩握手言和，互相梳起毛来。我们曾经亲眼见到一只雌性拉着一只雄性的胳膊，将它活活拽到对手跟前。

雄性也花大力气平息怒气。这是地位在上的雄性当仁不让的责任，当它感觉局面已经发展到白热化的程度，就亲自出马，通常只消凑过去一站，手臂那么一伸，形势就会被控制住。如果不奏效， 35
它就毫不客气地动用暴力，上前把双方打散。充当仲裁人的雄性一般不会偏袒某一方，这个角色对维持和平可起着举足轻重的作用。从上边举的所有例子中，我们都可以体会出灵长类动物的集体主义精神，整体来说，每个成员会尽自己的努力改善所在集体的整体状况。

我的学生杰西卡·弗莱克利用另一种灵长类动物豚尾猴研究了集体主义行为的作用。这种猴长得特别帅，短尾巴又卷又翘，是众所周知的聪明猴子。肌肉健美的雄性豚尾猴常被作为东南亚人们的“农场好帮手”，那景象要是城里人见了准得吓一跳：一个男人骑着摩托车，后座乘客不是人……那家伙坐得笔直，两条腿丁零当啷地耷拉在座位两边。到了目的地种植园，这些受过训练的豚尾猴就可以大显身手，它们灵活地攀爬在高高的树顶，听主人在树下发号施令，遵照指挥把熟了的椰子往下扒拉。这样，主人不用爬树也能坐收其成，然后拿到市场上卖掉。

两只雌性黑猩猩争一个西瓜，一只雄性黑猩猩上前站在雌性之间，摊开两手，直到雌性停止尖叫，最终争斗平息

像黑猩猩群体一样，豚尾猴通常群聚而居，一只地位高的雄猴充当“管理员”：遇到打架斗殴就出面制止，维持群体秩序。我和杰西卡的研究对象大约有 80 只，它们被关在一个户外的笼子里。连续数天，杰西卡都要坐在高塔中，头顶佐治亚州强烈的阳光，一手握着水瓶，另一手捏着麦克风，录下上千次群体性行为的情况。研究小白鼠的科学家如果想看某个基因的功能，可以通过基因敲除手段让那个基因失活；动物行为学家也可以做类似的“敲除”实验，让猴群“管理员”暂时消失，看剩下的猴子会出什么状况。

具体是这样做的：每两周选一天，把领头的三只雄性早上抓出

来关在附近楼里，晚上再放回去。我们发现，小冲突爆发时，猴子 36
们往往飞奔到关押首领的房门口，可是首领无能为力，只能通过门缝喊话，所以这一天之内，猴群显然要自行解决争端。“管理员敲除”造成了负面效果，这天打斗和挑衅事件增多，打架之后大家谁也不理谁，也没人出面缓解气氛，所以总的戏耍活动和互相理毛行为都减少了。总之，猴子社会几近解体。

看，雄性管理员对维持安定团结的社会局面起到了多大的作用！它们在或不在，猴群状况有天壤之别。请注意，我们这里讨论的可不是为了大伙儿利益甘愿自我牺牲的高尚猴子。所有体现集体价值取向的行为，包括调解矛盾、解除武装，还有维持秩序等，都能反过来给出力的个体带来好处。比如雄性动怒，雌性热衷于上前缓解气氛，因为雄性到头来都喜欢把怒气转嫁到群体里的“妇女儿童”身上。雄性“管理员”也不是白干的，卖力地维持群众秩序往往能给自己赢得广泛的爱戴。话虽这么说，从效果上来看，集体价值取向的行为不仅让自己获益，也让大伙儿乐在其中。

我们对“集体”这个概念太过习以为常，以至于视若无睹，实际上所有群居生物都对集体生活这种状态非常敏感——大家像捆在一根绳儿上的蚂蚱。既然其他灵长类动物都是这样，那么社会层次更加复杂的人类不更该如此吗？我们中的大多数人都意识到，公共事业和公共机构对自身存活是必需的，所以人们也确实在为这个目标贡献自己的力量。尽管社会达尔文主义者未必认可，可真正的达尔文理论恰恰说明，群居动物必然有社会性动机（Social motive）。可以说，没有它，社会就没法正常运转。

不过，单凭社会性动机也不可能维持一个社会。自然中唯一的例外只有蜜蜂和蚂蚁，这些社会性昆虫一大家子全是近亲，只有这样才能一心想着共同利益，全力效忠一个女王。人类的情况完全不同。不管我们怎么被洗脑，不管我们如何声嘶力竭地高唱爱国歌曲，到头来还是“自己摆中间，集体放两旁”。

反之，如果一个社会除了自私自利什么也没有，那它同样没法
37 长久。我们凭借的是所谓“进步的利己主义”，大家同心同德地建立一个社会，并让这个社会反过来为我们大家服务。想想看，不管是穷人还是富人，我们每日都依赖同一套排污系统，行驶在同一条高速路上，依靠同一个法律法规系统以保障各自的权益。每个人都离不开国家防卫系统，离不开国家提供的教育和医疗保障。社会运作就像遵照契约行事，没人能不劳而获；而如果有奉献，就有权索取。在这个社会中长大，我们相当于自动签署了这些契约，中途一旦对方违约，自己当然怒不可遏。

2007 年一场政治集会上，来自印第安纳州的钢铁厂工人史蒂夫·斯卡瓦拉诉说了他的窘境，当着众人他几乎声泪俱下：

> 我为 LTV 钢铁公司整整干了 34 年，结果呢，人家嫌我有残疾，轰我退休。又过了两年，这厂子倒闭了。我退休金一下少了三分之一，一家老小还没了医疗保险。现在，我每天坐在饭桌前，看着对面的老婆，她为我这个家操劳了整整 36 年，到头来我竟然连她的医疗保险也出不起。

斯卡瓦拉对老婆是于心有愧，可他本人为社会工作了一辈子，社会也有责任回报他的辛勤，否则就是违背道德的。讲完自己的故

事，斯卡瓦拉质疑当前的政治候选人说："美国究竟出什么问题了，你打算如何改善?"不出所料，群众起立长时间为他鼓掌。

看看美国金融系统的崩溃现状和医疗保健系统所面临的大规模危机，就不难预见美国社会即将进入改良时期。在所有工业化国家中，美国的医疗系统质量稳拿倒数第一，这就是"一切向着挣钱看"的灾难性后果。反观西欧国家，虽然有着让人羡慕的医疗保健制度，却也有自己的问题。公民被国家宠坏了，渐渐消磨了发展经济的动力，长此以往越来越消极，只想索取不想付出。有的国家不得已只好缩减福利，其他国家也准备效仿。

所有社会都需要在自私和集体主义之间寻求平衡，让经济为社 38
会服务，而不是牵着社会的鼻子走。经济学家往往忽视这种动态过程，脑子里只想着钱。著名经济学家米尔顿·弗里德曼就曾说过："在所有动摇自由社会根基的因素中，最有效的就是企业主管把社会责任看得比让股东挣更多钱还重要。"他的意思是要把人民利益抛到脑后去。

就算弗里德曼没说错，理论上来说金钱和自由之间确实存在某种联系，但别忘了，实际上金钱能将人引入歧途。因为钱而造成剥削、不公、欺骗的例子屡见不鲜。美国安然(Enron)公司就曾经上演了一场耸人听闻的大规模造假，它们那整整 64 页的《伦理章程》，也像泰坦尼克号的《安全航行条例》一样付诸东流。最近 10 年间，每个发达国家都经历过重大的经济丑闻，每一次，行政部门都恰恰是遵照了弗里德曼的旨意，稳操胜券地动摇了他们所谓的社会根基。干得漂亮。

安然（Enron）和自私的基因

在一家嬉皮风的餐馆外，我终于见到了我的偶像。我朋友们都说，这地方常有好莱坞明星出没。那天我们正在用晚餐，四周突然黑了，大家纷纷散到街上。我发现站在旁边抽烟的竟是一个著名的电影明星，我们东聊西扯，还说我们落在餐馆饭桌上的饭肯定都凉了。多亏了2000年那次加利福尼亚州大断电，我才有幸一睹明星风采。15分钟后，人们回到餐桌旁，一切看似恢复正常，但刚才发生的事真让人永生难忘。

别误会，我指的当然不是撞见明星，而是亲眼见证了贪婪的资本主义上演的惊心动魄的一幕戏。这都要感谢得克萨斯州的安然能源公司，它们发明了一种搅和市场的新方法，那就是人为制造能源短缺事件，好让市价飙升。那些连着呼吸机的人怎么办？困在电梯
39 里的人怎么办？让他们自生自灭去吧！“社会责任”四个字根本不在安然公司的字典里。他们可是听从了弗里德曼的教导，同时别出心裁地借鉴了大自然的智慧，为计策锦上添花。该公司的前CEO杰夫·斯基林（Jeff Skilling）——当然他现在正蹲在监狱里——是理查德·道金斯《自私的基因》的大粉丝，他曾特意效仿“自然的法则”，在公司内部煽动你死我活的竞争。

斯基林组织了一个同行评审委员会，这个委员会有项让人胆战心惊的工作——“评级与封杀”。委员会根据员工表现为他们评级，最好的为1，最差的为5。得5的就被毫不留情地扫地出门——每

年这样被裁掉的员工高达20%。不仅如此，这些人还不能悄没声儿地溜，在离开之前，他们的个人信息得被放在网站上示众，供他人嘲弄。示众期间他们将被流放到所谓“西伯利亚”，意思是说他们有两个星期时间在公司内寻找其他职位。如果没找到，那对不起，请自谋生路。斯基林的委员会遵循的理念是，人类这个物种只有两种基本的驱动力，那就是贪欲和恐惧。反复不停地说，人们就对这句话信以为真，觉得自己本心就是如此。为了在安然公司内安然生存，员工能毫不手软地对同伴使出必杀技，结果，整个公司内部尔虞我诈，对外贪婪剥削。这样的公司终究没法长久，2001年，公司走向了全面解体。

我们生存的大自然就像一本《圣经》，从宽容忍耐到党同伐异，从大公无私到贪得无厌，不同的人读它，总能从中找到自己想要的东西。然而我们却该意识到，生物学家讨论“竞争”，未必说明他们倡导竞争；说基因“自私”，并不意味着基因真有自私的性格。就像我们说“愤怒”的大河，“博爱”的阳光一样，是一种比喻罢了。想想基因是什么，它们就是一小串DNA，最多可以说它们自己懂得给自己“促销”，促销成功的基因，能让携带者活得更爽，从而让自己更多地传递下去。

斯基林读了《自私的基因》，成了这个说法的虔诚信徒，可他却幼稚地以为，既然我们的基因都是自私的，那注定我们本人也是自私的。这样断章取义的人可不只他一个。“自私的基因”说法之父道金斯曾来到我工作的高塔。在这里，我们俯瞰我研究的黑猩猩。经过一番争论，他也同意他本意并非如此。

我可能需要先说明一下，道金斯和我已经通过写作互相质疑多

年。他曾经批评我过分夸张动物的善意，我也不客气地指出他的比
40 喻太容易使人误解。你或许会说这都是正常的学术争论，不过在他来到耶基斯野外站之前，我心里还真打鼓，担心场面会很冷。道金斯是为了做一个英国系列电视节目而来，系列节目名叫“天才达尔文”。制片人和其他工作人员先行抵达，好做准备拍出一种不期而遇的效果，安排道金斯回头要开车过来，走下面包车，朝我走，同我亲切握手问候，然后和我一起走去看我的黑猩猩。我们按照这一套表演了一番，尽管以前实际上见过面，还是非常配合地装作素未谋面的样子。为了打破冷场，我和他聊了几句佐治亚州的特大干旱，告诉他我们的政府官员刚带头举行了一个通宵祷告仪式，在州议会大厦门口的台阶上祈雨。听到这些，这位坚定的无神论者情绪明显高涨。我俩都感叹这真是绝妙的巧合，天气预报刚说要下雨，官员们就安排了这场仪式。

我们在基地站高塔上进行的那番讨论可真是千真万确的冷，不过不是我担心的那种冷，而是因为佐治亚州迎来了罕见的大降温。道金斯非常不“自私”地把水果抛给下边的猿。毕竟有相似的学术背景，我们也很快就达成了共识。只要不演绎到人和动物的实际行为动机，我可以坦然接受基因自私的说法；而道金斯也同意，包括真心的善意行为在内的所有动物行为，都有可能是基因决定的，这些基因能给其携带者带来好处，所以就顶住了选择压力，被保存下来。简而言之，我们的共识就是：演化的驱动力和实际行为的驱动力是有所区别的，就像教堂和政府的区别那么明显——除了滑稽的佐治亚州之外。

交谈愉快极了。我们还就两个角度分析动物行为的方法达成了

共识。将之用在善意举动和利他行为之前，我先举个简单点的例子让你热热身。我们先来看色觉。科学家认为，灵长类祖先需要辨别果实是否成熟，因此演化出了分辨颜色的能力。之后，这个能力还可以用到其他地方。我们能更好地读地图，看谁脸红了，或者为上衣选一双颜色相配的鞋。这些用处都已经和挑水果没关系了，但那些代表熟果子的红色和黄色仍然能够让我们兴奋起来，也正因为此，红绿灯、广告和艺术品都喜欢使用这类颜色。另外，我们默认 41
绿色代表“自然”，因为这个颜色能令我们平静，甚至感到乏味。

动物有许多性状是由一个原因演化出来，而后被用在其他方面的。比如有蹄类动物的蹄子，生就为了在坚硬的地上奔跑，但也可以用来猛踢逼近的捕食者；灵长类动物的手，本来的作用是抓树枝，可婴儿也用它们攀住母亲；鱼长嘴是为了吃饭，但热带慈鲷鱼把鱼苗吞在嘴里保护起来。动物行为也是同样的道理：每天重复进行的行为，反映的未必是它原本的功能。可以说，行为的动机具有自主性。

最好的例子就是性行为。从生物学上来讲，我们的生殖系统和性冲动毋庸置疑是为了繁殖后代演化出来的，但是大多数人在做爱时都不会琢磨着这个“长远目标”。在我看来，性行为的主要动机是获得快感。可在最近美国心理学家辛迪·麦斯顿和大卫·巴斯进行的一项调查中，人们竟提供了无数让人大开眼界的理由，比如“我想让男朋友高兴”“我需要来点儿精神”，甚至还有人说“我们没别的事儿干了”，或者“我就是好奇她在床上是什么样儿的”。如果连人在做爱时都不会想着繁殖（这就是我们为什么发明出事后避孕药这种东西），那动物就更不会想了，因为它们压根儿不知道性行为和生殖有什么关系。动物发生性行为是出于互相吸引，或是由于它们从哪儿得知了性的快感，绝不是因为想生下一代。因此，性的驱动力和性行为存在的根本原因之间，压根没有关系——这就是我前边为什么说行为的动机带有自主性。

另一个例子是“收养”。如果年幼的灵长类动物没了娘，其他雌性通常会承担起它的抚养责任，有时甚至会背着非亲非故的孤儿到处跑，时刻保护这个孩子，还允许它从自己手中抢走食物。在人类世界，领养也很常见，人们为了关爱一个没有血缘关系的孩子，宁
42 愿忍受官僚机构的烦琐手续。最奇怪的例子可以说是跨物种收养，阿根廷布宜诺斯艾利斯发生过这么一桩奇事：一只母狗曾经救起一个弃婴男孩，放在自己的小崽子旁边，就好像神话里母狼养大战神之子罗穆卢斯和瑞摩斯一样。动物园里此类收养行为就更多了，比如有只孟加拉母老虎曾经喂养了一只小猪仔。母性是多么无私啊。

有些生物学家认为，这样的行为属于“失误”，因为行为本来不该偏离本源的用途。我明白他们想说什么，尽管我不得不说这听起来就好像天主教堂告诫人们性的目的不是获得快感。照他们的意思，母老虎不该把自己的奶浪费在小猪仔身上，而该干脆点，把它当点心吃了。可是让我们暂时抛开生物学，从心理学的角度试试，我们的想法就会不一样了。哺乳动物看到无助的幼崽，会产生一股强大的冲动，想去照顾它们，因此母老虎做的事是完全自然的。从心理学的角度来看，她的行为肯定不能算“过错”。

以此类推，一对人类夫妇从十万八千里远的地方领养一个小孩，他们的关爱和担心都苍天可鉴，绝不亚于亲生父母。那些为了“改变话题”（这是调查中收到的真实答案之一）而做爱的人，他们

也获得了货真价实的高潮和快感，同其他爱人并无二致。这些衍生出的倾向，都是我们避也避不开的心理需要。

好了，现在让我们用同样的思维方法来分析善意的行为。我的核心观点是，哪怕一个行为是为了行使 X 功能演化出来，在以后的日常生活中，这种行为也完全可能具有 X、Y 和 Z 等用途。就说“帮助他人”，演化最初是为了让自己获益，因为自己帮助的亲人和同族伙伴将来也会用同样的善意回报自己。自然选择就是这样发挥它的威力：一种行为，你一来我一往，平均来说或者长远来说，能给动作发出者带来好处，就被保留下来。然而这并不意味着人和动物永远都是出于私心才伸出援手。因为演化学意义不一定是日后实际行为的唯一原因。有时即使毫无所得，人或者动物也会简单地遵循这种业已存在的行为倾向。这就是为什么有人会跳到铁路上，冒着生命危险去保护素昧平生的路人；这就是为什么小狗不顾自己伤 43
痕累累，也要同袭击孩子的响尾蛇搏斗；这也是为什么海豚将游泳者团团护在中间，用自己的身体挡住鲨鱼的袭击。人或动物的见义勇为，显然不是为了将来收取报答。就如同繁殖后代不是性行为的唯一目的，父母之爱并不只给予亲生孩子，同样道理，助人为乐的人和动物也不一定知道他们什么时候，将以什么方式从中受益，他们甚至不一定知道自己会不会得到任何好处。

现在你明白“自私的基因”这个比喻为什么容易误导了吧。它相当于把心理学名词硬塞到基因演化的讨论中来，如此一来，本是两个不同层面的内容，生物学家费了半天劲想要拆开，结果愣是被搅和在一起。基因和动机一旦被混为一谈，就使人难免不用愤世嫉俗的眼光审视人和动物的行为。信不信由你，许多人都觉得共情作用是胡编乱造出来的，他们认为别提动物，连“高尚”的人也未必真能对他人感受产生共鸣。30 年来，社会生物学领域一直广为流传着一句俏皮话：“划开利他主义者的皮，流出来的是伪君子的血。”说这话的人把人类都看成了老谋深算的吝啬鬼，这些人热情洋溢的说辞可特别有轰动作用。在《道德的动物》一书中，作者罗伯特·赖特也宣称：伪装成无私的模样是人类的本性，就好像无私根本不存在也是人类的本性一样。喜剧《巨蟒》中有一幕很有代表性地影射了人们对“人性善”的普遍怀疑，那段演的是孤儿院的人求家财万贯的银行家施舍点小钱，银行家根本没明白“礼物”的含义，掂量着：“我凭什么这么做?”他怎么也不明白为什么有人做事会不计回报——那些人脑子是不是进水了。

现代心理学和神经科学领域都没有支持这些阴暗看法的证据。伸出援手是人与生俱来的习性。我们会情不自禁地对他人感受产生共鸣。或许你可以压抑这种感情，不让它产生，或者即使有也不表现出来，但是除了极少数精神病患者，绝大多数人都不可能对其他人的状况麻木不仁。最基本也是最容易被忽视的问题随之而来：自然选择为什么要把我们的脑子塑造成这样，让我们对人类同伴的感觉感同身受，和他们一起哭一起笑？如果说利用和剥削他人才是生存王道，那自然演化根本就不会给我们留下“共情”的能力。

必须说明，我对人类物种乃至其他灵长类动物的恶劣品行一点
44 也不心存幻想。我敢说我比大多数人见证了更多的猿间的血腥厮杀。我目睹了太多的野蛮搏斗，看过不止一个小生命葬送在残忍的雄猴手中，有时候我还必须留下来为惨死的猴子检查伤口，判断下黑手的到底是雄是雌(雄性有尖利的犬齿，会留下切割和刺伤的痕

迹；雌性牙齿较小，会造成瘀伤和撕裂）。实际上动物侵犯行为是我最初的工作方向，灵长类动物之间绝不乏挑衅和攻击，这点我再清楚不过了。

后来我才对平息冲突以及合作行为产生了兴趣。最终令我做出改变的是我最喜欢的黑猩猩的死，那次残酷的权力之争被记述在《黑猩猩的政治》这本书里。那是 1980 年我即将移民美国之际，在我就职的荷兰动物园，两只雄性黑猩猩袭击了第三只雄性鲁特（Luit），并把它活活阉了，鲁特不负重创撒手“猩”寰。人们对野外此类事件屡见不鲜。但请注意我指的不是一致对外的领土之争；我想强调的是，黑猩猩族群内部也会偶发血腥事件。

在此之前我就开始关注动物间解决冲突的行为，并对此愈发感兴趣。我知道干过架的黑猩猩会互相亲吻拥抱。但是那次，站在兽医那血淋淋的手术室里，一边给他递上手术工具，一边亲眼看他一针一针地缝，一直缝了好几百针，我突然强烈地意识到，解决冲突是多么重要的一种弥补行为。它使冲突频发的群体维持和睦的关系。如果没有和解的动作，后果可想而知。鲁特的壮烈牺牲让我看到维持和平的价值，于是我做出决定，要全心研究社会为什么能够维系在一起。

有时候，人们用黑猩猩暴力的本性来论证它们根本就不具备共情能力。共情能力同善良的性格相关，“黑猩猩捕食猴子，甚至杀害同类，它们怎么可能具有这种能力”？可我们为什么不用这个问
题拷问一下自己呢？人类才真正欠缺共情的能力。事实上，共情和 45
善良没有必然联系，如果动物时时刻刻都对其他个体善良至极，那根本就是不切实际的，因为动物毕竟面临食物、配偶和领地之争。

正如建立于真爱的婚姻也难免小打小闹——建立在共情基础上的社会，也不会是一个没有冲突的和平世界。

同其他灵长类动物一样，人类个体间存在深度的合作，为了合作就要竭力克制私心，克制侵略的冲动；同时，人类也极其争强好胜，但尽管如此，我们仍然会安然共处、互谅互让。这是社交的神奇之处，使它从一派竞争的大背景中凸显出来。在我看来，人类是最具有侵略性的灵长类动物之一，但同时也最善于交流。种种社会关系限制了过分的竞争。我们绝不是彻头彻尾的寻衅滋事之徒。人类的状态就是一种平衡：纯粹而毫无保留的信任和合作是幼稚而无益的，然而没有约束的贪婪也只能换来一个自相残杀的世界；后者不乏先例，正如开篇提到的安然公司，托了斯基林的福，最终被自己的贪得无厌压垮。

生物学或许可以为社会和政府提供借鉴，于是更需要我们提供一幅全面的图景。让我们抛弃片面的社会达尔文主义，仔细看看演化究竟向我们展示了什么，看看我们究竟是什么样的动物。自然选择赋予我们丰富而多样的性状，我们所具有的社会性倾向比我们想象的更趋完美。事实上，我得说生物学给了我们极大的希望。谁要说人类社会的人道精神只是依仗了政治、文化和宗教的奇思妙想，那才真让人担惊受怕呢。

人类历史上，形形色色的意识形态你方唱罢我登场，恒久不变的，只有人的天性。

第 3 章

身体的对话

03

每次我看杂技演员走钢丝，都感觉自己钻到他身体里去了。

——特奥多尔·李普斯，1903

多年前的一天早上，高中校长的声音从大喇叭里传出来，向我们报告了一个噩耗：大伙儿最喜欢的法语老师刚刚死在了讲台上。所有人都说不出话来了。校长继续在那里解释老师是怎么心脏病突发，可是我竟莫名其妙地大笑不止。直到今天，我还为自己干的这件蠢事悔恨莫及。

人究竟为什么会不合时宜地大笑，想停也停不住？要知道这可能带来极糟的后果：笑过头可能行为失控，泪流满面、气喘吁吁、腿脚不稳，甚至满地打滚、尿裤子！人类这个物种明明发明了博大精深的语言，干什么还非得靠傻里傻气的“哈哈哈”来表达感情？冷静有礼地说一句：“很有意思。”多酷啊。

这其实是老掉牙的问题。幽默是人类最伟大的成就之一，然而 47
我们却要用动物性的粗鲁行为来对幽默做出回应，哲学家们研究不出原因，为此非常懊恼。毫无疑问，笑是与生俱来的能力，它为人所共有，甚至同我们的近亲猿也是共通的。荷兰灵长类行为学家杰夫·范·胡夫(Jan van Hooff)发现，当猿心情愉快，便会声音嘶哑地发出“呼呼”的闷笑。他进一步发现猴子通常用“笑”来表达惊奇和意外的情绪，比如，族群中的小家伙有时会追打领头的雄性，原本威严的首领就“吓”得满地乱跑，边跑边笑得上气不接下气。笑同“惊奇”之间的联系在人身上也有所体现，小孩子在躲猫猫游戏中表现得尤为明显；还有人们讲笑话，总喜欢把惊喜的转折憋到最后，正如相声最后还要“抖个包袱”。

人类的笑是一种夸张的表演，要咧着大嘴露出牙齿，还要使劲呼气（因此才会笑得“上气不接下气”）；相视一笑便传递了倾心和幸福的感觉；一起笑好比宣称大家同甘共苦、休戚与共。不过，由于人类间建立相互联系有时是为了一致对外，所以笑里可能还包含敌意的成分，最极端的情况是开种族玩笑。所以有一种理论认为，笑源自蔑视和嘲讽。这种说法最不令人信服，人出生伊始，把第一声轻笑给予母亲，你肯定难以想象他的小脑子里会有丝毫敌意。猿也如是，当妈妈用硕大的手指捅婴儿的小肚腩，它们便第一次露出“笑容”（当然是不同于人的笑容）。

随之而来的问题

笑的“传染”现象让人叹为观止。如果身边的人都在笑，你很难正襟危坐、保持肃穆。有一种难以控制的流行病，症状就是狂笑不止，这种病甚至可以致死。笑具有治疗疾病的作用，因此“大笑教
48 堂”和“大笑疗法”应运而生。1996 年，市面上还出现了一款搔痒娃娃，如果你连续捏她三下，她就笑得前仰后合，跟要背过气去似的。这些现象说明，人太喜欢笑了，以至于难以抑制地要加入身边大笑的行列。所以，电视上的喜剧节目会特意把观众笑的声音录进去，剧场则雇人安插在观众席间，遇到所有笑话都笑，好带动其他观众的情绪。

笑的传染性还可以跨越物种界限。在耶基斯国家灵长类研究中

心，我时常能从办公室里听到窗户下边黑猩猩嬉笑打闹的声音，每当这时候，我都忍不住笑出来。那声音简直太让人高兴了。互相搔痒、打闹是猿的嬉笑之源，这恐怕也是人类笑最初的起源。别人搔痒就抑制不住地想笑，自己搔痒则不管用，以此可以推断搔痒是具有社会意义的行为。就像人的笑会传染一样，每当黑猩猩幼崽的脸上漾起笑容，它的小伙伴们也会露出笑脸。

灵长类动物对他人的感受是很敏感的，笑的感染力只是其中一例。人类绝不是蹲在各自孤岛上的鲁滨逊，我们之间不管在肉体上还是精神上都存在不可分割的联系。在强调个人自由的西方世界，这种说法或许令人难以置信，但我们智人的情绪的确非常容易跟着同伴左右摇摆，这已是毋庸置疑的事实。

于是，在此基础上，怜悯之情和感同身受的体验就自然而然地出现了。它们不是离奇的臆想，也不需要你在脑子里先假装自己遇到当事人的情况。事实远远比这些简单，你的身体会自动和他人步调一致，他笑你也笑、他哭你也哭，他打哈欠，你也跟着打哈欠。经过生活中那么多次面对面的感情交流体验，大多数人的“跟风反应”已经到了登峰造极的地步，甚至只要开始聊“打哈欠”三个字，你就忍不住了(你看你现在没忍住吧)。

打哈欠和笑一样，也跨物种传染。几乎所有动物都会打哈欠，什么是哈欠，学术点儿的定义就是“突然开始的一个深呼吸循环，一般持续5~10秒”。我参加过一个非自主性伸体呵欠的讲座(“伸体呵欠”就是伸懒腰打哈欠的文绉绉的说法)，主讲人的幻灯片上都是打哈欠的马、狮子和猴儿，不一会儿，整个讲堂里哈欠连天。打 49
哈欠特别容易引起连锁反应，因此它是研究情绪传递的一个好的切入口，而情绪传递，正是感同身受的关键部分。不光人，黑猩猩看到别人打哈欠也会跟着打，格外有趣。

京都大学是最先研究“黑猩猩哈欠传染问题”的，研究人员给实验室的黑猩猩看野生黑猩猩打哈欠录像。只消片刻工夫，实验室黑猩猩就哈欠打得昏天黑地。我们也做了相似的实验，不过更深入一步。我们的黑猩猩看的不是真动物打哈欠，而是三维动画，图像中就是个和黑猩猩头长得差不多的脑袋。黑猩猩用货真价实的哈欠回应动画哈欠，它们的嘴张得大大的，挤着眼睛，头都仰到后边去了，和一般的哈欠没有两样。制作三维动画的技术员迪文·卡特说他自己都从来没有在工作期间打过这么多哈欠。作为对照，黑猩猩们也观看了另一组动画，画面中是一样的头，不过不是打哈欠，而是把嘴一张一合地反复几次，黑猩猩看了就没有打哈欠反应。

屏幕上一个动画制作的类似于猿的面孔在打哈欠（就像这张脸），其他猿看到屏幕，也纷纷开始打哈欠

哈欠传染反映出动物间无意识的同步效应有多强大，这种效应深深植根于动物和我们自己体内。同步效应可以是小幅度动作，比如打哈欠，但也包括更大规模的反应。这对动物生存的益处不难想象。如果你是一只鸟，本来和你的一大帮同伙一起悠然散步，突然一只同伴起飞了，你还来不及反应到底发生了什么，就得赶紧一起飞，要是慢慢琢磨，恐怕你弄明白之前已经变成别人的午餐了。

同样道理，如果你所在群体的步调整个儿慢下来，昏昏入睡，
你也会一起进入休息状态。情绪的传递可以帮助动物协调彼此行
动，这对于需要整体迁徙的动物来说至关重要(比如大多数灵长类
动物就属于这种)。如果大伙儿都在吃东西，你最好也赶紧填饱肚 50
子，不然大部队上路，后悔也晚了。在集群行动中，不和大家保持
行动一致的个体早晚得掉队，就像我们跟着旅游团出去玩，停车的
时候别人去洗手间你不去，回头就要吃苦头。

羊群行为有时能引发奇事。有个动物园，里边的狒狒们有一次集体待在大石头顶端，目不斜视地盯着一个方向，一动不动，整整一个星期不吃东西，忘了交配，也不互相理毛。没人猜得出这帮家伙到底在看什么。当地把狒狒群蹲在石头上的照片登在报纸上，说它们恐怕是被外星人吓到了。这解释倒挺吸引眼球，既有灵长类动物行为学，又有时髦的外星人故事。最后狒狒之谜不了了之，人们到头来也没搞明白真正原因，唯一知道的是这帮狒狒可真够齐心的。

了解了动物的同步效应，人可以利用它反过来为动物造福。有一次荷兰发大水，一群马被困在一片孤立的草场上，已经先后淹死了 20 多只，人们千方百计想把剩下的救出来。最夸张的点子包括派军队过去修一座浮桥，幸好付诸实施前当地骑马俱乐部出动了。他们派去四个英姿飒爽的女骑手，骑在各自马上，混在被困的马匹中间，然后找准一片浅滩开辟出一条生路。途中偶尔还需要马儿游几下。依靠对动物习性的了解，女英雄终于率领一百多匹马成功抵达陆地，集体安然脱险。

一致的行动不仅是个体间联系的反映，而且能反过来加强个体间的联系。例如，每天并肩拉车的马会变得非常亲近。开始它们脾气不对，你撞我一下，我拉你一下，步调不协调；不出几年就心有灵犀，能够以惊险的速度拉车飞奔，在越野马拉松中毫无畏惧地跨越水上障碍物，互相照应、互为补充，想把它们分开都不可能，好
51 似合而为一。雪橇犬也是，最有名的故事要数爱斯基摩长毛犬伊泽贝尔，她在生命中途不幸失明，可就凭着嗅觉、听觉，还有自己对身边同伴的感觉，竟能像从前一样奔跑，行使自己的拉橇使命。有时甚至能和另一只伙伴一起当领头犬。

在荷兰街头，你能经常见到骑车带人的情景。为了不掉下去，后边的人得把前边的抓紧了——所以男孩总喜欢邀请女孩坐在后座。要拐弯的时候，不仅车把转向，整个车子也会倾斜，后座上的人得学着和骑车的人一起移动重心。如果乘客直挺挺地不动窝，那俩人都会别扭。骑摩托车速度更快，转向时倾斜更厉害，如果前后座不配合，后果惨不忍睹。乘客是真正的搭档，得协调驾车者的每个动作。

有时个头小的幼年黑猩猩从一棵树跳不到另一棵树，落在后边呜呜直哭，妈妈会返回去救它。它先揪着树枝荡到小猩猩被困的树枝上，然后四肢分别攀住两棵树，拿身体当桥。这种行为不光涉及动作配合，还关系到问题的解决。雌性不仅情绪非常投入（听到小黑猩猩哭她也会跟着抽泣），还开动脑筋解决别的个体的困难。妈妈们随时关照孩子的需要，因此“搭桥行为”在猩猩行进过程中屡见不鲜。

在一些更复杂的情况下，一个个体还会插手关照另外两个个体

的配合。著名动物行为学家珍妮·古道尔曾记述了发生在三只野生黑猩猩间的一幕，其中妈妈名叫菲菲(Fifi)，两个儿子叫弗洛伊德(Freud)和弗罗多(Frodo)。弗洛伊德的脚受了重伤，几乎走不动路了。妈妈菲菲得常常停下来等它；不过也有粗心大意之时，有时候弗洛伊德还没准备好拖着伤腿继续上路，妈妈就又开拔了。这时弟弟弗罗多就表现得特别敏感：

> **这种情况发生后，弗罗多三次都停下脚步，看看弗洛伊德再看**
> **看妈妈，然后再看哥哥，发出呜咽。它就这样一直哭，直到妈妈**
> **再次停下。这时弗罗多就跑到哥哥身边，一边为它理毛，一边盯** 52
> **着它受伤的脚，直到哥哥可以动了，三只黑猩猩再一同上路。**

我不禁想起自己的情况。我妈妈有 6 个儿子，和她相比都人高马大，她连我们的肩膀也不及。但身高并不说明问题，她终究还是我们的头儿。后来她到了耄耋之年，愈加衰老虚弱，可我们还没习惯这个事实。每次大家下车，也会简单地帮她下来，但随后就顾自大步流星地向餐馆或其他目的地走去，边说边聊。每次都是妻子们把我们喝住，提醒我们要等妈妈。妈妈不再能跟得上我们的步子，需要搀扶依靠了。我们必须适应这种状态。

上述有些例子已经超出了相互配合的问题，还需要动作发出者对他人的想法做出猜测，见机行事。古道尔和我描述的例子更进一步，一个个体还得提醒另一个个体注意第三方的状况。但所有例子的共同线索便是“配合”。这是所有群居动物的共同任务。同步是配合的关键，是保证自己同他人协调的最古老的方式。反过来，要想做到同步，身体就需要对他人进行模仿，把他人的行动变成自己的行动，这便是笑和哈欠传染的奥妙。通过哈欠传染现象，我们能体会出人和人之间的联系。令人惊奇的是，患有自闭症的孩子对他人哈欠有免疫力，这正验证了他们社会联系的欠缺，也是疾病的症结所在。

身体动作的模拟在出生不久后就出现了。如果大人对着婴儿吐舌头，婴儿会照做，连猴子和猿也会照做。在一段科研记录视频中，一丁点大的小恒河猴瞪着意大利研究人员皮尔·弗朗西斯科·法拉利的脸，他的嘴一张一合反复数次。盯着看的时间越长，小猴儿自己也就越容易学起这个动作，不过它做起来就像其他恒河猴吧唧嘴一样。在恒河猴的世界，吧唧嘴就是表示友好，类似于人类的笑。

53 我总觉得“新生儿模仿”现象是最神奇的。一个小宝宝，不管人类还是其他动物，究竟是如何模仿成年人的呢？科学家恐怕要用神经共鸣(Neural resonance)和镜像神经元(Mirror neuron)来分析了，但这些其实都没能解释大脑(尤其是那些纯真无知的新生儿的大脑)是如何把其他人身体各部分的动作准确拷贝到自己身体上的。这便是著

一只猕猴幼崽望着实验者，实验者不停张嘴，幼崽也开始模仿

名的“对应问题”（Correspondence problem）：宝宝根本看不见自己的舌头，他怎么知道自己身上的这块肉，和从成年人两片嘴唇之间顺出来的那条粉乎乎、软趴趴的肌肉器官是对等的呢？事实上，“知道”这个词本身就容易误导，因为这明显是一个无意识的动作。

跨物种的动作模仿就更神奇了。在一项研究中，未经任何训练的海豚会模仿水池边的人的动作。一个人在那里摇晃手臂，海豚就不由自主地摇晃胸鳍。那人再抬腿，海豚就把尾巴翘出水面。想象一下这里的身体对应，多么神奇。我自己也见过一个例子，我的好朋友把腿摔折了，几天之后他的狗也开始拖着腿走路，一狗一主都拖着右腿。小狗就这么拖着走了好几个星期，结果我朋友去掉石膏的那天，小狗的腿当即就恢复正常了。

正如希腊历史学家普鲁塔克所说：“和瘸子一起过，你就学会拐着走路了。”

模仿的艺术

英国前首相托尼·布莱尔在家的时候会正常走路，可一站在美国前总统乔治·W. 布什旁边，和他共同面对照相机，就突然风格
大变，成了美国牛仔：两条手臂松松垮垮地耷拉在身旁，走起路来 54
昂首阔步，摇摇摆摆。布什走路当然一向这么趾高气扬，他还解释说在他的家乡得克萨斯州，这就叫“走路”。

认同感是联系人类的纽带，有了认同感，我们才会进一步接纳同我们亲近的人的境况、情绪和行为。我们把他们作为榜样，和他

们感同身受，对其动作进行模仿。因此，孩子走路看起来像双亲中同性的那一方，接电话时也会学着父母接电话的语气。美国剧作家亚瑟·米勒写道：

儿童经常模仿父母中同性别的那方

“没有什么比模仿更令人愉快了。我小时候，个头儿只到爸爸屁股兜那么高，他那个兜里总塞一条手帕，一半在外边飘来晃去，我就把自己的手帕也揪出一个角挂在兜外边，和他手帕在外边的长度一模一样，这么学了好多年。”

模仿也是类人猿的专长。因此在英语里，又把“猿”这个名词当动词用，表达“模仿”之意。给动物园的猿递上扫帚，它就开始横七竖八地扫地板，动作就像每天给它打扫卫生的人一样；再给它一块抹布，它就沾水、拧干，去蹭窗玻璃；如果给它钥匙……你惨了！你或许觉得这见怪不怪，可有的科学家竟还在质疑猿的模仿，死活不承认它的存在。我实在不明白这些科学家的证据在哪里，或许他们给猿做测试的方法有问题。

他们的一个典型的实验是这样的：一位陌生的实验人员穿着白大褂坐在猿笼子外边，给它演示一种从没见过的工具。工作人员演示 5 次，然后把工具递给猿。人们从来不考虑猿不喜欢陌生人的事
55 实，也不管学习非同类的动作总要困难一些。没错，这些猿的表现

确实不如人类小孩，但小孩子并没有被关在铁栏杆后边啊。他们高高兴兴坐在妈妈腿上，人们亲切地同他们讲着话，最关键的是，他们面对的是自己的同类。相比做实验的猿来说，小孩子的心情明显更加轻松愉快，也更容易被实验吸引。遗憾的是，尽管用小孩子和用猿做实验根本没有可比性，人们还是得出结论，说猿同人类小孩在认知能力上有差距。

于是，“模仿”不可避免地被贴上了“人类专有”的标签。结果，这个结论由于错漏百出，要经常被修正；归根结底，动物从同类那里学习动作根本就易如反掌。这样的例子我们顺手拈来，鸟和鲸能轻而易举地学会同类的歌唱；在美国的野外地区，熊还会互相交流经验，学着和人抢吃的。这些熊总能发明出新的偷食秘籍，比如有一种车，如果在车顶上猛跳，就能把所有车门震开。熊发现的新招儿像森林大火一样蔓延，最后所有熊都学会了踩车顶开车门的方法，公园入口不得不贴上告示警告这种车的车主。很明显，熊会把其他熊的成功经验看在眼里，记在心里。如果我们一定要说人独特，那至少要小心措词，可以说“人类的模仿能力比其他动物更完善”。即使这么说也不严谨，因为我们自己的研究恰恰为猿模仿找回了公道。把人类实验人员换成同类，同样的实验就能产生相当不同的效果，那些猿能学得特别好，连一点小细节也不放过。

先说无意识的模仿。我们的黑猩猩群里，常有幼年的个体把手指头塞到铁丝栏杆的网眼儿里，如果塞得不合适了，用暴力是拔不出来的。成年黑猩猩慢慢长了记性，不去解救被困的小黑猩猩，小黑猩猩最终总能自己慢慢弄出来。但与此同时，整个黑猩猩群也被小黑猩猩狂躁的叫声弄得很抓狂：这种嘶叫不常听见，一旦发生就意味着事态严重，和野生黑猩猩掉入偷猎者陷阱的情况相仿。

56 有些情况下，我们还能观察到黑猩猩主动模仿被困的情形。有一次我怀着好意上前帮小黑猩猩脱离，结果小家伙的妈妈和群里的阿尔法雄性却报以凶神恶煞的恐吓。碰了一鼻子灰，我只好退回来。这时一只年轻黑猩猩跑过来，一边盯着我的眼睛，一边把指头伸到网眼里，慢慢地，小心翼翼地用手指把铁丝盘住，就好像当真拔不出来一样。另外两只年轻黑猩猩也跑过来，在附近做同样的动作，它们互相推搡，把手指头塞到自己选中的小网眼儿里。这些年轻的黑猩猩不久前可能也有过类似经历，如今黑猩猩幼崽的遭遇勾起了它们的回忆，它们就又重复起同样的动作来。

黑猩猩显然没读过论文，不知道论文里说了生物可以利用模仿来获得奖励或达到其他目的。它们对获益想也没想，就自动采取了行动。这对它们来说习以为常。英国同事安迪·怀腾（Andy Whiten）恰好也有同样的想法，于是我就和他共同开展了一项雄心勃勃的研究。不同于以往，我们研究的目的是要看黑猩猩从同类身上学习的本领有多强。因为从演化生物学的角度来看，黑猩猩学人没什么实际意义，真正有用的是向同类学习，互相取长补短。

然而，叫黑猩猩做示范，说起来容易做起来难。我能轻而易举地指挥同事示范一个动作，连续做10遍也不成问题，可你叫一只黑猩猩来做做试试！这简直是一项不可能完成的任务。直到苏格兰姑娘维姬·霍纳的加盟。我无意冒犯，但她的举手投足和黑猩猩颇为神似，懂得如何使用身体语言（比如她会蹲下身体，没有什么七零八碎的紧张动作，知道如何让自己的姿势显得很友好），而且敏感，能一眼看出谁是女主角，谁期待关注，哪只满脑子想着玩，哪只眼大肚子小。她对不同性格的黑猩猩使不同的招儿，于是实验对象心情放松，皆大欢喜。如果说维姬的出现是我们的第一件制胜法宝，那么另一件便是黑猩猩本身了。大多数黑猩猩之间有血缘关系，至少也是一起长大，因此互相关注是自然而然的事。好像一个 57
大家庭，前晌吵架，后晌就和好如初，对彼此的关注自然比对人类更多。这对黑猩猩来说是天经地义。

维姬发明了所谓“双向选择行为”法。实验人员交给黑猩猩一个黑匣子，如果用小棍儿捅，食物会滚出来；用棍儿挑控制杆也可以达到同样的目的，两种方法一样好使。首先，我们把捅的招数教给群体中一个成员，通常选择的是地位较高的雌性，让它再去示范。一大帮黑猩猩都围拢过来看它怎么搞到黑箱里的巧克力豆儿。接着，我们把箱子交给群体里另一只黑猩猩。如果模仿者假说是真的，它应该更喜欢使用捅的方法。实际情况正是如此。然后，我们在基地另一个群体内重复刚才的实验，第二群黑猩猩没看到第一群里发生了什么。只不过在这个群体中我们教给领头雌性的是挑控制杆的招儿。你能猜到结果如何吧？它的一大帮同伴都更喜欢用挑杆儿的方法打开箱子。通过这样的训练，我们实际上人为制造了两种不同的“文明”：挑杆者和捅盒者。

这个结果之所以有趣，是因为如果每只黑猩猩都独立学习，那群体中应该做法各异，而不会出现任何倾向。很明显，群体中有没有示范者，结果有本质区别。实际上，如果我们把盒子交给毫无经验的黑猩猩，它们说什么也别想吃到里边的好吃的！

我们还试着让黑猩猩玩了一个“电话游戏”，从而检验信息是如何在个体间传播的。这里用到了另一个“双向选择黑盒子”。想把盒子打开，可以把小门往旁边推，也可以向上翻。我们教会一只黑猩猩推小门，然后让第二只看第一只操作，第三只看第二只，以此类推，一直传递了六次，黑猩猩仍然会选择推门的开盒方法。一模一样的盒子交给第二组，如果开头儿教翻盖儿，那么一直传下去的就是翻盖儿法。

58 安迪在苏格兰用儿童做了同样的实验，得到完全一样的结果。不过他的工作可真让人嫉妒，这个实验让儿童来完成，只需几天，可要想用黑猩猩做个新实验，要足足花费一年。黑猩猩不仅成天在户外撒欢，而且我们不能强迫，一切全凭自愿，只能叫它们的名字，眼巴巴地盼望它们过来配合（事实上这些黑猩猩不仅知道自己的名字，还记得其他黑猩猩的名字，所以我们可以派一只把另一只给弄过来）。成年雄性黑猩猩无暇陪我们玩，它们忙于争权夺势，还得留神其他竞争对手是不是有了艳遇；雌性也好不到哪儿去，她们有自己的生殖周期，还要照顾幼崽，若独自来参加实验，就会对孩子牵肠挂肚，对实验本身没有好处，要是把小崽子也带来，盒子立马被拿去耍了，更不怎么样；有些特别有性吸引力的雌性本身确实想参加游戏，可它们摇晃着气球一样的生殖突凑过来，搞不好额外附带三只雄性，把门敲得震天响，谁也别想集中注意力。还有时，好不容易找到一对黑猩猩，它们却偏偏在早上大吵一架，反目成仇，谁也不理谁。反正总能冒出点幺蛾子，这可能是为什么在传统的实验设计中，科学家总喜欢让动物和人互动完成实验。这样至少实验一方是可控的。

把两只黑猩猩配起来做实验难度就大了，但是付出多，回报也更丰厚。若你看到它们是怎么互相模仿，就知道“猴子学样”不是浪得虚名。它们仿佛钻到对方身体里，互相腻在一起，有时学样的那只甚至抓着示范那只的手看它演示，示范者被奖励了好吃的，放到嘴里大嚼特嚼，学样的就凑过去闻嘴。若换成人做示范，这些行为都是不可能的，因为人必须远远地待在安全距离之外。成年猿类有时具有很大的危险性，人绝不能近距离亲密接触。然而，模仿双方是不是有肢体接触，结果可能完全不一样。有时我们的黑猩猩看到示范直接就学出来了，根本不用给好吃的作为奖励。这说明它们观察了，自然而然就会去模仿。说到这里，我们就回到了身体的作用。 59

黑猩猩如何学样呢？是不是先对同伴产生认同感，然后就对肢体动作心领神会？但理论上还存在另一种情况，即它并不需要别人来演示，只要看清盒子的构造、注意到小门儿可以被推到一边或者被翻上去就够了。如果是前一种解释，则需要黑猩猩能再现观察到的操作动作；而后一种则需要它掌握技术窍门。魔鬼盒子（Ghost box）是一款独具匠心的设计，多亏它，我们得以区分上边两种可能。之所以叫“魔鬼盒子”，是因为这个盒子可以自己开启和关闭，无需额外操作。如果掌握技术是唯一的条件，那么盒子本身就可以让黑猩猩学会如何控制。实验结果如何呢？我们让黑猩猩反复看那个盒子开开关关，开了还有奖励，结果它们看得莫名其妙，直看得烦躁不已，仍然啥也没学会。

黑猩猩学样的时候，需要看一个同伴做示范，也就是说，模仿的前提是对一个有血有肉的躯体找到认同感。现在，我们已经逐渐认识到，人和动物的认知在很大程度上是通过身体建立的。大脑并不是一台每时每刻发号施令的计算机，它和躯体相辅相成，两者的关系是双向的。身体内部感知，然后同另一个身体进行交流，继而建立社交关系，并对自己周身的事物做出评判。所以，不论我们感知什么，思考什么，身体都在其中扮演一定的角色。打个比方，你有没有注意到，身体状况会影响你的感知。明明是同一座山，在筋疲力尽的人看来，就比在精力充沛的人眼中更陡峭。当你负重累累，会觉得景物比轻装前进的时候更远。

你也可以试试让钢琴家从好几段演奏中辨认自己的作品。哪怕他对这段曲子很陌生，只在黑暗和无声的情况下表演过一遍（在电子钢琴上不戴耳机），也可以准确挑出自己弹的那段。听到曲调，
60 钢琴家也许能在头脑中重现演奏过程中的身体感觉，找出最符合自己感觉的那个。因此可以说，他用身体认出了自己，就好像他用耳朵“听出了自己”一个道理。

“具身”认知领域（主张认知是一种高度具身的、情景化的活动。——译注）尚处萌芽期，但它却能极大地启发我们看待人际关系的方式。当人们来到我们身边，我们就不自觉地进入他们的身体，他们的一举一动、情绪的波澜，都在我们身体里激起共鸣，好像自己真的变换了角色。正是借助这种方式，人类和其他灵长类动物才可以重现自己看到的动作。通常情况下，人无意识地用动作来附和别人，也不易被察觉，不过有时还是会露馅。典型的例子是父母用勺子喂小宝宝，他们自己也会做出咀嚼的样子。父母感宝宝之所感，这种反应难以抑制。另外，家长看自己小孩在台上表演唱歌，往往全情投入，恨不得对着口形一起唱。当我还是个小男孩儿时，每次站在边线外看人踢球，看到自己支持的那方带球，就止不住地跟着队员一起又踢又跳。

动物也一样。心理学家沃尔夫冈·科勒曾通过一组经典实验来研究黑猩猩对工具的使用。在那张黑白老照片中，黑猩猩格兰德(Grande)站在它自己摞起的木箱顶端，奋力够一根悬在房顶的香蕉，黑猩猩苏丹(Sultan)在一旁热切观望。苏丹实际上坐得远远的，可它还是随着格兰德的动作同步挥舞手臂。我还看过一段黑猩猩录像，拍的是黑猩猩用大石头砸坚果吃，一只幼年黑猩猩两手空空地坐在一边，前者每挥手砸一下，后者就空手做出猛砸的动作。能用肢体做出即时的附和，为模仿提供了一条捷径。 61

看着格兰德够香蕉，苏丹(坐着的那只)也感同身受地做出抓握动作

情感充沛的时候，认同感就表现得更明显。我曾目睹一只黑猩猩在大白天生产。这可是稀奇事：我们养的黑猩猩一向喜欢夜间生产，即使不是夜里，也得是人少的午餐时间。我当时站在瞭望窗口，看到一大帮黑猩猩既迅速又安静地把那只名叫麦(Mai)的黑猩猩团团围住，好像被什么秘密信号召唤过去一样。麦身体半直立，双腿微微分开，手掌张开，在身下围拢，随时准备接住从身体里掉下来的婴儿。另一只名叫亚特兰大(Atlanta)的年长雌性站在它身边，做出同样的微蹲姿势。最令人惊奇的是，亚特兰大竟也张开双

手接在身下，虽然根本没什么好接的。大约10分钟之后，婴儿从母体中冒出来，是一只健康的“男孩儿”！群情鼎沸，大伙儿尖叫着拥抱在一起，可以看出它们刚才有多投入。黑猩猩亚特兰大自己生过好多孩子，看来这次在麦的身上找到了认同感。作为麦的好朋友，在接下来的那个星期里，亚特兰大几乎天天给刚做了妈妈的麦梳理毛发。

美国动物学家凯蒂·佩恩也曾描述过大象的同感现象：

> 一次，一头大象突然看到她的孩子在追赶一只逃跑的角马，我发现她跳起了“象鼻象腿舞”，尽管动作非常微妙。实际上我也有过类似的表现，看我的孩子表演时我也会情不自禁地手舞足蹈；忍不住告诉你，我有一个孩子是马戏团杂技演员呢。

我们不仅会模仿那些我们认同的人，而且这种模仿还能反过来拉近人和人之间的关系。人类的母亲和孩子喜欢玩拍手游戏，他们相互击掌，或者按同样的节奏拍手，这些都属于身体同步游戏。回忆一下情侣见面会做什么呢？肩并肩地走路，一起吃，一起笑，随
62 着韵律双双起舞。同步有加强联系的作用。拿跳舞来说。舞伴在动作上要彼此互补，预想对方的动作，或者用自己的动作带动对方。跳舞就是摆明：“我们同步啦！”利用同步来增进情谊的手段，动物已经用了几百万年了。

同样是模仿儿童动作（比如把玩具狠狠地往桌上敲，或者像小孩儿一样上蹿下跳），如果是孩子先做，成年实验者也跟着学，做样子的孩子就特别激动；可如果小孩子不动，只有实验者一人干

做，孩子就没那么高兴了。在各种罗曼蒂克的场合，如果你的情侣和你做同步的动作，比如你往后靠的时候她也往后靠，你跷起腿她也跷腿，你举杯她也举杯，通常会令你感觉特别好。人们甚至愿意付钱来表达对模仿的喜爱。荷兰人的小气臭名昭著，可如果餐馆女招待把顾客点的东西复述出来（“你要的是沙拉不加洋葱”），而不是仅仅说“没问题”“马上来”，她们就会得到两倍的小费。人对自己声音的“回声”真是喜爱至极。

打哈欠、笑、跳舞、学样等同步和模仿现象，其中反映出的都是社会联系和人际关系。古老的群聚本能由此上升到了一个新层次，远比一大群动物朝一个方向跑或者一起过河更复杂。在这个新层次上，个体要更加关注同伴的动作，领会它们是怎么做的。一只地位相当于女族长的猴子有个诡异的喝水习惯。正常情况下，猴子会从水面咂水喝，可这只猴子会把整个胳膊都扎到水里去，然后舔它腋下沾了水的毛。它的孩子学它的样子，孩子的孩子也照样学来。最后，唯有它的家族成员，在群体中清晰可辨。

我还见过一只雄性黑猩猩，它在斗殴中英勇负伤，折了手指头，指关节没法再着力，只好顶着弯曲的手腕，一瘸一拐地走。不出几天，群中所有小黑猩猩全都跟在这只倒霉的雄性屁股后边，用同样的姿势走来走去。灵长类动物这种跟身边同类学样的行为，不假思索，多像变色龙啊。

我小时候家住荷兰南部，有时去北方度假，每天和阿姆斯特丹的小朋友一起玩。待归来时，家乡的同伴就取笑我，说我讲话特别滑稽。原来在不经意中，我就能学来一口蹩脚而刺耳的北方口音。 63
我们的身体——包括声音、情绪、姿势，都受周围人的影响，这是人生神奇之处，也正是这种属性，将社会众生“黏合”在一起。考虑到人类是理性决策者，这一现象更是远远没有得到应得的重视。在日常生活中，每个人并不总是独立思考自己行为的是与非，每个人都是紧密大网的一个结点，所有人的身体和思维，都是相互联系的。

这种联系已经不是秘密了。人类早已利用一种普遍存在的艺术形式对它进行了应用——这就是音乐。正如没有一种人类文明离得开语言，世界上所有的文明也都孕育了音乐。音乐将我们包围，对我们的情绪施加影响，如果许多人一起听音乐，大家的情绪必将趋于相同。观众一起激昂，一起抑郁，一起反思。音乐似乎就是为了这个目的诞生的。这里我所想的其实并不是西方音乐厅里那些严肃音乐，听这些音乐的人必须把自己包装在高档正装之下，陈腐呆板，连随着节奏用脚打拍子也会被视为失礼之举。但即使是这样的音乐，也能让听众情绪趋同：莫扎特的《安魂曲》和施特劳斯的华尔兹显然会产生完全不同的效果。不过更典型的还是流行音乐会现场，千万人随着他们的偶像一起高歌，在空中有节奏地挥舞蜡烛或手机；蓝调音乐界、乐队游行、唱诗班唱福音、爵士葬礼，哪怕是家庭成员一起唱“生日快乐歌”，所有这些形式都在感官和身体层面激发出反应。在我家亚特兰大的圣诞大餐之后，整桌子人随着猫王的圣诞专辑高唱圣诞歌曲。享用着美酒佳肴，亲朋好友欢聚一堂，一同放声歌唱，没有比这更令人沉醉的了，而这种美好感觉是具有多重意义的：我们以共同的韵律摇摆身躯、同声欢笑，最后，所有人都被感染上了相同的情绪。

我曾在一个乐队担任钢琴师。如果说我们的成功无足挂齿，那还真是过谦了。我从参与乐队的过程中学到了许多东西，比如，要想一起演奏，必须各司其职、宽宏大量、步调一致，这么高的要求在做其他事的时候是很少见的。我们最喜欢的一支曲子是动物合唱 64
团的《旭日东升旅馆》(*House of the Rising Sun*)，我们尝试了各种手段，想让曲子听起来更富有感染力。若干年后，我才明白歌里唱的是怎样一座旅馆，但即使在当时那种懵懵懂懂的状态下，每个人还是深切地感受到了歌曲的颓败与阴沉。合作过程中让我感触最深的，是一起演奏所带来的凝聚力。

动物世界的例子举不胜举。这次我想要给你讲的不是咆哮的狼群，不是那些为了恐吓邻居而一起狂叫的雄性黑猩猩，也不是一大清早就用惊人音量合唱的吼猴(这些猴子据说是世界上最吵的动物)，而是合趾猿。这种动物生活在苏门答腊的丛林深处，是长臂猿的一种，全身乌黑，身形巨大，每当森林升温，它们就攀到高高的树上唱歌，旋律优美欢快，对我来说比鸟的鸣唱更令人感动，或许因为合趾猿也属于灵长类动物，它们的歌声听起来比鸟鸣更加丰富。

“歌曲”以几声大叫开头，随后是更洪亮和巧妙绝伦的乐句。合趾猿颈部长着巨大的喉囊，歌声通过这个“扩音器”得以放大，音量非同小可，可传至数千米开外。后来人们终于回过味儿来，判断出这么大的声音肯定不是一只猿唱出来的。对大多数动物来说，赶走入侵者是雄性的活儿，可合趾猿以小家庭为单位生活，因此御敌任务由雌雄双方共同承担。雌性用高音大叫，雄性也发出刺耳的尖叫，你敢靠近试试，保准让你汗毛直竖。合趾猿粗犷的歌声汇成完美一致的和音，因此它们的表演被誉为“除人之外的陆地脊椎动物唱出的最复杂的艺术作品”。当雌雄二重唱组合对同种的其他个体大喊“走开”时，它们也在宣称：“我们双剑合璧了！”

我们同走钢丝的演员获得身体上的认同，好像和他一起挪步

正如一同拉车的马匹刚开始也并不默契，合趾猿要练就步调一致的唱功，也非一朝一夕。和谐对维持伴侣关系和维持领地都起到了至关重要的作用。一对合趾猿有多亲密，别的同类一听便知，一旦察觉纷争便可以趁机跟进，挑拨离间。怪不得德国灵长类学家托马斯·盖斯曼（Thomas Geissmann）曾这样记录：“和伴侣分
65 手可不是明智之举，因为新组合的歌声差得不是一点半点。”他发现经常一起唱歌的伴侣在一起待的时间也更多，其他行为也更默契。

合趾猴婚姻关系是好是坏，全写在了歌声里。

会感知的大脑

生物学家凯蒂·佩恩描述过一位母亲，她同自己当杂技演员的孩子呼吸同步。无独有偶，当年最先提出“共情作用”这个概念的德国心理学家也用了一样的例子。这位心理学家名叫特奥多尔·李普斯（1851—1914），他写道：我们看走钢丝演员表演，心都提到嗓子眼儿了，因为我们已经钻到演员身体里，感其所感，就好像亲自站

到绳子上边。德语中有一个名词 Einfühlung（直译是“感觉进去”），非常直观地概括了这个意境。随后，李普斯又创造出了与之对应的希腊语单词 Empatheia，意思是感受到强烈的喜爱之情或激情。英国和美国心理学家将之借用，便有了英文的 Empathy，即共情。

我个人很欣赏 Einfühlung 这个词，因为它明确地传达出了一个人把自己投影到另一个人体内的动态过程。李普斯是领会到人与人之间这种特殊渠道的第一人。我们其实并不能感觉发生在身体外边的情感，但是，正是借助这种无意识的影射，他人的感觉就能在我们自己体内产生共鸣，是为“感同身受”。李普斯还论证说，这种认同，不能被简单描绘为学习、联想、论证等其他能力。共情心让我们直接进入了那个“非我的自我”（The foreign self）。

如今，我们需要上溯一个世纪，从早已被人遗忘的心理学家手稿中找出“共情”的本质，这是一件多么滑稽的事。李普斯给出了自 66
下而上的分析，他是从最基本的现象出发，而非其他心理学家和哲学家普遍喜爱的自上而下的解释法。在后者眼中，共情被看作是一种认知现象，我们根据从前自己在相似状况下的感受，对他人该如何感受做出估计。但是这能解释我们那些不假思索的反应吗？套用这种逻辑试想一下：我们看到马戏团演员掉下来，然后根据从前的经验产生共情心理。如果是这套机制，我想直到倒霉的杂技演员躺在血泊中，我们才能做出反应。这显然不符合事实。实际上观众一瞬间就能做出反应：演员脚下一滑，好几百人就会一起“啊”“哦”地大叫起来。在实际表演中，杂技演员总是假装没站稳，其实根本不会掉下去，他心里太清楚了，自己每走一步，都牵着观众的心呢。我时常琢磨，如果没有观众这种时时刻刻的密切反应，那些著名马戏团怎么能经营下去啊。

科学正在缓慢接受李普斯的观点，但在20世纪90年代初，瑞典心理学家乌尔夫·丁伯格刚开始发表有关“无意识的共情”的文章时，科学界还不是这么友好。认知观点的支持者对他展开了激烈的反驳。丁伯格坚持认为，我们并非“决定”要同他人感同身受，而是“自然而然”地感同身受。他将微小的电极贴在受试者脸上，记录下最细微的面部肌肉运动，接着，受试者通过电脑屏幕看生气和高兴的脸。结果显示，当人看到生气的脸孔，就会皱起眉头，相反，看到欢乐的面孔就嘴角上扬。然而，这并不是最关键的发现，因为这样的情绪模拟可能是经过了思考的。真正具有革命意义的是下面的部分，丁伯格让各种面孔在屏幕上一闪而过，消失之迅速，根本来不及被意识捕捉到，他发现受试者的表情仍然出现相同的反应。当问到受试者他们看到了什么，没有一个人知道他们看到了生气的脸还是高兴的脸，尽管如此，仍然能模仿出相似的表情。

屏幕上的表情不仅能牵动我们脸上的肌肉，还能牵动我们的情绪。那些被展示高兴脸孔的人普遍比被展示生气脸孔的人要高兴，
67 尽管如前边所说，两类受试者都不知道自己刚才究竟看到了什么。这个实验说明，受试者所表现出的是真正的共情，是一种非常原始的“情绪感染”。

李普斯认为共情是与生俱来的本能，他并没有对其演化过程进行分析。但现在，人们一致相信，共情心理在演化史上源远流长，至少比我们这个物种要古老。或许自打亲代懂得抚育后代，感同身受的能力就产生了。在哺乳动物2亿年的演化过程中，对后代体贴入微的雌性比麻木不仁的母亲能养育更多后代。小狗、小牛犊，还

有人类的小宝宝，时刻期待温暖，渴望食物；指不定什么时候遇到危险，就要求妈妈即时做出反应。大自然必定对这种敏感性施加了很大的选择压力，因为没法对后代进行回应的母亲，也就没法将自己的基因传递下去。

生活在动物园的雌性黑猩猩克罗姆（Krom）就是一个极好的例子。克罗姆特别喜欢婴儿，只要在视线之内，她绝对精心呵护。然而麻烦的是她耳朵听不到。当婴儿遇到麻烦，比如够不到奶头，抓不住妈妈的毛发，或者被挤扁的时候，只能发出稚嫩无助的短叫或低喃，克罗姆听不见，没法做出回应。有一次我亲眼见她一屁股坐到婴儿身上，婴儿吱哇乱叫，她都没有发现。直到看见其他雌性的惊慌神情，她才有所警觉。实在没办法，我们只好让其他雌性代她哺养孩子。克罗姆的故事给我们上了一课。我们看到，雌性哺乳动物的关注点，实在得和后代的需求保持合拍。

人类一路演化而来，传承了母性传统。照料、哺育、清洁、安慰的责任都落在她们肩上，平时要抱着小孩四处走，遇到危险还得挺身而出。于是，女性比男性更容易感同身受，也就成了不足为奇的事实。这种区别在性别角色社会化之前就出现了：比如，婴儿听到身边的婴儿啼哭，自己也跟着哭，这是情绪感染最早的迹象，这一现象女婴比男婴表现得明显。随着孩子日渐长大，性别差异也愈发鲜明。看到别人不高兴，两岁的小姑娘比同样大的小男孩更会去关心安慰。到了成年阶段，女性的共情心理也比男性更强烈，因此人们总说女性具有“照顾的本能”。

然而，上述事实并不能说明男性都是麻木不仁的。实际上，性 68
别差异时常表现为两条相互交叠的钟形曲线，也就是说，虽然男女均值有别，但不少男性的共情心要超过女性平均水平；而也有不少女性低于男性平均水平。年龄越大，男女愈发相近。实际上许多研究人员否定“成年男女共情心理有别”的说法。

尽管如此，感同身受的能力起源于亲代对后代的抚养，这确实是合乎逻辑的。基于这种逻辑，保罗·麦克莱恩开始重点研究“分离呼叫”现象，即年幼的哺乳动物迷路后呼唤妈妈的现象。这位美国神经科学先驱在20世纪50年代率先提出大脑边缘系统的概念（此系统同情绪、行为、长期记忆、嗅觉等有关。——译注），同时也着迷于抚育行为的起源。哺乳动物幼崽走失或受到惊吓时会呼叫妈妈，妈妈听到，就知道幼崽遇到了麻烦，必然心焦如焚，前去相救，如果这是只身强力壮的妈妈，你可千万别挡她的道儿（你可能听说过人和熊妈妈发生冲突的故事）。这种密切的亲子关系，是随着大脑的新功能演化出来的，那就是会感知的大脑，即大脑边缘系统。大脑正是利用这一系统来形成情绪，这样动物就有了喜爱和欢愉之情，接着，亲情、友谊和其他温情才得以产生。

密切的社会联系毋庸置疑是非常重要的。我们总喜欢神化人类的存在，说人生是追求自由的旅程，人生要为正义而努力。生命科学却以更世俗的角度审视生命，在它眼中，生命的目标是寻求安全、渴望情谊、填饱肚子。两种视角之间存在显而易见的矛盾，让人不禁想起某俄国文艺评论家同屠格涅夫之间的一段经典对话，评论家嚷道：“我们还没解决上帝的问题，你就想吃饭！”

只有最基本的需求得到了解决，崇高的目标才有立足之地。如
69 果依附感和共情心当真属于最基本的需求，那我们在谈论人类本性时也最好多对它们付出一点关注。当然，将它们归为人类特有的属

性是毫无道理的。这些特质理应在所有长着毛发、奶头、汗腺的温血动物体内生息，成为定义哺乳动物的一条原则。

显然，那些烦人的小啮齿动物也不能被排除在外。

富有同情心的小老鼠

我并非有意夸大，恐怕大家也都明白，为什么荷兰在第二次世界大战后对它东面的邻国那么不友好——德国是第二次世界大战的罪魁祸首嘛。我是在内梅亨大学念的本科，几位老师都是德国教授，带着重重的口音。其中一位男老师年纪挺大，脾气暴躁，据说当年是集中营守卫（显然是大家编造的，不然他至少该待在监狱里）。

更添乱的是，这位老师竟亲手杀死解剖课用的小鼠。他看不上乙醚致死，就拿一盒子活蹦乱跳的小鼠，背对我们一站。几分钟后，一摊折断了脖子的小鼠就陈尸桌面。

我得在这里为他辩护一下，他所用的“颈椎脱臼法”比其他安乐死手段都更快且更人道。但你能想象，对当年那帮不懂事的小孩来说，这位杀手教授得有多可怕。问题是他又没动我们一根汗毛。那些被处死的小老鼠得有多恐惧啊！第一只受死的小鼠或许还不知来者不善，那最后一只呢？啮齿类小动物是不是也能察觉到其他个体的痛苦？它们能不能对其他个体的痛苦感同身受呢？

进一步探讨这些问题之前，我得警告各位读者，如果你们非常热爱动物，深入钻研“动物共情心理”对你们将是极大的挑战。在研

究动物对其他个体的痛苦做何反应的过程中，研究人员自己也常常感到切肤之痛。我并不赞许这类研究，自己也不会去做，但不会蠢
70 到忽视那些研究成果。让人略微欣慰的是，多数此类研究都是几十年前做的，今天几乎不会有人再去重复了。

1959 年，美国心理学家拉塞尔·丘奇(Russell Church)发表了一篇文章，用了个非常具有煽动性的题目《大鼠在其他个体遭受痛苦时所产生的情绪反应》。丘奇训练大鼠按动压杆获得食物，但他发现，如果大鼠发现自己按压杆会导致另一只大鼠遭电击，自己就会停手。这个结果太不寻常了。大鼠凭什么有吃的不要，它们不能无视那些在电极上跳舞的同伴吗？这些大鼠停下的动机又是什么，是仅仅分散了注意力，还是为同伴担心，或是担心自己的命运？

丘奇给出的解释在当时的科研背景下非常典型。那时人们都相信条件作用(Condition)是行为的基础。他说大鼠看到同伴受罪，就担心自己的安危。但一只从未受过训练的大鼠能把其他大鼠发出的尖叫同自己的苦痛联系起来吗？实验动物一辈子在实验室长大，温度、光照都被严格控制，食粮充足，没有捕食者追在屁股后面满街跑，电击的情况更是前所未见。更合理的解释是，其他大鼠疼痛的样子，发出的声音或味道引发了这只大鼠与生俱来的情绪反应。一只大鼠的痛苦，很可能简简单单地传给另一只。

这项研究启发了一系列关于动物“共情”“同情”和“利他主义”的实验，三个词都加了引号，是怕激怒行为主义者，他们不信这一套。但研究不久就被抛到脑后了，其中一个原因是人们忌讳谈及动物的情绪，还有一个原因是人们习惯于强调自然界龌龊的那一面。综合多种因素，动物的共情如今严重滞后于人的共情现象研究。然

而情况正在改变。这得感谢加拿大研究人员的一项研究成果，论文题目叫《疼痛的社会调节——小鼠共情心理的证据》。这次，共情心理这个词终于没有加引号，说明人们逐渐达成共识，不管是人还是其他动物，个体间情绪的联系有相似的生物学基础。

对我原来的解剖学老师来说，这结果来得太迟了，他是加拿大
麦吉尔大学痛觉实验室的主持人杰弗里·默吉尔(Jeffrey Mogil)。他 71
总感觉实验小鼠们在互相倾诉疼痛的感觉。如果从同一只笼子里抓出几只小鼠来做实验，先抓后抓的顺序似乎会对结果产生影响，最后一只总是比第一只显得更疼。这件事令默吉尔匪夷所思。一种解释是，后面的小鼠看前边一只只经历痛苦，就变得更敏感。默吉尔从这个现象联想到人类社会，如果你坐在口腔诊所，看病人一个个从房间里走出来，明显刚受过折磨，你自己没法不预支疼痛。

在加拿大人的实验中，小鼠被配成一对一对的，接受疼痛测试。每只被单独关在一个透明玻璃管里，可以看到对方。在实验中，两只中的一只或者两只要接受稀释乙酸注射，据科研人员说，乙酸会导致轻微胃痛。所以注射后小鼠伸展身体，表示它们不舒服。实验发现，如果接受注射的小鼠看到对面的小鼠也接受了注射，自己就伸展得更明显；如果对面小鼠不接受注射，这只小鼠的反应就轻些。这个结果只适用于在一个笼子里长大的两只小鼠，彼此不认识的小鼠就没这种现象，所以这不可能是一种简单的产生负面情绪的机制，否则你可以想象，不管小鼠认不认识对方，结果都该是相同的。接着，研究人员做了一系列实验，来确定究竟是什么感官功能造成了上述结果。他们分别用没有嗅觉、听觉失灵，或者彼此看不见的小鼠重复了上边的实验，发现视觉是最关键的，也就

是说，必须能“看见”同伴受折磨，才会有反应。

小鼠的疼痛可以通过视觉刺激而传染。有趣的是，如果受罪的是一只素不相识的小鼠，自己痛感反而会下降，明显是特别地漠不关心。这种与共情背道而驰的反应只发生在雄性小鼠身上，雄性小鼠通常恰恰对其他个体怀有潜在的敌意。这是不是意味着，小鼠对对手缺乏共情心呢？

小鼠共情的性别差异让我想起人类中类似的现象。如果先让你和一个人合作，然后看他疼，你大脑中同疼痛相关的区域就被激活，在这个实验中男女的反应没有差别。在另一项实验中，研究人
72 员先让你挨骗，然后让欺骗你的人受苦，接着把你送去做脑部扫描，结果肯定会发现你的快感中枢活跃起来了。这不是幸灾乐祸（Schadenfreude）吗？神奇的是，这种现象只在男性身上奏效，女性这时仍然会感同身受。你可能觉得这是意料之中，但它反应的道理（男性不会对潜在的敌人产生共情心理）却和小鼠实验不谋而合；不仅如此，也许所有哺乳动物都是一样。

最后，研究人员用不同的手段刺激小鼠，让它们感受到疼。一只用前边用过的弱酸（稀释乙酸），另一只给它塞一个热源，靠太近就挨烫。小鼠看到同伴被酸弄疼，自己躲开热源的速度变快，表明小鼠看到一种疼，对另一种疼的敏感性也提升了，哪怕两种疼是通过完全不同的机制来感知和反应的。这个结果恰恰说明，对疼痛敏感性增强的现象不能用行为模仿来解释（最关键的证据就是小鼠对所有种类的疼都变敏感）。

这组实验对复兴 20 世纪 60 年代的初步结论起到了极大的正面支持作用，这次实验的样本量更大，方法更严谨，而实验结论完全

相同。小鼠看到其他个体的反应，自己的体验也会增强，这时我们说小鼠也会“感同身受”，就比较有信心了。

显然，我们“打心眼儿里”明白他人的感受，靠的并不是想象力，因为即使看不见主体也会产生共情心。比如当我们读《战争与和平》时，会同各个角色同呼吸共命运。共情心理并不是由想象力所驱动的。想象另一个人的状况可以是个很冷静的过程，如同想象飞机的工作原理一样。感同身受则首先要求你将全部感情倾注进来。小鼠的例子向我们展示了共情心可能的产生机制。另一个个体的感情会激起我们自身的感情，继而让我们在心里重现他人的状况，从而更好地理解他人。

简而言之：身体先进入角色，然后大脑才慢慢领会。

“死神猫”奥斯卡 73

这只名叫奥斯卡的猫咪正从大名鼎鼎的《新英格兰医学杂志》中的一张照片里目光炯炯地瞪着我，一位专家在旁边撰文评说，极尽溢美之词。奥斯卡两岁大，家在美国罗得岛州普罗维登斯的老年医学诊所，诊所里满是阿尔茨海默病、帕金森病和其他老年病患者，《新英格兰医学杂志》的这篇文章，描述了它每日如何兢兢业业地从一个房间徘徊到另一个，在病床间仔细地东闻西嗅，对每位病人察言观色。当它觉得一个病人死期到了，就在旁边一蜷，咕噜咕噜地喘气，用鼻子轻轻蹭他，直到病人彻底没了气，才静静离去。

奥斯卡的“预言”太灵验了，医院的医护人员真的靠上它了。如果奥斯卡走进一间屋子又转身离开，他们就知道病人死期未到。如果见它开始了“守灵祷告仪式”，护士就立马抓起电话，让家人火速赶来，陪深爱的人走完生命最后一程。猫咪奥斯卡预言了至少 25 名病人的死，比任何专家都准。猫咪颂词甚至写道：“除非奥斯卡去转悠一圈，守一阵儿，三楼死不了人。”

奥斯卡是怎么做到的呢？临死的病人是不是有什么特殊气味，是不是皮肤会显出特殊颜色，还是呼吸状况有所不同？病人和病人之间变量太多，很难想象所有病人的死都能通过同一种迹象暴露出来，但是，倒也不排除这种可能。更令人困扰的是，这只猫到底想干什么呢？有时候，奥斯卡是病人死去前唯一留守床边的，医护人员说它在尝试救助病人。这真的是“死神猫”的动机吗？

我觉得奥斯卡的行为可能有两种解释：它要么就是察觉到病人身上正在发生的改变，自己心里非常忧愁，用这种行为自我安抚；要么就是真想安抚病人。但两种可能都太离奇。如果是前者，奥斯卡从一个正在丧失各种能力的病人身上寻求安抚，图的是什么呢？
74 爱猫的人那么多，它干什么不随便投靠一个？第二种就更难以置信了：作为以“孤独的猎手”著称的物种，奥斯卡凭什么变得比其他猫咪都博爱呢？我一辈子养过好多只猫，它们确实比较腻歪人，不过从它们的行为我能看出，它们心底并不关心人的好赖。刻薄地说，我总是琢磨为什么天气越冷，我家的猫越“爱”我们。

当然，我夸张了。猫咪确实也会流露真感情，有时也和主人感情很深。不然为什么它们总喜欢待在有人的房间？人类在自己的窝里养上这么一只毛茸茸的食肉动物，却不选择更好养的鬣蜥蜴和乌龟，正是因为哺乳动物能给我们情感的回应，这是爬行动物永远没法满足的。猫和狗能够读出我们的心思，我们也能明白它们在想什么。这对我们来说特别重要。和这类动物在一起，我们感到放松，和它们也更容易建立起感情。我推测奥斯卡确实不是有意为之。但即便如此，判定它的行为和“共情”无关，也是草率的。

生物演化出种种能力，通常具有一定优势才能保留下来。如果感情的传染真的是通往成熟的共情心的第一步，我们就要问了，这种特质究竟能为生存繁殖贡献什么？人们通常认为，助人行为的基础是共情心，而单凭情绪感染却达不到这个效果。举个例子，我们人类的小孩听到其他小孩哭，会双眼噙满泪水，然后转身跑到爸妈那里寻求安慰，要他们抱抱。这么做的结果实际上是远离伤心的源头，抛弃了让她伤心的那个小朋友。心理学家将之归结为解决“个人困扰”，说小朋友的反应是自我中心式的行为，变不成利他行为。

但情绪感染对生存并非无用。在野外，小啮齿动物听到另一只松鼠受惊吓的尖叫，恐惧油然而生，立马开溜或躲起来，或许就能躲过降临在同类身上的这一劫。另外，一个啮齿类的幼崽由于种种
不爽而制造超声波噪声，妈妈被搞得烦死了。除非把幼崽哄舒服 75
了，或者拎起来换个暖和点的地方，否则自己也别想获得半点喘息。在上述例子中，动物都不需要特意关怀他人的安危，只要情绪被调动起来，就能趋利避害，或照顾好后代。这种适应性已经够了。

那些通过为幼崽排忧解难而让它们安静下来的母亲，实际上是出于自我中心的动机，做出为他人谋福利的事。我暂且叫它“出于自我保护的利他主义”，即通过帮助他人来使自己免受情绪刺激。这种行为的结果对他人有益，但确实缺乏真正的利他精神。关心他

人有可能是这样演化而来的吗？利他真的始于以自我保护为目的的助人，然后才逐渐演化成无私的助人为乐吗？科学界已经积累了长篇累牍的著述，想在自私和利他之间划出一道清晰的界限。然而我们所面对的，或许根本就不是一片非黑即白的区域。感同身受显然不能归为自私，纯自私的结果是对他人的情绪置若罔闻；相反，说感同身受是无私的显然也不对，因为驱动我们采取行动的是我们自身的情绪。自私与无私之争有混淆视听之嫌。凭什么非得把“我”从非我里撇清，凭什么非要把他人从“我”里摘除出去？或许你中有我、我中有你，正是人类合作的秘诀。

让我们看看如果用猴子重复前面的大鼠实验，它们会做何反应。20 世纪 60 年代，美国心理学家报告了一项结果，如果恒河猴发现自己拉链子得到食物会以同伴遭电击作为代价，它们就会住手。在实验中，猴子的做法比大鼠还要极端：大鼠停手是暂时的，而目睹过自己的动作给同伴带来的遭遇，一只恒河猴 5 天没有拉链子，另一只足足坚持了 12 天。这些猴子真就宁可饿着自己，也不肯让同伴吃苦头。

不过，这仍然可以用“出于自我保护的利他主义”来解释，它们不想看到受刺激的景象，不想听痛苦的声音，所以才会采取行动。看他人受苦的滋味不好受，这正是共情心理的关键。猴子对彼此的
76 肢体语言十分敏感。这在如下实验中也有所体现。让一只猴子看大屏幕，屏幕上是另一只猴子的脸，在两只猴子被电击之前，对面屏幕里的猴子可以听到“噼啪”一声警报，这只却不能。仅靠观看对方听声音后的动作，这边的猴子就学会了快速按拉杆，关掉电击。两只猴子分别坐在两个屋子里，却成功合作，让双方都逃过了折磨。

显然，操纵拉杆的猴子能很好地领会听警报猴子的面部表情。如果把这一侧的猴子换成科学家，科学家的判断反而不如猴子，因此猴子比人更擅长领会另一只猴子的面部表情。

必须用如此残忍的实验才能证明动物彼此的敏感性，这件事是多么可怕；难道科学家就不能想出一个两全之策，既研究了动物的共情心，又不刺激到我们自己的共情心吗？我不会为这种实验辩护，不过我们的确要有自知之明，知道我们离完全理解动物的共情心理还差得很远。科学一直以来将注意力集中在负面感情上，比如恐惧感和攻击性，对积极感情的研究几乎是一片空白。然而，研究动物共情心完全可以从更人道的角度进行，就像我们对待人类实验者一样。比如，我们可以选择那些比较温柔的“惩罚手段”，或者研究动物对自然事件的反应。毕竟灵长类动物的生活本身就够不容易的了，充满了种种逆境。

在我自己的研究中，我总是避免让动物感觉疼痛，避免让它们忍饥挨饿，当然，这么做的短处显而易见，我没法看到动物强烈的“内心世界”。不过有一次例外，人们开发出特别小的无线电发射器，可以被移植到皮肤下方，如此一来就能测量猴子的心率。这种方法既然已经在宠物身上试过，猴子当然也可以用。早先科学家要记录心率，得把猴子绑在椅子上，或者给它们背上沉重的背包，但有了小装置的帮助，哪怕恒河猴自由自在地到处跑，我们也可以记录它的心跳了。无线电信号通过高塔上的天线被实时接收，年轻的学生斯蒂芬妮·普雷斯顿(Stephanie Preston)守在旁边，俯瞰围栏中
的猴子们。我们的研究目的是看看肢体接触如何影响心跳。那是 77
1996年，我的《天赋本善》刚刚出版，里边讨论过动物共情心理这

个争议问题。书中，我用了很大篇幅来论证灵长类动物如何减轻自己的压力，因此我们才想记录猴子的心跳。

事后回想，罗伯特·高伊（Robert Goy）老师的话是对的（正是这位老师劝我来到大西洋彼岸）。他很早以前就告诫我："弗朗斯，做研究离心脏这块儿远点，麻烦极了。"他指的显然不是爱心的"心"，他的意思是说，心率变化的规律太难掌握。很多因素都可能影响心率：其中不仅包括性行为、攻击倾向、恐惧感等，还包括和情感变化无关的身体运动，比如跑跳。哪怕猴子直起身来伸个懒腰，心跳也会加快。那我们怎么能对变化的原因做出准确判断呢？例如，干架一场之后心跳减慢，到底是因为猴子心情平静下来，还是因为不跑也不闹，喘过气来了呢？

先不论这些。我们至少能判断出，戴上发射器的猴子对自己的社交圈了如指掌。当它静静坐在树荫里，另一只猴子徜徉而过，如果过去的是家庭成员或地位较低的猴子，它的心率就不变；如果"上级领导"走过，它就心跳加速。这些内情从面部表情和肢体动作都是看不出来的，但它的"心"就把自己的紧张情绪给出卖了。据我所知，恒河猴群体是最等级分明的，统领的个体随时可以欺压下级。它们对下级严格控制，甚至可能不由分说就过去抓住人家的头，把人家嘴里的吃的给撬出来。平静只是表象；平静背后所隐藏的恐惧，就都通过猴子的心反映出来了。

紧张情绪还是得缓和，恒河猴的办法是互相梳理毛发。然而，这种行为具体有多大的放松作用可不容易证明，因为每次我们记录下一只猴子享受理毛待遇，就得记录在相似情境下它没有被理毛时的心跳状况。只有通过严谨的对照，我们才可以说心跳变化反映了

理毛的效果。结果显示，理毛确实能让动物心跳减缓，这是科学史 78
上第一次在自然状况下证明了这个问题。以前，人们普遍推测梳理毛发的功用不仅仅是抓虱子、捡跳蚤，还可以减轻压力，促进社会团结，是一种放松心情的行为，但仅仅是猜测而已——我们的实验则提供了确凿的证据。马或者宠物被人抚摸的时候都会心跳减慢。反过来，有动物做伴是最有效果的减压方式，对心脏病病人非常有好处。

我想起我们的猫咪苏菲，她总是动作轻柔，又那么固执地拍我的脸，直到把我叫醒为止，好钻到被单下边来。下次她再这么做，我得好好思考一下这个问题。

原来就因为是冬天。

让别人感同身受， 你需要一张脸

做过心率实验，斯蒂芬妮肯定是对“共情现象”上瘾了。后来她跑到其他地方继续学习，还是对这个领域情有独钟，读了很多东西。然而，共情现象的文献全是关于人的，对动物只字不提，好像这个从小就显示出的、出于本能的普遍心理现象，怎么解释都可以，就不能是一项生物属性。共情心理仍然时常被描述为一种有意识的过程，得通过角色替代来实现，和高级的认知，甚至和语言都有关系。我和斯蒂芬妮希望从一种全新的角度审视一下现有的材料。

几年后，我去加州伯克利大学拜访她，她从办公室角落拉来两只大纸箱放在桌上。摊开在我面前的全是关于共情的论文，数量超乎想象，斯蒂芬妮把它们分门别类整理好，里边甚至有鼻祖级——比如特奥多尔·李普斯的论文。看来评述的工作量不容低估。我们的着眼点是共情心的原理，尤其是大脑如何将外界发生的事同自我联系起来。看到另一个人的状态，我们自身经历的记忆就会被唤醒。我指的并不是有意识的记忆，而是一种不经思考、被自动激活
79 的神经回路。比如，看他人疼，我们自己的回路被激活，以至于“疼得”龇牙咧嘴；看到小孩子摔破膝盖，我们甚至叫出声来。我们的行为完全配合了他人的遭遇，因为我们确实身临其境地体会着他们的遭遇。

镜像神经元的发现把上边的论证推进到了细胞水平。1992 年，意大利帕尔马大学一个研究小组率先报道说，猴子大脑中有一种特殊细胞，这种细胞不仅在猴子自己伸手够东西时会活化，当看到其他个体伸手够东西也会活化。猴子大脑里安置上电极，细胞的活化就被反映在电脑屏幕上。猴子从实验人员手中拿走花生，神经元会发出一个短促的信号，经放大后听起来像机关枪响。过一会儿，猴子再看实验人员拿起一颗花生，同样的细胞就会发出信号。这时猴子的神经细胞可不是对自己的行为做出反应。这些特殊神经元的特殊之处就在于，它不区分猴子“看”和猴子“采取行动”。自我和非我在它看来没有区别，我们从中可以窥见大脑如何帮助生物来影射他人的情感和行为。正如平克·弗洛伊德乐队很久以前唱的那样：“我就是你，我眼睛看到的就是我。”(I am you and what I see is me.)人们为此欢欣鼓舞，盛赞镜像神经元的发现在心理学上的里程碑式意义，正如 DNA 的发现在生物学领域的价值。值得注意的是，这

一发现来自猴子研究，显然，至少没有支持“共情心为人类专有”的说法。

然而感同身受是不是无意识的，这件事又成了新的争议焦点。我在前边提到过丁伯格，他用实验显示了人无意识的面部表情模仿，结果遭遇学界反对；因为相似的原因，某些科学家对一切“无意识”的相关言论深恶痛绝，把它看作“不受控制”的代名词。他们认为“无意识”的反应一定会让生物体抓狂。如果对见到的每个人都滥施共情心，那每天还不得无法自拔以至于心烦意乱吗？这么担心一点也没错。可“无意识”的定义真的如他们所说吗？无意识所描述的是反应过程的快速，指它产生于潜意识，并不是说我们无法驾驭。最明显的例子是，我们无时无刻不在呼吸，这个过程就是完全无意识的，可这并不影响我对它的控制。就这会儿，我就能憋住气，想憋多长憋多长，直到头晕眼花为止。

一定程度地控制和抑制我们自身的反应并不是压抑汹涌而来的
共情心的唯一武器。我们还可以直接断其源头，比如对注意和认同 80
的人和事加以选择。如果你不想被一幅图画打扰了心情，扭过头去不看就好了。另外，尽管我们很容易对他人产生认同，可也不是随随便便就认同的。物以类聚，人以群分，如果一个人和你不是一类，你就很难产生认同感；而和你有一样文化背景、信仰、年龄、性别、工作的人——尤其关系亲密的配偶、孩子和朋友，就比较容易让你产生共鸣。认同感是感同身受的最基本条件。还记得吗，即使小鼠之间痛感的传染，也只会在同一笼中长大的个体之间发生。

如果说对他人的认同感是为共情心敞开的一扇门，那没有认同感就相当于关上了那扇门。野生黑猩猩偶尔也会互相残杀，这时它们准把那扇门关死了。这种现象在不同群体间存在竞争关系时最为常见(人类也一样，最不容易对竞争对手感同身受)。在一块非洲保护区内，一群黑猩猩分成了南北两派，后来彻底决裂成了两群。想当年它们互相理毛，有好玩的一起玩，有肉一起吃，吵嘴过后还相亲相爱，一派和睦。结果分家后昔日朋友反目，打了架还要喝掉对手的血，简直把研究人员给惊呆了。连“老者”也不能幸免，有一次一只羸弱的雄性被拖来拽去地暴打了 20 分钟，最后被扔在那里自生自灭。因此有人把黑猩猩打群架的牺牲者描述为“被剥夺了猿性(Dechimpized=de+chimp)”，和“剥夺人性(Dehumanization)”行为中压抑认同感是类似的道理。

共情心可以被掐死在摇篮里。急救室的医护人员要是让自己时刻和病人感同身受，那结果就糟糕了。他们得适可而止。这种控制被发挥到极致就是纳粹的情况，他们对自己的家庭成员关爱有加，同一个正常的父亲没有两样，可转过脸去就可以剥人皮做灯罩，滥
81 杀无辜。法国革命领袖罗伯斯庇尔也一样，他把“共和党政敌”送上断头台的时候眼皮也不眨，有些还是他从前的朋友，可是这个人和他唯一的伴侣狗布劳特玩的时候却是另一副嘴脸。有时候，有的人一方面明明很正常，敏感细腻有爱心，但转过脸去却表现得像个魔鬼。

尽管共情心可以被抑制，可面对那些有共同语言，让我们事先产生了认同感的人，它也会不由分说地油然而生。我们不自觉就和那些人产生共鸣。面孔是我们最关注的，然而整个身体都能表现一个人的情绪。比利时神经科学家贝特丽丝·德盖尔德曾向人们展示，人对身体姿势和对面部表情反应得一样快。我们不费吹灰之力

就能读懂肢体语言，看出人是恐惧(做好开溜的架势，双手放在胸前抵挡潜在的危险)或是愤怒(挺着胸脯，一脚迈出要干架)。有一次，科学家耍弄了实验参与者，他们把生气的脸孔贴在恐惧的身体上，再把恐惧的脸贴在生气的身体上，结果实验参与者的反应就慢了。在这种情况下，如果你一定要让实验者说出人的情绪，身体姿势所透露出的信息就占了上风。看来相比于面部表情，我们更信任身体语言。

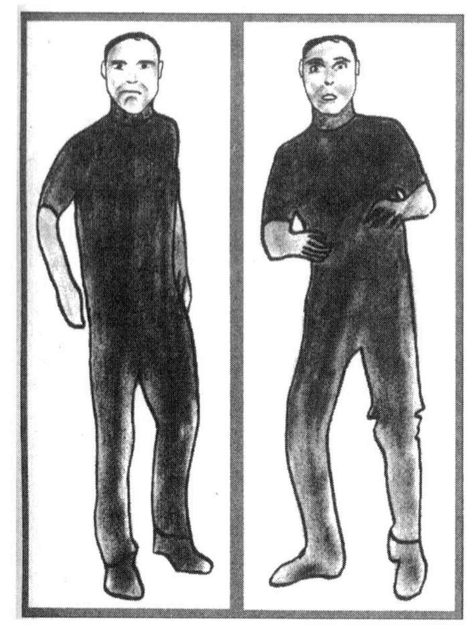

我们对愤怒（左）和恐惧（右）的姿势做出快速反应。在这两幅画中，面部表情和肢体动作保持一致。如果把表情淡去，观察者的情绪仍然会被调动起来

他人的情绪如何影响我们自己的心情，这个原理还不是很明确。一种意见认为身体反应在先，然后情绪才被调动起来，我称它为“身体优先理论”。也就是说，他人的肢体语言对你的身体造成影响，然后在你心里唤起共鸣，接着让你产生相应的感情。还记得路易斯·阿姆斯特朗是怎么唱的吗：“当你微笑，整个世界同你一起 82

露出笑容。”既然他人的笑能让我们觉得快乐，那就是说做出“笑”这个动作的人的情绪，通过身体传递给我们。听起来或许有点奇怪，不过这种理论的关键就在于，情绪从我们的身体反应中衍生出来。比如你只要轻轻翘起嘴角，情绪自然就会变好一点。还有人做过这种实验：让实验者横向咬住铅笔，嘴唇不能碰到笔(其实就是强迫那个人的嘴做出微笑动作)，或者让他皱眉，在这两种姿势下分别看动画片，前边一种情况下他会觉得动画片更好玩。身体反应这么重要，甚至有人说：“我肯定怕死了，因为我在跑啊。”

这么说显得挺奇怪的：我们难道不该被情绪所驱使吗？怎么因果颠倒了呢？难道不该是“我跑啊，因为我怕死了”？毕竟情绪的本质就是搅动和驱动行动嘛。于是第二种理论就来了，我称它为“情绪优先理论”。当你看到他人的肢体语言，或者听到他们说话的语气，就能推断他们现在是什么情绪，继而影响你自身的情绪。实际上，哪怕我们不看他们的脸，也会做出相同的表情。在一个实验中，受试者观看恐惧的人的身体姿势，看不见脸，这样表情模拟的因素就被排除了，结果他仍然面露惧色。因此，情绪的感染跳过其他，可以在他人和自身之间建立起直接的联系。

有时候感染上旁人的情绪未必是好事。比如老板怒发冲冠，你要是模仿他的态度，就有你好看。正常人的做法是迅速对他的情绪进行判断，然后做毕恭毕敬状，哄他消气，同时自我检讨。实际上老板是对是错根本不是问题，这只不过是为了遵守约定俗成的社会等级规则罢了，而这种微妙的关系，所有灵长类动物都能凭直觉心领神会。解释这个问题时，情绪优先理论比身体优先理论更加得心应手。

我们已经看到了肢体动作和姿势的重要性，但面孔仍然是输出情绪最好的途径，它以最快的速度在我们同他人之间建立联系。人类对表情相当依赖，这或许可以解释为什么面部瘫痪或者没有表情的人，会感觉特别孤独，容易抑郁甚至最终决定放弃生命。一位和 83
帕金森症病人打交道的言语治疗师曾经指出：在一个由 40 位病人所组成的群体里，5 位面部僵硬，他们会被其他人疏远，哪怕别人偶尔同这 5 个人说话，也仅仅是为了得到“是”或者“不是”这样的直白答案。如果他们真的想知道这几个人的感受，则宁可和这些人的陪同人员说话。如果共情心是为了理解他人而产生的可控的、有意识的过程，那这些人完全没必要选择这样的做法。面部表情有问题的那几个人，其他表达能力是正常的；其他人只要多付出一点努力，就可以听那几个人自己讲出想法和感觉。

要想让他人感同身受，你得先献出一张生动的脸孔。若是面部表情匮乏，就别想调动起波涛汹涌的共情心和动作上的附和，也不能怪人家对你无动于衷。法国哲学家莫里斯·梅洛-庞蒂是这么说的：“我活在他人的表情里，我觉得我被他附体了。”想想你同一个面无表情的人说话会作何感想，你肯定觉得掉入了感情的黑洞！

这个词还真被人用过，一位法国女士遭狗袭击，被咬掉了脸，她说自己的脸完全成了一个“大洞”。2007 年，医生给了她一张新的面孔，她的解脱无以言表：“我回到了人类的星球。在这里人人有一张脸，脸上可以挂起微笑，还有各种面部表情，让人们可以自由交流。”

第 4 章

设身处地

04

同情无论如何也不是一种自私的行为。

——亚当·斯密，1759

共情心或许恰恰是沟通利己和利他行为的桥梁，它能将他人的不幸转化为自身的苦恼。

——马丁·霍夫曼，1981

步入莫斯科国家达尔文博物馆的大门，如果你对生物演化论的发展史耳熟能详，必将为第一眼所见的景象瞠目结舌。那是一座真人大小的雕像，原型是法国演化生物学家拉马克，在讨论达尔文理论的时候，他的理论常被当作反面典型。

拉马克背靠后坐在一把扶手椅里，身边站着两个十几岁大的女儿。姐妹俩的面目惊人地相似，同时和她们身后另一尊半身像极为相仿。半身像的原型是俄国动物学先驱纳迪亚·科赫茨（Nadia Kohts），我此行目的便是对她的过去一探究竟。三尊雕塑长相相近不是巧合，在塑造拉马克女儿的时候，雕塑家正是请科赫茨来做的模特。这位女科学家的照片在世界各地的博物馆轮番展出，照片上的她有着深褐色的双眼，表情睿智。直到今天，“科赫茨”这个名字在俄罗斯仍家喻户晓。

灵长类专家是女性并不算稀奇，但其中有一些特别杰出，真值 85
得大书特书。这些勇敢的女英雄同丛林里最凶猛的毒蛇猛兽朝夕相处，勇于打破固有观点，魄力不输男科学家。科赫茨当属勇者，但她的勇不体现在丛林冒险；在她的年代，危险来自克里姆林宫。斯大林在他的追随者——半吊子遗传学家李森科的黑暗影响下，强迫许多卓越的生物学家公开放弃主张，还把他们送到前苏联集中营，有些科学家就这么神不知鬼不觉地人间蒸发了。许多人被迫害致死，令人不堪回首。研究所也纷纷被迫停止了研究。

万幸的是，演化理论符合无神论思想，因此它得到了布尔什维克党的青睐——除了遗传改变的机制。这不跟承认重力，却不承认施力者一样吗？科学家无法“自圆其说”。于是，躲避危险成了科赫茨和身为博物馆馆长的丈夫亚历山大·科赫茨的当务之急。他们把最敏感的文件和数据同动物填充标本混在一起，藏在地下室，再把拉马克塑像摆在最显眼的位置。拉马克的理论产生于达尔文之前，他认为后天获得的性状（比如涉禽的长腿和长颈鹿的长脖子）可以遗传给下一代；遗传突变是没必要的。这么一来，用拉马克做门面，博物馆就混过了当权者的法眼。

不过，科赫茨被困在与世隔绝的莫斯科，倒也不是任何好处也没有。那时的西方学术界正如火如荼地讨论动物有没有思想，越来越多的人持否定态度，科赫茨对这些讨论毫不知情，也就没有受到这种态度的影响。在这段时间里，科赫茨为小黑猩猩约尼（Yoni）行使代理妈妈的职责，她毫无偏见、全心全意地关注它敏感和富于智慧的一举一动。在她的眼中，小黑猩猩并不是没有思维和缺乏感觉的机器人，而是一个活生生的生命，和她自己的儿子罗迪没有两样。她把两个小家伙成长的点滴翔实生动地记录下来，因此，科赫茨也成了现代科学史上第一个深入领会动物感情世界的人。

科赫茨让约尼看黑猩猩和其他动物的照片，看毛皮和自己在镜
86 中的影像，记录它的反应。尽管约尼太小，根本不明白镜子里那个丑八怪是谁，但根据科赫茨的记录，约尼一旦熟悉了镜子，就开始耍着玩，它会对着镜子吐出舌头，让舌头扭一扭再绕一绕，仔细研

究舌头动作。科赫茨记录下约尼各种感情的成长过程，包括快乐、嫉妒、自责、同情，还有它怎么学会保护自己爱的人。从下边这段话我们可以看出，约尼有多么在乎和喜爱科赫茨：

> 要是我装哭，闭眼抽泣，约尼就立马停止玩耍，不假思索地放下手里的事儿，情绪激动，气喘吁吁，从房子最远的角落向我飞奔而来。 有时是房顶或笼顶，有时是那些我平日怎么求也求不下来的地方。 它围着我上蹿下跳，好像在找是谁欺负了我，要帮我出气；它会凝视我的脸，温柔地用手掌端着我的下巴，用手指轻轻触摸我的脸，好像在仔细思考到底发生了什么，然后转过身去，紧紧攥起小拳头。

一只猿，可以对美食的诱惑置之不理，看到女主人不高兴二话不说从房顶上下来，还有什么更能证明猿类同情心的强大呢。科赫茨说每当她假装要哭，约尼就盯着她的双眼："我哭得越悲伤，它的关怀就越温暖。"如果她用手把双眼蒙住，约尼就上前把手拽开，冲她伸出嘴唇，聚精会神地望着她，喉咙发出轻轻的呻吟和呜咽。在她的记录中，儿子罗迪也有相似的表现，不过更贴心——他干脆跟着一起哭。不仅如此，当罗迪看到最喜欢的叔叔眼睛上缠了绷带或者女仆吃苦药的时候五官挤作一团，都会报以号啕大哭。

科赫茨实验确有缺陷，那就是她的样本量太小了，只有一只黑猩猩，还是幼年。她从没钻研过成体的心理，对野生黑猩猩的习性也一无所知。如果一位人类心理学家就观察了一个几岁的小男孩， 87
他绝不可能把观察结果推广到整个人类。但从另一个角度来讲，科赫茨每日和约尼亲密接触，收集下关于它的所有信息，她对黑猩猩的这种近距离观察，也是很多人望尘莫及的。她是真的看到黑猩猩内心里去，并深深为自己的所见而感动。

科赫茨还记下自己对人类行为的敏锐思考。比如，当小黑猩猩约尼的愿望没有得逞，或者被暂时孤零零地晾在一边，它就大发雷霆。科赫茨注意到这个现象。接着，她偶然扭头凝视研究室的窗口，外边刚好是一间停尸房，她马上联想到人同黑猩猩的相似之处。当我们失去亲人，尤其是当他们死于意外，我们就伤心欲绝，趴在棺材前痛哭，伸出双手绝望地挥舞，徒劳地抓握。除此之外，人们在表达自己强烈感情或者发泄自己悲伤情绪时，喜欢手舞足蹈地宣泄，科赫茨从这里又联想到约尼的手势——两者惊人地相像。

走过博物馆那张科赫茨用过的书桌，走过她和丈夫并肩而坐的照片，走过她同美国灵长类心理专家罗伯特·耶基斯（Robert Yerkes）通过翻译进行对话的照片，再走过那挂满惨死于李森科和斯大林之手的科学家肖像的昏暗长廊，一个令人意外的展览跃然眼前。视线中突然充斥了约尼嬉笑怒骂的影像，它生前的木头玩具散落地面，远处的攀爬绳索间，赫然立着真正的约尼！它的身体被定格在叫喊的瞬间，那是黑猩猩见到好吃的或见到同伴后心情激动的典型动作。标本保存得精美绝伦，这一点也不奇怪，因为亚历山大·科赫茨本人便是制作标本的专家。

起初，看到纳迪亚·科赫茨深爱的这个小生命活生生地立在那里，我不禁脊背发凉。转念一想，对于这对将一生奉献给自然博物
88 馆的夫妻，保存约尼的身体是情理之中。毕竟他们给对方的结婚礼物就都是动物标本。对他们来说，尊敬和纪念约尼最好的方式就是

让它变成一件凝固的收藏品，永远陈列在世人眼前。

科赫茨无疑是最伟大但同时也是最不为人知的灵长类学先驱之一，她将生前的实验对象保存下来，让它以最生动的姿态示人，好让那些曾经触动她的丰富感情，也能在若干年之后深深触动我们的心灵。

同　情

猴子和大鼠发现自己的行为导致他人痛苦，便会停下动作，一种可能的解释是，它们想切断让自己不愉快的信号。但这种“出于自我保护的利他主义”，却没法解释约尼为什么安慰代理妈妈。首先，惹妈妈不高兴的不是它；其次，它只要爬到其他地方就可以眼不见心不烦。如果仅仅为了自我保护，当科赫茨在它背后哭的时候，它完全可以置之不理，不去抓她的手。所以约尼不仅没有以自我为中心，反而把了解科赫茨的困境当成义不容辞的责任。

如果约尼不是猴子而是人，我们早就把这归为同情了。和共情相比，同情是一种更为积极主动的心理活动。共情是我们获得他人信息的一种方式；而同情心反映了一个个体对其他个体的关心，以及帮助他人渡过难关的愿望。美国心理学家劳伦·韦斯皮（Lauren Wispé）给出了这样的定义：

> 同情的定义包括两层含义：第一，对他人感受的警觉度提高；第二，准备采取行动，缓解他人的困境。

举个我自己的例子，就可以说明同情心和共情心的区别。我的共情心比同情心多，而我老伴儿的同情心似乎和共情心一样多。不
89 知是不是性别差异。

我的工作要求我在情绪上和动物步调一致。如果一天到晚盯着它们，毫无认同感，对发生的事没感觉，情绪也不随之起伏，肯定无聊透了。共情心是一项基本技能，我的许多发现都建立在对动物的密切关注和对行为动机进行猜测的基础上。所以我不仅能看到皮毛，还得钻到它们心里去。这不成问题，我爱动物，尊重它们，我相信正因为这样，我才能更好地理解它们的行为。

但这不等同于同情。同情是有意识的，得经过深思熟虑，有时甚至是自私的。虽然我也不缺同情心，但我不像林肯，身为美国独立战争伟大领袖，却为了解救陷在泥里的猪而停下旅程；我也不一定会为迷途的小动物停步，我老伴儿凯瑟琳却见不得小动物流浪街头，无论如何要帮它们找到主人。如果我的灵长类实验动物受伤或生病，我只要确信兽医在照顾它，就不会日思夜想，更不会因此放下手中的事。我脑子里的内容似乎是分门别类、各自被处理的。可是凯瑟琳不管看到人还是动物生病，都会没完没了地担心，然后竭尽全力照顾他们。她比我博爱多了。也许我的思维方式更符合康德哲学：思考该做什么，权衡利弊得失。结果，我就不会让自己被共情心牵着走，我的同情心会拐个弯，先让理性把把关。

有个实验让我很有共鸣。实验实际上在拿一帮神学院男生开涮，工作人员指派这些学生到另一个楼去做报告，报告内容是讲述圣经中一个宗教人物的故事，大致意思是说一个人遭遇强盗，被打个半死丢在路上，一位“好撒玛利亚人”见义勇为地把他救起来了。

在男生们去报告楼的路上，实验人员事先安插了一个托儿，那人闭了眼睛垂着头，倒在椅子上哼哼唧唧地呻吟。在这帮未来的神学家之中，只有40%过去询问并对“病人”伸出援手。如果时间紧迫，学
生们则更倾向于视而不见。换句话说，实验对象要对别人讲授人类 90
文明中助人为乐的经典案例，可许多人面对真实的情景却撒手不管。

因此，共情心非常容易产生，同情心的机制却全然不同，干脆受另一套系统的控制，而且不是无意识的。不过，它仍然是人与动物共通的属性。20世纪70年代我第一次亲眼见到同约尼一样温情脉脉的黑猩猩，不过我所见的温情不是黑猩猩对人，而是对它的同类，当时我把这种行为称为“安抚”。你可能以为我就是从那时开始对共情现象发生兴趣，可实际上我没有继续深究“安抚”行为，转而研究别的问题去了。那时我感兴趣的是黑猩猩打架后用亲密的动作和好，无暇关注其他表达友善的行为。20年后重新审视这个问题，我突然意识到，黑猩猩安抚同类，刚好符合心理学家所说的“基于同情心的关怀”。

动物相互安抚的场景，我见过不下上千次，这种现象真的相当常见。我们利用多年时间，建立了一个特别庞杂的数据库，记下黑猩猩打架后会发生什么。结果发现相互安抚是最常见的结果。挨欺负的那一方抱头鼠窜、尖叫着喊救兵，战争平息后就撅着嘴孤零零地坐在一边舔伤口，神情沮丧。如果旁观者过来给它一个拥抱，为它理毛，或者帮它查看伤口，它就能立马振作起来。到真情流露时，上前安抚的黑猩猩甚至和挨揍的那只抱头痛哭。梳理了一下现有数据，我们发现亲朋好友承担了主要的安抚任务。所以约尼的敏

感并非偶然，我们的黑猩猩也能体察同伴的疾苦，并能挺身而出，为同伴排解忧愁。

讽刺的是，这个道理很久以前就被发现了，却一直未能广为人知。其实共情现象被当作一项严肃的科学研究还是不久前的事儿。之前，别说动物，即使是谈论人类自己的共情心理也是可笑的，其荒谬程度同占星术和心灵感应不相上下。一位儿童共情心研究的鼻
91 祖曾向我倾诉，在 30 年前，她若想把自己的发现广而告之，是如何逆水行舟。人们固执地认为“共情心”定义不明，或干脆把它归为心肠过软或假装同情。这类话题放在妇女杂志里还差不多，在严肃的科学界根本没有一席之地。

至于动物的共情，抵触情绪更是延续至今。我见过一张耶基斯同科赫茨谈话的照片。这两位可真称得上是动物感情问题的精神伴侣。耶基斯曾在一本书中抱怨，不管他本人多么确信猿类有同情心，也不能大大方方地讨论这个话题。他说他经常看到猿互相安慰，连年少不懂事的幼崽也会这么做：“那些平时无忧无虑、没责任感的小家伙，对待生病和受伤的同类无微不至，令人印象深刻。”耶基斯害怕如果自己讲太多类似的故事，尤其是自己最喜欢的那只倭黑猩猩“契姆王子”的故事，人们就会给他扣上“把动物理想化”的帽子。在所有类人猿中，倭黑猩猩似乎最具有共情心。但在 20 世纪 20 年代，倭黑猩猩和黑猩猩之间的分类界限还不明确，因此耶基斯以为猿王子只是一只特殊的黑猩猩罢了。

倭黑猩猩有同情心的例子不胜枚举，最令人记忆犹新的要数解救小鸟的经典故事。以前我便讲过，本来没必要重复，但这次故事有了一个非常有趣的后续。故事的主人公名叫库尼（Kuni），有一天

它发现一只鸟在动物房玻璃墙上撞晕了。库尼把它拎起来，爬到树尖儿上放生。小鸟展翅，像个小飞机一样插入空中；库尼在事件中的行为完全是以帮助小鸟为目的。显然，这种帮助行为正是从小鸟的需求出发，用在一只倭黑猩猩身上就不合适了（不能从树上把它扔下去）。库尼的解救行为是基于自己对小鸟的了解，因为它天天都可以看到鸟在天上飞翔。

我最近听说了一个故事，同样和鸟有关，它发生在我最为熟悉的荷兰阿纳姆动物园，园中的黑猩猩统统住在一个小岛上，岛被护城河环绕。护城河里生机盎然，小鱼小蛙，小龟小鸭……有一天，
几只年轻黑猩猩捉起一只小鸭子粗暴地抡着玩，比赛谁抡得更好。 92
后来它们企图再捉一只，机灵的小鸭子们忙往水里退。这时杀出一只成年雄性黑猩猩，它跑过来亮出狰狞的面目，年轻黑猩猩们一哄而散。助人为乐的故事还没结束，它环顾四周，发现还有一只小鸭子留在岸上，就走到跟前，像小孩玩弹球那样，飞起手来把它扒拉到水里。

在这个故事里，黑猩猩明显看出鸭子和水的联系，和上边的例子一样，帮助对象是另一个物种，它得想象那个物种需要什么。我把这种根据他人特殊情况和需求来施予帮助的行为称为“定向帮助”。我相信猿类都有这样的洞察力，会采取明智的方式来帮助他者。约尼对科赫茨的安抚行为并非偶然现象，只要亲自做过研究的人都能体会到猿类强烈的同情心。它们像约尼和库尼一样，经常互相安慰、互相帮助。科学家们记录下猿类观察到同伴郁闷之后做出的反应，在这样的情况下，它们的行为往往和平日大相径庭。今天，猿类互相安抚的现象已经得到了深入的研究，并已确立了同进

攻性和游戏行为一样稳固的学术地位。

我们还不是很清楚安抚现象在动物界有多普遍，不过，至少人类最好的朋友——狗，应该榜上有名。大家有目共睹，狗会安慰主人。约翰·格罗根（John Grogan）写过一本书，名叫《马利和我》，书中的拉布拉多犬马利成天调皮捣蛋，可当格罗根的妻子珍妮由于流产而伤心落泪，马利一反常态，一动不动地蹲在珍妮身边，把头静静地搭在她的肚子上。查尔斯·达尔文也写过一条狗，每次它的猫朋友生病蜷在篮子里，这只狗绝不会视若无睹，它总会上前怜爱地舔上几口。在达尔文看来，这是狗有善心的表现。

人对犬科动物开展过严肃的科学研究，因此我们对它们那些感人故事也不陌生了。历史上的首例研究却是在无意间进行的：本来，美国心理学家卡罗琳·扎恩-瓦克斯勒想研究小孩从几岁起开
93 始懂得安慰家人，在实验中家人遵照指挥假装潸然泪下，或者假装疼得“嗷嗷”直叫。他们发现，一岁大的婴儿在还不会说话时，就已经表现出安慰家人的倾向。实验过程中，研究人员偶然发现家里养的宠物也有类似反应，当主人假装难过的时候，宠物们看起来和实验中的婴儿一样郁闷，它们绕着主人团团转，或者把头搭在主人腿上，看起来特别焦虑。

你也许会说，宠物靠人养活、听人发号施令，它们对主人俯首帖耳，对同类也许就是另一副嘴脸。这个问题还真有人解答了。科学家在狗的身上重复了用灵长类动物做过的实验，看看狗在打架之后会有什么表示，研究是在比利时进行的。生物学家仔细观察了宠物食品公司草地上每天放养的狗，记录了近 2000 起“斗殴事件”。冲突平息后，在一旁观战的狗往往会凑上前去，而且多数情况下是

凑到战败的那只跟前，舔舔受伤者，用鼻子拱拱它，或者逗它玩一会儿。这样做似乎能有效平息局势，不消片刻，大家就相安无事了。

狼是狗的祖先，它们的行为很可能与狗相似。托马斯·霍布斯常挂在嘴边的名言是："人对他人像狼一样。"如果真要这么说，那我们就该承认这句话各个方面的含义，也就是说，我们不该忘记狼也有安慰"弱势群体"的温柔一面。

想象角色转换

在《锅盖头》(*Jarhead*) 这本书中，安东尼·斯沃福德讲述了他随美国海军陆战队参与海湾战争的经历。有一天，他们即将出征对抗据说拥有化学武器的敌人，他的战友韦尔第为他们举行了一场拥抱聚会：

> 我们已经做好了赴死的准备，就让我们最后拥抱一下，享受最后一次身体接触。多亏了韦尔第，我们互相拥抱，觉得自己又像个人了。韦尔第对我们敞开胸怀，让我们感受他的需要，我们也将自己的心敞开，这样，我们就不再是从前那帮粗鲁野蛮的傻大兵，在沙漠里待命，跨越战壕、凶残杀戮。

以安慰为目的的身体接触植根于哺乳动物的生物属性，它的渊 94
源可以一直追溯到母亲的种种行为，包括哺乳和抱孩子。正因为如此，现代人在痛苦的时候期待获得肢体接触，看到别人遭受不幸也倾向于用这种方式给予安慰。在葬礼上、医院病床边，在战争和地震这样的灾难中，甚至在体育运动失利的情况下，你经常看到人们互相拥抱和抚摸。有一张影像斑驳的黑白照片，画面上的美国大兵轻柔地将另一位战友的头拥在怀中，他的朋友刚刚死于朝鲜战争的战场，这是记录人们通过拥抱来安慰他人最著名的照片之一。

看到别人紧张、绝望、悲痛，上前安慰是最常见的反应。比如战争中战士之间便是如此

为了写成《同床共眠》一书，社会学家保罗·罗森布拉特曾经采访了许多经历过丧子之痛的夫妻，这些夫妻总是告诉他，当初能熬过难关，就是靠着晚上同床而卧，互相执手倾诉。身体接触能起到这么大的心理安慰作用，我们很自然地联想到弗吉尼亚州中学的“禁止拥抱政策”。如果学生胆敢拥抱、拉手，甚至仅仅是互相击掌，也得去训导处走一圈。为了制服所谓“不合时宜的行为”，这些学校实际上禁止了人类最基本的感情表达。

人、狗和黑猩猩都会安慰同伴，这类行为的动机是什么呢？部分原因可能还是为了自我安慰。如果看到别人哭，我们就高兴不起来，因此安慰他人就等于平复自己的心情。我见过许多恒河猴这样做。有一次一只幼年猴子不小心掉到“女王”身上，这可不得了，立

马遭到一顿毒打，它声嘶力竭地鬼哭狼嚎，身边立刻围拢了一帮小
猴子。其中的 8 只爬到那只可怜的小家伙身上，大家你推我攘，拉
拉扯扯。这对缓解受害小猴子的惊恐，作用显然微乎其微。这些猴
子的反应似乎是自发的，就好像它们自己也经历了惊吓，不仅想安 95
慰受伤者，更是在自我安慰。

然而，事情并非这么简单。如果说其他的猴子只想让自己的心情得到慰藉，那它们压根儿就不用接近受害者。还不如去找妈妈，妈妈的关爱可是有保障的，为什么偏要主动跑到伤心源头那里去呢？情绪的感染作用显然不能提供令人满意的解答，如果仅仅因为情绪感染，我们很容易想象动物为什么希望获得安慰，但却不能解释一个痛苦的同伴究竟有什么吸引力，能让其他人着了魔似的凑上去。

事实上，动物和儿童真的会经常主动接近痛苦的同伴，哪怕他们对发生了什么一无所知。他们被吸引过去，像飞蛾扑向火光那样盲目。尽管我们这个物种确实能根据他人的行为对症下药地给予关怀，但看起来，搞明白前因后果却不是必要条件。我把这种被他人痛苦盲目吸引的现象称为“关注前的反应”。大自然似乎给千万生灵制定了一条简单的行为规则：如果你感受到他人的痛苦，就上前去，给予肢体接触。

你也许想不通，如果大自然真的存在这样的规则，那生物一定会为非亲非故的倒霉蛋浪费大把精力。躲远点儿岂不更好，何苦自动找上门去安慰弱者呢。其实我们并不需要为此担心，证据显示，关系亲密的个体之间比陌生人更容易调动起感情。因此，自然界这条简单的定律，就可以驱使生物自动靠近那些让它们最难以释怀的

倒霉蛋们，也就是后代和同伴。

果真如此，那么在产生同情心之前，我们实际上已经做出了源自同情心的行为。听起来很奇怪，好像马本该拉车，你非把车系到前方让它推着走，实际上这件事并不是那么令人匪夷所思。先行动后思考的例子并不少见。比如婴儿咿呀学语，第一步并不是学着叫出各个物件的名字，更不是尝试表达感情，他们满地乱爬，嘴里叽里咕噜地念叨着毫无意义的“吧吧吧吧”，接着就能花样翻新，演化出更多音节。人类自诩是唯一会说话的灵长类动物，在说这话的时候恐怕都没把婴儿的“咿咿呀呀”考虑进去，但这个阶段的作用却不能忽视。每个人一生的语言历程，都是从世界通用的婴儿语开始
96 的，这正说明语言的能力是如何根深蒂固。它来自最原始的发声冲动，对究竟发出什么声音毫不讲究。我前边所要说明的内容恰恰与此类似：动物将精力倾注在痛苦的同伴身上，同样源自一种冲动。

所谓“关注前的反应”，指的是他人的痛苦影响到你，并将你吸引过去。做出这种反应并不需要你先进行换位思考，实际上这个思考过程或许根本就不存在，否则才一岁大的婴儿如何懂得去安慰难过的家人呢，他们甚至根本就不能理解他人的任何情形。关注前反应也可以解释一些动物行为，比如宠物为什么会凑近伤心的主人，猫咪奥斯卡为什么坐在将死的人跟前，还有前面提到的小猴子，为什么它们要集体跳到那只吱哇乱叫的小倒霉蛋身上。

动物首先具备“关注前反应”，随后，学习和智力的发展让反应过程愈发复杂，思考越来越缜密，最终形成真正的同情心。同情的含义比较丰富，它表示你真的关心那个人，试图理解他的状况。这让我们不禁想起小黑猩猩约尼牵住科赫茨的手的情景，它想透过科

赫茨的眼睛看到她心里去。旁观者希望搞明白让当事人郁闷的原因，并且尽力相助。作为成年人，我们看过太多同情之举，以至于想当然地认为同情是一个单一步骤的过程，你要么就富有同情心，要么缺乏同情心。可实际上，同情心经历过上百万年演化过程的层层叠加与雕琢。多数哺乳动物多多少少具有一些同情心，但也有少数物种同情心泛滥。

你很少在啮齿类动物身上看到丰富的同情心，在犬科动物和猴子身上也不多见，一些智力相对发达的物种也可能同人类一样，可以穿起别人的鞋走路，设身处地体会其他个体的疾苦。美国灵长类专家埃米尔·门泽尔于 20 世纪 70 年代开展了一系列研究，自打那以后，关于黑猩猩是否具有真正同情心的争论也就开始了。这些动物能体会其他个体的感受和想法吗？能理解其他个体需要什么、渴望什么吗？如今，门泽尔那些开创性的工作已经很少被人提及，但每每重温他的著述，我都有重新发现新大陆的感觉。他是第一位意识到这个问题重要性的科学家。

当年门泽尔的研究是在路易斯安那州野外开展的，他的工作对象是 9 只年轻黑猩猩。他先把其中一只单独带到一片巨大而长满植
被的区域，给它看秘密藏匿的食物或者可怕的玩具蛇。这只黑猩猩 97
随后归队，然后大家被集体带出去。其他个体能体会这只事先知道了“重要内情”的黑猩猩的想法吗？如果能领会，又会做何反应？换句话说，它们是不是能判断出被领走的黑猩猩代表看到的是美食还是毒蛇？

结果揭晓，答案都是肯定的。大部队迫不及待地跟着知道食物藏匿地的黑猩猩走，却对见过玩具蛇的代表退避三舍。这是情绪感

染在起作用：黑猩猩们被“传染”上其他个体的热切或紧张情绪。众黑猩猩发掘食物的情景特别有趣，尤其是当知情者地位较低的时候。下边这段就记录了这样一幕，实验人员刚给比丽展示了食物，阿尔法雄性“大石头”对此一无所知：

> 如果大石头不在跟前，比丽就总是特别爽快地把同伴领到食物边上，每只黑猩猩都能分到一杯羹。可如果大石头也在，比丽就格外慢条斯理。原因显而易见。比丽一把食物挖出来，大石头就冲过去，对比丽一顿拳打脚踢，然后把所有食物占为己有。
>
> 后来比丽学聪明了，如果看到大石头在，就忍着不泄密，一屁股坐在食物上，等大石头走了才把食物弄出来。后来大石头回过味儿来，只要看见比丽在一个地方坐着超过几秒，就跑过去把她扒拉到一边，翻捡她坐过的地方，然后把食物抢走。

再往后比丽又进步了，如果大石头能看见，那她根本不靠近食物，连看也不看一眼。她会远远坐定，或者声东击西，先把大石头引到错误地点，比如那些只藏了一小块食物的地方。她大大方方地让大石头享受这点“配额”，然后掉头朝大批食物奔去。大石头之所以锲而不舍地跟着比丽，表明它确信无疑，比丽一定有什么不想告诉它的秘密，这是大石头脑袋里的观点，就像心理学中常说的“心理理论”，也就是说，大石头似乎在自己头脑中形成了一则“理论”，来解释比丽脑袋里的想法。

这种说法也有它的问题，理解他人想法听起来成了一个抽象的
98 推理过程，就像我们理解水为什么结冰，人类祖先为什么直立行走

一样。理论上来说，我严重怀疑人或者其他动物能领会其他个体的精神世界。那么大石头的行为说明什么呢？实际上它只是观察了比丽的行为，然后猜测她的动机而已。它肯定明白只要门泽尔出现，什么地方一定藏了好吃的，而且比丽也想分一份儿。于是，大石头就密切锁定比丽的目光和行踪；所以，大石头才不是什么理论家，它更像一个猎手。

埃米尔·门泽尔是第一个研究猿类对同伴有多少了解的人。一只年轻黑猩猩用小棍捅草丛里的蛇。从第一只黑猩猩的肢体语言，其他围观者都知道要小心了

门泽尔的“猜测者同知情者大比拼”研究，进一步激发了好多后续研究，研究对象有小孩、猿、小鸟、小狗，五花八门。从这些研究中，人们看出人类并不是唯一能在他人立场上想问题的物种。当然，这种能力在大脑相对发达的动物中比较完善，可脑子不怎么发达的也不一定就没有。下边我就给你举三个典型例子，让你看看对这个问题的一般看法是什么：

人类儿童是领会别人心思的冠军。从很小的时候起，他们就能意识到别人未必知道他们心中所想。在一项实验中，被试小朋友看麦克西小朋友把巧克力藏在抽屉里，然后心满意足地跑到别处去玩了。不幸的是，麦克西的妈妈不小心把巧克力放到另外的地

方了。那么，给被试小朋友的问题就来了：麦克西回来之后会去哪里找巧克力呢？是他们知道的新地方（就是妈妈后来放的地方）？还是麦克西最后一次见到巧克力的地方（抽屉里）？大多数 4 岁左右的被试小朋友都能给出正确答案，也就是说他们能从麦克西的立场想问题，尽管他们明白麦克西将一无所获。

99 雌性猩猩印达（Indah）生活在华盛顿国家动物园，它养成了一个有趣的习惯——把人领到笼子外边的食物旁边。它会示意路过的管理员停下，抓住她让她转身，好让她面朝掉在外边的食物。接着，它会轻柔地把管理员往食物的方向推，这样管理员就会把食物捡起来交给它。可是，如果印达遇到眼睛看不见的人又会怎么做呢？比如，如果一个人脑袋上扣了个桶，结果将如何？如果让印达从这两个人中选，它会选择看得见的管理员来“执行任务”；要是没得选，印达就会先给这个人解除武装，然后把她推到食物跟前去。这个技能是它自己想出来的，后边的一个实验就更绝了。如果管理员头上扣的是透明的桶，印达就不会给他摘桶。看来印达明白，要找人帮忙，得找看得见的人。

渡鸦的大脑比较发达，实际上它是最聪明的鸟类之一。托马斯·布格尼亚尔在这些鸟的身上找到了门泽尔的猿的影子——这些鸟也会使用误导战略。有一只地位比较低的雄鸟，它是开盒子能手，可打开盒子之后往往抢不过那些强势的雄鸟。后来这只社会底层的鸟就用计分散其他鸟的注意力，它特别激动地打开空盒子，然后假装从里边吃东西。强势的雄鸟发现受骗，“大发雷霆，气得四处扔东西”。布格尼亚尔还记录道，每次渡鸦接近藏起来的食物，它们会考虑其他渡鸦是不是和它一样知道食物藏在哪儿。如

果其他鸟也知道，它就飞快地下手；如果竞争对象不知情，那它就慢条斯理地去取它的美餐。

不难看出，这么多精巧的实验，都得益于门泽尔最初的研究：奖赏被藏起来，然后被发现，窍门就是获得别人知道的信息(或者更准确地说，是猜到其他个体可能看到了的东西)。具有讽刺意味
的是，人们曾一度怀疑非人类的动物究竟是不是能看透其他个体的 100
精神世界，结果这个非常有价值的研究体系(别管实验对象是人还是非人)恰恰是从灵长类动物研究中总结出来的。如今已经很少有人还对这个问题持有疑惑。最近的研究告诉我们，人类儿童和猿类之间的区别并没有从前想象的那么大，猿、猴子和其他动物之间的区别也日渐模糊。人类与其他动物的区别，恐怕只是领会他人意图的程度而已。

尽管我在前边费了这么多笔墨，其实只讨论了一方面的情形。我把它称为“冷漠型”设身处地，这种从别人角度想问题，想的只是对方看到什么景象或者知道什么信息；考虑的并不是对方希望什么、需要什么，也不是对方作何感想。“冷漠型”设身处地是一种特别有用的能力，可是共情心却建立在另一种机制的基础上，强调的是对他人状况和情绪的关注。很久以前，经济学家亚当·斯密就曾巧妙地给后一种心理活动起了个名字——“想象自己是受害者的角色变换”。

假设一个场景，我们听到着火的楼里传出小孩的哭叫声，就会立刻将全副注意力集中到那里，心立马提到嗓子眼。接着我们四下张望，看自己能做什么。让小孩跳下来可行吗？如果他们跳下来我

能接住吗？有人叫了消防员吗？走哪条路能从房子里逃生，从哪条路能冲进去？于是，景象调动情绪，情绪调动注意力；一系列认知过程又帮我们分析局势，这一切加起来就构成了“共情型”设身处地。两方面的反应要相互平衡。如果情绪过于激动，设身处地的能力就会受到妨害，新加坡动物园里发生的那场悲剧就是证明。一只年幼的红毛猩猩不小心被绳子缠住了脖子。它妈妈拼命扯，想把它弄出来。公园管理员好心帮忙，却被妈妈粗鲁地扯到一边。最后它就像发了疯一样，结果绳子没解开，却把孩子的脖子给扯断了，让亲生宝贝的命断送在自己手里。

瑞典动物园也发生过类似的事，但结果截然不同。一只 4 岁小黑猩猩的脖子被攀爬的绳索缠了两圈，几乎窒息。它无声地挣扎，腿在空中打晃。群里最年长、地位最高的雄性跑过去，用一只手把
101 小家伙托起来，这样绳子就放松了，然后再用另一只手解开绳子。它抱住小黑猩猩，温柔地放到地上。雄黑猩猩动作麻利，整个过程只花费了几秒。现场唯一发出尖叫的反而是动物管理员。

或许猩猩妈救女心切，以致失去理智；或许她本身就没有什么和绳索斗争的经验。相反，后一个例子中的雄黑猩猩镇定自若，解决问题就能得心应手。要抑制住最天然的那种冲动，谈何容易，得发挥聪明才智，化冲动为有效行动。这两个例子很好地说明了帮助行为是两个级别的反应过程：一是情感，二是领会。只有当两个级别统统具备，生物才能从“关注前反应”过渡到真正的关注。我们的近亲物种那些典型的定向帮助行为也是这个道理。

不假思索跳下水

亚特兰大之于灵长动物研究者，相当于朝圣者眼中的圣地麦加。门泽尔的儿子查理斯子承父业，继续研究黑猩猩，他和我都住在亚特兰大远郊的石山，相距仅几个街区。一天，爷爷埃米尔·门泽尔来看孙子，我趁机把他请到我家，趁着喝汤的工夫在厨房里对他进行了一番“采访”。那时他已经70岁高龄。

尽管在印度土生土长，埃米尔却出落成一个标准的美国南部绅士：彬彬有礼、温和可亲，且不乏幽默感。直到今天他还十分关注自己当年率先提出的那套理论，而那些理论恰好和我的观点不谋而合。埃米尔相信猿类具有相当程度的智力，他认为阻碍科学发现的并不是猿类能不能在实验中通力合作，而是人类自己的想象力和创造力。

他给我讲了他的那篇黑猩猩找食物的文章，其实，他特别想赶紧转而研究新问题，却忙于应付各种邀请，反复讲述这一个实验。该研究显然在人群中引起了不小的反响。有一次，他受邀去东海岸一所大学讲演，结果被主持讲座的知名行为学家给惹火儿了。首
先，这位行为学家根本不给观众任何提问机会；其次，他作为主持 102
人竟然教育起讲演者来，说黑猩猩难以调教，还不如拿鸽子来做实验。这个说法正符合当年一种奇怪的看法，即拿什么动物做研究是无关紧要的，这种观点认为，既然所有动物都遵循刺激-反应的学习规律，那黑猩猩和鸽子就没有区别。

然而，那位教授不知道自己的说辞正中门泽尔下怀。门泽尔早准备了一卷录像，是几年前录制的一出合作逃跑。他的黑猩猩们合伙把一根竿子顶在笼子墙边，其中的几只在下边扶稳，另一些攀上去翻墙。这种事鸽子肯定做不出。门泽尔尽量为影像匹配了非常中性的解说，尤其避免谈及复杂的头脑活动。他的描述都是就事论事，比如“请看，大石头(就是前边提到的那只雄性黑猩猩。——译注)抓住竿子，同时瞥了一眼其他的同伴”，或者“注意，一只黑猩猩翻墙出去了”。

门泽尔讲演完毕，那位知名教授站起身来，谴责他的研究不具科学性，数落他胆敢为动物赋予人性，把动物说得像会精打细算，显然违背常识。面对群众一片赞许，门泽尔反驳说，他并没有给动物赋予任何东西，如果这位教授看到动物“精打细算”，那他必须明确指出是怎么看出来的，因为门泽尔本人恰恰一直在避免这种描述。

黑猩猩的聪明才智是很难令人忽视的。门泽尔说，有时他禁不住思考，在他那些手写的实验记录中，究竟还埋藏了多少证据(我建议说，既然他都退休了，就没什么能拦着他再重新审视当年的笔记)。他强烈感觉确实应该反复阅读从前记录的那些文字，反复思考观察到的现象背后究竟意味着什么，哪怕有些行为只被观察到一次。他不喜欢把稀少的现象归为“奇闻轶事”，说到这里他露出顽皮的笑容：“我所定义的‘奇闻轶事’是他人的观察。”如果你自己亲眼看到一个现象，并且严密地追踪了全过程，通常来说，你都能对现象所映射出的意义深信不疑。可是没有看到现象的人就会抱着怀疑态度，需要你去说服他。

这个想法非常重要。把人和动物都算上，我所见过最令人难忘 103
的“共情型”设身处地行为，就真的只发生过那么一次。那天我正站在圣地亚哥巴尔波公园大大的池塘边欣赏睡莲。池塘没有任何保护措施，旁边紧挨着一条人行道。一个约 3 岁大的男孩冲过人群直接一头扑进湖里。整件事发生得太快了，他飞快地沉下水去，前一秒刚听到落水声，一眨眼人就不见了。然而，还没等周围的人反应过来是怎么回事，他的妈妈就紧跟着跳下水去，随即紧紧抓着孩子浮出水面。危险发生前的一刹那，这位母亲必定是意识到要发生什么，追着小孩跑向池塘，毫不迟疑，顾不上脱衣服就扎下水。如果她没有采取这么快的行动，可想而知要从这么浑浊的水里把孩子捞出来要花多长时间。

在这个例子中，一个人对他人的状况产生迅速的警觉，其快速程度很难在实验室中模拟。在一般的实验中，我们询问实验参与者在特定情形下会采取什么行动，甚至可以营造轻度的紧迫情景，测试人们在这些情况下的反应，但却不可能测试父母看到小孩儿淹到水里去会作何反应。然而这些不可能在实验室中重复的情景，却恰恰激发出最有意思的无私现象，也和真正的生死存亡息息相关。同样道理对动物也适用：我们可以研究动物如何寻找藏匿的宝贝，甚至可以观察它们听到哀嚎后的行为，但哪个狠心的科学家能测试小动物看亲友被活活勒死的反应呢？我做不到，大多数科学家都做不到。我们最多只能在自然条件下追踪偶尔发生的此类情景，并报道猿类在这些情况下的行为。

对人类行为的报道出现在每日的报纸上。“9·11”事件中逃离世贸大厦的纽约人向世人描述了消防员们的英雄举动。这些消防员背着沉重的救生装置，在每个人拼命向下逃命的时候反而逆人群而上。人们恐慌至极，可消防员却沉着坚定地指挥，人流得以有序地疏散，英雄本人却向死亡逼近。

104 再看看美国陆军中士汤米·瑞曼的故事。2003年，瑞曼和他所率领的队伍在伊拉克遭到敌人伏击，他一边用自己的身体为战友挡住敌人的进攻，一边奋勇回击。他身上几处中弹，还遭受弹片创伤，可他却拒绝医疗救助，直到其他伤员被撤离现场。在世间所有灾难中，都会诞生英雄，这些平凡的人冲向燃烧的房屋、跳入冰冷的河水，只为救助陌生人的性命。在德国占领欧洲期间，许多人冒着生命危险掩藏犹太人。比如《安妮日记》的主人公安妮·弗兰克和她的家人，在被人揭发前躲藏于阿姆斯特丹的旧楼，靠勇敢的陌生人送来的食品过活。饥荒年代，农民往往同其他饥饿的居民分享宝贵的食物。2008年，中国西南部发生地震，灾难中诞生了“第一母亲”，这位名叫蒋晓娟的女警察刚刚做了妈妈，却将自己的乳汁分享给震区孤儿。

如果不能感同身受，上述所有例子都不可能存在。事实上，人类社会有无数舍己为人的例子，以至于我们理所当然地把这种行为当作我们这个物种的特质，并有倾向性地在我们的祖先中寻找这样的特质。科学家最近在高加索发现了一具完全没有牙的古人化石，科学家推断说，如果没有其他同伴的精心喂养和关照，这个没牙的伙伴是没法活下去的。科学家由此结论，这些古老的生物尽管生存在距今200万年前，却已经非常像人了，因为在他们的个体间已经建立起了充满关爱的联系。

可是这个结论明明是建立在“关照行为属人类独有”的前提假设

之上。然而在自然界中，有些动物也会喂养那些没有能力自己觅食的同伴。比如，坦桑尼亚贡贝国家公园有一只又老又病的雌性黑猩猩，人称“碧太太”。碧太太不会爬树，只能靠女儿：

> 它抬头望望女儿们，接着躺在树下，盯着她们在枝头攀来晃去。差不多 10 分钟后，小碧小姐爬下树，嘴里叼着果子杆儿，手里还抓着一个。碧太太看它脚一着地，就上前轻柔地哼哼几声。
> 小碧小姐哼哼着迎上去，把手里的果子放在妈妈身边，然后坐下， 105
> 母女俩肩并肩吃起来。

猿类世界中的无私行为不胜枚举，我只随便找几个例子来说说我的观点。有些例子发生在有血缘关系的个体间，比如碧太太和碧小姐的故事，类似行为也发生在非亲非故的个体之间。我所在的灵长类中心生活着一只老雌黑猩猩培欧尼（Peony），它和其他同伴一起，在户外的攀爬架上度过了日日夜夜。有一天它的哮喘不幸犯了，以至于没法如常地走路爬树。这种时候，生活起居就全要靠其他雌性同伴的热心相助。比如有一次培欧尼心急火燎地想爬上攀爬架，参与大家的理毛集会。一只完全没有血缘关系的年轻雌性站在它身后，用双手托住它的屁股，使力向上托，直到培欧尼终于坐上去同大家为伍。

有时候培欧尼早上起床，缓慢地向远处的水龙头挪步。年轻的姐妹就跑到它前边，取水回来给培欧尼喝。开始我们只见雌黑猩猩和培欧尼嘴对嘴，不明白这些雌黑猩猩们到底在做什么，不一会儿形势就明朗了：培欧尼干脆张开大嘴，任其他雌黑猩猩把水吐到它嘴里去。

“黑猩猩港”是个致力于实验室黑猩猩退休安置工作的团体，它把收罗到的黑猩猩放到林木丛生的岛屿上去，其中许多个体一辈子没出过实验室，连小草和大树都不认得。一只年幼的雌性黑猩猩名叫舍埃拉，它傍上一只没有血缘关系的更年轻的雌性萨拉，后者见过树，对爬树无所畏惧。在舍埃拉能够学着它的这个小朋友爬树之前，萨拉往往折断树枝带下来交给舍埃拉，让它填饱肚子。

萨拉还曾经从毒蛇口中把舍埃拉救出来。那次，萨拉眼尖先看到蛇，它立马发出响亮的警告，没想到舍埃拉反而好奇地凑上前去一探究竟。萨拉用双臂搂住舍埃拉，奋力把它拉回来，接着一边逼
106 近一边用小棍子捅那条蛇，同时仍然紧紧拉着舍埃拉。后来我们发现，这真的是条毒蛇。

你也许还是不服气，觉得这些动物并没付出什么代价，也没冒什么险，没法和人冲进着火的房子相提并论。我还曾听到一个著名心理学家在讲座上明确表示，利他行为在动物世界千真万确存在，但前提是自身性命不受妨害。“猿类绝对不会跳到湖里去救伙伴。”他信心十足地说。一听这话，我脑子里立刻闪现出在其他地方听到过的反例。水是猿的死敌——和人不同，猿不会游泳。哪怕是及膝深的水也可能让黑猩猩紧张得要死，甚至要了它们的命。有时候它们刻意锻炼自己克服这种恐惧，可是要让猿类涉水还是需要很大勇气。

动物园的惯常手法是把猿养在岛上，周围挖沟蓄水以防它们跑掉。于是我们偶尔会听到这样的报道，说一只猿试图救起落水的同伴，结果双双亡命。一次，一只不称职的妈妈把幼崽掉到水里，一

只雄性蹚入水中去够那个幼崽，自己却牺牲了。在另一个动物园中，一只黑猩猩幼崽不小心触到电线慌了神，从妈妈怀中挣脱跳到水里，妈妈奋不顾身前去相救，结果母子溺水而亡。还有世界上第一只学会手语的黑猩猩瓦苏，它生活的小岛为了阻止黑猩猩搭救落水同伴特意架设了两道电线，一次，它听到另一只雌性的尖叫和落水声，不顾一切地越过电线，直向疯狂扑腾的同伴冲去。瓦苏踏入水沟边缘湿滑的泥沼，抓住同伴扑打的手臂，并把它救上岸来。

显然，只有特别强烈的营救意愿才能驱使猿类克服恐水的天性。这种情况用权衡利弊的理论（“如果我现在帮她，回头她也会帮我”）就解释不通，难以想象，谁会为这么不可靠的假设赌上自己的性命呢？只有瞬间激发的情绪才能让人抛却戒心和算计。此类英雄行为在黑猩猩社会并不少见。例如，有的雌性听到姐妹的叫声，便挺身而出同群里的雄性首领对抗，它为了其他个体的利益能将自身安危置之度外。这种事屡见不鲜。在野外，营救的形势更加严峻， 107
黑猩猩遇到豹子时会大声尖叫，这样便能引来一帮同伴。在密林中穿梭，本来视野受限，很难看清具体发生了什么，幸好黑猩猩的叫声可以分为不同的强度，让其他个体能一下听出自己遇到了危险。不消片刻，林间就充斥了黑猩猩们愤怒的咆哮，它们火速围拢过来；豹子被巨大的声势镇住，只想赶紧突出重围，哪还顾得上刚才瞄准的猎物。

我们总觉得舍己为人，有同情心，能用最有效的手段帮助他人等品质是人类独有，因此我们将之称为“有人性”。我并不否认人类是最能设身处地、感同身受的物种。我们能准确体会他人的感受，也比其他动物更能判断出他人需要什么样的帮助。然而我们却绝不是世间唯一开动脑筋帮助他人的动物。一个人跳到水中和一只猿跳到水中营救同伴，不管从行为上还是从动机上来说都并无二致。

小红帽

小红帽(Little Red Riding Hood)还以为面前躺着的是奶奶，这个糊涂虫！所有小朋友都看出来了，被窝里躲着大灰狼！

在实际听故事的过程中，有多少小朋友看出小红帽其实一点也不害怕呢？显然，如果小红帽能和小读者一样明白，她肯定会吓个半死。不过既然在故事里她对发生了什么毫不知情，就没理由害怕。所以，仔细想想就知道，正确答案是：小红帽并不怕。然而，多数小朋友却给出错误答案，他们想当然地把自己的感情灌输给故事里的人物，认为小红帽也和他们一样紧张得要死。

心理学家将之归为一种失误，他们认为人在这种情况下没能从
108 他人的角度思考问题。可是在我看来另一种解释同样成立。小读者实际上确实设身处地地为小红帽着想了。他们在心里假装自己是小红帽，想象自己拎着小篮站在奶奶床前，却没法抛却自己已经知道的故事情节，于是自然心惊肉跳。心理学家希望对小孩子的想法做出合理的评估，可是要让小孩子把自己从角色里抽离出去，假装自己根本没看见凶恶的大灰狼，可不是那么容易。一般来说，只有长到七八岁，小孩子才能学会从旁观的视角看故事里的人物，大人也会为小孩终于明白小红帽实际上并不害怕而表示赞许。可是从这个现象中我们应该看到情感上的认同会对人产生多大的影响。

小孩子一般不大容易保持中立，他们的情绪更容易受到感染。一旦发觉亲近的人遇到麻烦，这种感情就立刻占优势，成年人也不例外。恐怖片就是抓住了人的这个特点，它们往往能正中我们内心的弱处，利用的便是人们观看恐怖片时那种难以抑制的身临其境之感，而看英格玛·伯格曼的电影时代入感就没有那么强烈了。想象一下，当你看到你最喜欢的角色走向拉拢的浴帘，你知道后边藏了一个拿斧子的杀人狂魔，谁还顾得上仔细想她究竟知不知情？

小孩子的情感容易受他人感染，同时他们也能猜出对方的感觉，这种本领是经过科学检验的。比如，让孩子看大人打开一个礼物盒，可他们自己不能向盒子里偷看，如果大人打开盒子后兴高采烈地大叫“啊，天呐”，小孩子就会猜测里边装了糖或者其他好东西。可如果实验人员失望地说“哦，不”，小孩子就知道盒子里肯定放了特别难吃的东西，比如西兰花什么的。想想门泽尔的黑猩猩，它们能判断出同伴是不是发现了藏匿的食物或刚看过危险的东西；儿童的反应与之没有本质区别。

在成长过程中，小孩子先学会领会别人的感情，然后学习理解他人的想法。很小的小孩子就知道每个人有各自想要和需要的东西，而且每人想要的可能不同。比如，他们能理解：找小兔子的小朋友找到小兔子会很高兴，要找小狗的小朋友见到了一只小兔子则会无动于衷。

我们觉得这种能力与生俱来，可并不是每个人都会利用这种能 109
力。即便成年人也是如此。大家都知道有两种截然不同的送礼物的风格。一种朋友倾向于想方设法找你喜欢的东西送给你。比如你喜欢歌剧，他们就给你买一张安娜·奈瑞贝科最新的演出 CD，你要是喜欢在家研究做饭，他们就到城里去给你买一袋最好的面粉。在我看来，一件礼物值多少钱是小事，在礼物上花的心思才重要，这一类朋友所关心的是怎么才能让你高兴。另一类人则选他们自己喜欢的东西。比如你家里明明一件蓝色的东西也没有，他们自己喜欢蓝色，就买了一只价值不菲的蓝花瓶送给你。这种人的视线只局限在自己的喜好之中，其实是浪费了几百万年演化所赋予我们的转换角色想问题的能力。

低成本的利他行为在人类之间非常常见。比如网球运动员会伸出手，把摔倒的同伴拉起来

在日常生活中，人们随时准备帮助他人，其中也包括陌生人，只要不至于特别麻烦。这还不算是利他主义，因为严格来说利他主义意味着要主动付出努力，而我要说的是不会让你遭受损失的情况。记得我刚刚抵达北美的时候，所有距离都比我们想象的长十倍。有一次我和妻子在加拿大远足，湖边的大蚊子简直要把人活活咬死了，于是我们决定逃到最近的村子里避一避。我们顶着烈日在土路上走啊走，路好像永远走不到头。这时一家加拿大人开着旅行车经过，他们减速停下，司机平静地探出头来问我要不要搭顺风车。当从他口中得知我们的目标小镇有多远，我和妻子毫不犹豫地接受了他的好意。我一直觉得那次遇到这家人，真是一件幸运

的事。

这种对自身利益没有减损，同时能给予他人很大帮助的行为是 110
所谓“低成本的利他主义”，生活中屡见不鲜。比如在机场看到别人的登机牌掉了，你上前提醒，这件事做起来不费吹灰之力，却能给那位乘客免去许多烦恼。另外，我们在通过一扇门后会习惯性地将门拉住，以便后边的人通行；坐在公园长椅上时，看到别人也想过来坐，会主动让出一边；过马路时主动拉住乱穿马路的小朋友；看到老人拎着沉重的箱子，也会伸出援手。至少在形势并不紧迫的时候，人类还是非常乐于对他人施予帮助的，灾难时期另当别论，比如泰坦尼克号下沉的过程中，人们就顾不得别人了。因为这时高尚行为的代价就要昂贵多了。

体恤他人的种种作为，哪怕是不值一提的小事，都需要带着感情换位思考。你得明白你的做法会给他人带来什么样的后果。动物中是不是也有相似的例子呢？我倒是想起一件稀奇事。那次我站在坦桑尼亚马哈尔山地几近干涸的河床上，看到一群野生黑猩猩蹲在大石头上休息放松，相互理毛。在此之前，我曾从书本上读到所谓“社交搔痒”行为，可从没亲眼见过。

社交搔痒行为的步骤是这样的，一只猿走到另一只跟前，用指甲使劲在另一只的背上挠几下，然后定住坐好，开始换用温柔的手法给它理毛。理毛的过程中，可能会再重复猛挠的手法。搔痒这个动作本身并不难，因为这是动物的经常性行为，难的是，自己给自己搔痒有显而易见的理由，是为了解痒（试试憋住了一小时不挠自己身体的任何部位，你就知道搔痒有多重要了）。可是挠其他人的背就完全不一样：你该痒还是痒，对自己一点直接好处也没有。

与理毛不同，社交搔痒行为似乎不是与生俱来。理由是只有马哈尔的黑猩猩会做这个动作，非常奇怪。在其他黑猩猩群体中则从没记录过类似行为。人类学家和灵长类专家将这种某个种群特有的行为称为“习俗”。习俗是一种特殊的习惯，它在一个群体中代代相传，且为那个群体所独有。比如用刀叉吃饭是
111 西方人的习俗，用筷子则是东方人的习俗。不同黑猩猩群体有不同的习俗，除了人以外，这种动物恐怕是习俗最多的物种，因此发现一种习俗并不稀奇。真正令人难以解释的是，马哈尔的黑猩猩群中为什么会流传下这一种让他人舒服却对自己毫无益处的习俗呢？

马哈尔黑猩猩是怎么形成服务他人传统的呢？ 中间的一只猿在用重复猛挠的手法给另一只猿搔痒

人类是如何学会走过一扇门时为身后的人拉住门的？你或许会说是你父母教的，这当然千真万确，可这个习惯在后天反复得到强化，走在你前边的人替你拉住门，你心存感激，于是领会到这是一种非常好的行为，下次也想对他人这样做。马哈尔黑猩猩的搔痒行为有没有可能正是通过类似的机制传播开的呢？或许有一次，一只黑猩猩偶然被另一只挠了几下，感觉爽歪了，于是决定让第三只体验一下，对象也许是它想巴结的上司。这种假说完全可能，可前提是我们已经承认换位思考在其中起了作用。替别人搔痒的黑猩猩需要把自身体验转化成行动，并在另一个个体身上重现自身的体验。

所以它必须意识到对方体会到了自己曾经体会的东西。

社交搔痒行为是再简单不过的动作，可背后却隐藏了一个难解之谜，想要揭开这个谜，单靠田野间的观察是不够的。接待我的托斯萨达·尼实达(Toshisada Nishida)在马哈尔野外工作了四十载，观察过无数搔痒行为，我敢说哪怕我像他一样观察了这么久，也完全有可能一点线索也没有。我们没法问黑猩猩它们这么做究竟打的什么算盘；想看社交搔痒行为最初的产生过程，我们也已错过了时机。这时就得依靠动物园和实验室里的研究了，也就是要将田野间的问题拿来，做一番系统性的研究。比如，我们可以为实验动物创造互相帮助的机会，从而检验灵长类动物对其他人的利益有多敏感。

过去的几年间，这个问题受到越来越多的关注。让我先来给你 112
讲两个我们开展的卷尾猴研究。卷尾猴是一种非常可爱的小动物，身上覆着棕褐色的毛。有时我们让它们在室外活动，比如坐在太阳里互相抓虱子、理毛，嬉笑玩耍；有时让它们待在室内，屋子有门和通道，以便随时把它们抓来做实验。这些猴子对实验过程习以为常，不仅如此，事实上它们是争相参与，因为可以得到额外的美食。卷尾猴也是这类实验的最佳选择，它们机智敏捷(在猴类中，卷尾猴具有最大的“大脑：身体”体积比)，会分享食物，不仅彼此通力合作，也非常容易和人合作。总之这些猴子妙极了，我的学生们把他们最喜欢的猴子的照片挂在墙上，不亦乐乎地聊它们的奇闻轶事，像聊肥皂剧似的。

我要讲的第一个实验测试的是卷尾猴能不能察觉同伴的需求。比如，它能否判断同伴是不是在饿肚子呢？结果显示，卷尾猴是否愿意分享手中的食物，全看对方是不是刚吃过饭，也就是说它们更愿意把食物分给那些一直两手空空的同伴。这个现象说明卷尾猴确实能判断其他个体的需求。

第二个实验就更有说服力了，你能看出卷尾猴真的关心同伴的利益。我们让两只猴子彼此分开，但可以互相看到。其中一只和我们有正面交流，当然这是它们天然就具有的本事，并不费劲。倘若我们把一把扫帚留在它们的屋子里，我们只需要指指那把扫帚，然后举起一颗花生，它们就明白我们想要它干什么。它们会拿扫帚换花生。在具体实验中，我们用的是塑料硬币，即先把硬币交给猴子，然后伸开手掌，示意它拿硬币换吃的。

好玩的还在后边。我们用两种不同颜色的硬币代表不同的含义。一个表示“独享”，另一个代表“共享”。如果负责和我们交流的猴子拿起“独享”硬币，它就会得到一小块苹果作为回报，同伴则
113 什么也没有。如果它拿起“共享”硬币，那它和同伴将得到同样多的食物。你可以看出，两种情况对于那只和我们直接交流的猴子来说没有区别，只是在第二种情况下，它的同伴也有奖励。为了确保它们真的领会了，我的助手克里斯蒂·雷姆格鲁伯会尽量把动作做夸张，比如一只手举起食物，递给一只猴子，或者两只手同时举起，然后同时递给两只猴子。

群体里任意两只猴子的亲密关系一目了然，因为亲密伙伴会时常待在一起。我们发现，关系越亲密，卷尾猴越喜欢交出“共享”硬币。我们在不同的猴子身上重复这个实验，还换了硬币的颜色组成，都得到相同的结果。卷尾猴倾向于“共享”，并不是由于害怕对方报复，因为一对猴子中地位高的那只反而更喜欢“共享”（地位高

的猴子当然不怕地位低的猴子了）。

可是这组实验真能直接说明卷尾猴在乎同伴的利益吗？或许只是因为它们天性与人为善，或者仅仅是愿意一起吃东西。因为如果两只猴子都拿到了吃的，它们就可以并肩而坐、大快朵颐了。我们和家人朋友一起吃东西，餐桌上的食物会显得更好吃。猴子是不是也有同样的感觉呢？不过，不管采取上面哪种解释，我们至少证明猴子不喜欢独吞，而更愿意分享。

用黑猩猩重复同样的实验，刚开始得到了否定的结果，于是媒体不加审慎地写道：黑猩猩对没有血缘关系的同伴漠不关心。可老话说得好，没有证据不等于证明了没有。从这些实验中我们能得到的唯一结论是，人类可以创造出某些条件，在这些条件下黑猩猩会先己后人。我们人类有时不也如此吗？每当商场举行促销活动，早上开门的时候人们一拥而入，踩在别人身上也不管。2008 年就发生过这样的事，有个店员被活活踩死了。可我们会一言以蔽之地说人类这个物种对他人利益完全不关心吗？

人们有时会灵机一动，发现最适合某种动物的实验条件，找到成功的实验方法。之后便能逐渐排除错误的阴性结果。测试猿类利
他行为的最佳方法，是德国莱比锡马克斯·普朗克研究所的弗莱克 114
斯·瓦内肯和他的合作伙伴找到的。他们的工作地点是乌干达一片黑猩猩保护区。白天，这些黑猩猩们自由地活动在宽广而树木丛生的岛屿上；晚上就被带进楼里做实验。实验人员让黑猩猩旁观一个工作人员徒劳地越过铁栏杆够远处的塑料棍子。这名工作人员死活不放弃，可还是怎么也够不着。黑猩猩位于铁栏杆的另一端，可以很容易地拿到塑料棍儿。结果这些黑猩猩几乎立刻走过去拿起棍子

递给工作人员。没人训练它们这么做，给不给奖励也没有任何区别。同样的实验用小孩子来做，会得到相同的结果。

接着工作人员增加了助人为乐的代价，这次黑猩猩得爬上高台才能拿到棍子，这对结果没有任何影响。障碍物同样不会阻止小孩子的帮助行动。从这组实验中可以明显看出，猿类和儿童都会主动帮助遇到困难的个体。

有人又要问了，保护区的黑猩猩帮助人类，会不会是因为它们的生存要依靠人呢？为了排除这种可能，被找来做实验的是黑猩猩几乎不认识的陌生人，这些人当然没喂过它们。除此之外研究人员又加了另一组实验，测试的是黑猩猩会不会互相帮助。

实验人员安排一只黑猩猩坐在栏杆后边看它的同伴企图打开一扇门，两只黑猩猩都知道门后的房间里藏了好吃的。进入的唯一办法是去掉闩门的锁链，可只有栏杆后面这只才能控制锁链，试图开门的伙伴却无能为力。门一旦打开，屋里的好吃的将全归伙伴所有，这令人很难预测栏杆后边的这只黑猩猩将如何行动。实验结果甚至连我都吃了一惊：这只黑猩猩去掉挂锁链的挂钩，慷慨地任由同伴去取吃的。

黑猩猩在这个实验中所面临的选择，比我们的卷尾猴选硬币要复杂得多。它们不仅要明白对方想要什么，还得想出帮助对方达到
115 目的的有效手段。它们所展示出的是目标明确的帮助行为，事实上黑猩猩的日常生活中也不乏这种行为。尽管如此，不管是我们的卷尾猴，还是这个实验中的黑猩猩，它们伸出援手的动机是相似的，都是为了他人获利。如果照传统观点，帮助他人是为了获得回报，显然解释不通：在卷尾猴选硬币的实验中，不管它选“独享”还是

“共享”，对自己都没有区别，可它仍然选择了共享；而在黑猩猩实验中，有没有奖励也没有对黑猩猩的行动造成影响。

如沐春风

或许我们该重新审视一下老观点。也许动物决定是否帮助他人，并不是算计利弊得失的结果。如果真的有所谓“计算”，很可能是自然选择帮它们算的。自然选择以漫长的演化过程为考量期限，来权衡某种行为对整个群体甚至整个物种的后果，最后将感同身受的能力交予灵长类动物，让它们在适当的情况下向同伴伸出援手。我们对家庭成员最容易产生共情心理，这就保证了在更多的情况下我们的帮助对象是和我们关系最近的个体。当然，有时灵长类动物也会帮助异类，比如黑猩猩甚至给小鸭子和人类帮忙，不过总体来说，灵长类动物在心理上终归更关注亲友和配偶的利益。

人类能够被同伴的欢乐和痛苦所感染，这源自一种合作共处的关系；而对竞争者则正好相反。如果别人对我们有敌意，我们也不会对他施予丝毫的共情心。当这些人开怀大笑的时候，我们不仅不会笑，反而皱起眉头，好像他们的快乐碍了我们的事儿似的；而当这些人遇到麻烦，我们就幸灾乐祸。一项实验也显示，面对充满敌意的实验者，他的快乐会令我们不安，他的不安则让人振奋。

因此，当我们和对方利益有冲突的时候，人类的共情心可以转变为一种很丑陋的感情。面对不同的对象，我们回报以完全不同的态度，人的心理状态演化成这样，是有助于促进群体内部合作的。

116 我们偏向那些同我们有积极合作关系，或者即将同我们建立关系的个体。人们以前以为促使我们帮助他人的就只是我们心里的小算盘，实际上潜意识的感情倾向才是症结所在。这并不意味着我们不知道怎么算计得失，事实上在有些情况下，比如在生意场上，人们提供帮助恰恰是因为算计回报。尽管有这些特殊情境的存在，多数情况下，人和其他灵长类动物的利他行为，都是感情所驱使的。

2004 年，当地球另一端遭受海啸袭击，究竟是什么驱使我们给素不相识的人们捐钱捐物？报纸上一条《泰国海啸导致千人丧生》的消息并不足以达到这种效果。事实上，最能感染我们的是电视上的图像。我们看到尸横遍野，妻离子散，失去爱人的人们噙着泪对镜头诉说，我们的慷慨源自情绪上的共鸣，而不是理性分析。瑞典在那次灾难后给受灾地区提供了多于任何国家的国际援助，因为 500 多名瑞典旅行者死于那次灾难，这一事实使得瑞典人更容易对东南亚人民的难处产生共鸣。

但这是真正意义上的利他主义吗？如果伸出援手的行为是建立在我们自身感情的基础上，或者建立在我们同受害者的联系上，那么这种行为归根结底还不是为了我们自己吗？如果给他人排忧解难能让我们自己感觉如沐春风，那这不正说明我们的行为源于自私的动机吗？问题是，如果我们非要把这称为自私，那就没有什么能被称为无私了，自私的定义也就失去了意义。真正自私的人能大言不惭地对需要帮助的人视若不见，毫无心理障碍地让他们自生自灭。别人要淹死就让他们淹死吧；别人想哭就哭去吧；要是有人掉了登机牌，假装看不见就行了。这些才是真正的“自私”，你可以看出这和我说的基于感同身受的行为有着本质的不同。共情心把我们深深卷入他人的状况之中。没错，帮助别人确实能给我们带来快乐，但这种快乐是通过他人获得的，而且只有通过他人才能获得，所以这种感情在本质上是由他人所导向的。

同时，那个永恒的问题仍然没有得到很好的解答：既然镜像神经元模糊了“我”和“非我”的区别，既然共情心融化了人和人之间的界线，那么所谓“无私”从根本上来说究竟有多“无私”？如果他人已经变成我们自身的一部分，如果我们对别人的状况感同身受，
那么他们活得更好也就自动地在我们心里产生了共鸣。这个问题不 117
止局限于人类。猴子选择共享不会比独享带来任何额外的好处，可它们仍然一致选择前者，这也是难以解释的现象。

或许连猴子做好事也会心情爽朗。

第 5 章 屋里的大象

05

这是它生平第一次看到镜中的自己。小黑猩猩惊讶地张开嘴，疑惑又充满好奇地瞪着镜子，仿佛无声却生动地发出疑问："对面这是谁啊？"

——纳迪亚·科赫茨，1935

你以为你肯定能觉察到大象逼近。实际上倘若你在烈日炎炎之下置身于泰国的林间空地，一头大象从身后出现，你根本不会感觉到任何颤动，不会听到一丝声响。大象的身体有很好的柔韧性，脚底像踩了丝绒垫子，同时它们还会小心翼翼地躲过树枝和干树叶，避免落脚时发出声响。大象真是极其精致的动物。

它们也是危险的动物。在美国劳动统计局统计的危险职业中，大象饲养员位居榜首，仅在泰国，每年丧命的就不下 50 人。一个原因是大象惊人的运动速度。另外，它们庞大而看似笨拙的身躯造成了憨态可掬的假象，吸引你靠近并放松警惕。大象有着惊人的表演天赋，其感染力令人瞠目结舌，即使见多识广的古罗马人也对此
有所共识。在老普林尼的笔下，群众面对竞技场中 20 多头被宰杀 119
的大象是这样反应的：

……大象们看逃跑无望，便试图博取观众的同情，它们摆出难以用语言描述的祈求姿势，悲号着自己的命运。观众难过不已，忘记这出表演本是将军为了彰显慷慨而特地为他们准备的。人们的泪水夺眶而出，纷纷咒骂这位庞贝城的首领。

大象的解剖学特征同我们如此不同，然而它们能轻而易举地唤起人类的同情，另一类型的对应问题随之而来：人类是如何将大象的躯体在自己身体上找到一一对应关系的呢？当受刺激的大象挥舞直挺挺的鼻子，人可以明显感觉到大象的敌意；而当它们将长鼻子送进对方的嘴里，我们也可以看出它们彼此的柔情蜜意，因为别人的嘴对于象鼻来说是最危险的地方。我们还能判断出大象什么时候在嬉笑打闹，比如它们有时会踏进泥塘，全身上下挂着泥，推来搡去，直到一屁股拍在泥巴里，恨不得眼白都翻出来，像发疯一般。看来大象还挺有幽默感。

我曾到泰国北部看望一位学生，他名叫约书亚·普拉尼克，在清迈附近的大象自然公园以及南邦附近的泰国大象保护中心研究社会性行为。我以前在稀树草原上见过非洲象，可这次不是坐在吉普车上，而是站在同这些庞然大物咫尺之遥的地方。听着那振聋发聩的嘶鸣和低沉悠长的咆哮，你会顿时意识到人类在它们面前是多么无助和渺小。

大象体格孔武有力。但你可能想不到，在泰国，它们的生存状况却为变化的生境所累。曾几何时，人们豢养的大象数目达到上千头，这些大象帮助人们拖运砍伐的树桩，是林业的有力助手。可是森林的过量砍伐直接导致了大规模的洪水。1989 年，森林砍伐在泰国被全面禁止。这一政策使得豢养大象的人失去收入，因此动物保护成了当务之急。不仅如此，泰国、缅甸边界的地雷让大象深受其
120 害，受伤的动物急需照顾，还有的只能拖着三条腿踯躅前行。如今许多大象被用在公众教育领域，不管白天还是夜晚都要专门的驯象师来照管。除了放生之外，这似乎是大象的唯一出路。听起来放归

自然似乎是更好的选择，但泰国人口众多，加上这些动物本来就具有危险性，赐予它们自由的后果，几乎是无可避免的死亡。

这就如同你的车库里停了一辆拖拉机，这辆拖拉机随时可能自行发动，开上马路，所过之处小动物统统被轧扁，人被碾碎，植物被斩草除根。没人愿意在自家安置这么一个隐患，而城市里的大象就如这恐怖的拖拉机。因此人们必须随时监管它们的行踪。我一直非常钦佩公园大象管理员的敬业精神。这么多大象要么以半自由的状态一致行动，要么就在接受训练或进行技能表演，比如演奏木琴，它们有时甚至重操旧业表演起拖木桩来。通过卖艺，大象得以在公园和保护区占有一片安身立命之所。在某些地方，生态旅游者甚至要付钱才能运走它们的粪便。

现在哪种动物能这么受欢迎?

个体发生与种系发生

在大象保护中心，两头年轻力壮的大象不费吹灰之力地用象牙从两端挑起一根长树桩，同时将长鼻子搭在上边保持平衡。然后它们挑着木桩步调一致地稳步前行，两名驯象师分别坐在两头象的头上，一边谈笑风生一边四下张望。很明显，大象的多数行动是完全脱离人的指挥的。这里显然有训练的功劳，可单凭训练很难使动物的合作达到如此高度的协调。人们可以训练海豚同步跳出水面，因为它们在自然界就会这么做；马经过训练也会以相同的步点跑步，因为自然中的马儿就会这么跑；同样道理，人能训练大象同步捡起 121

木桩，节奏一致地迈步，瞄准一个目标运过去，然后稳稳当当地放在木头堆上，不出一点声响，这都是因为野外的大象本身就特别善于合作。虽然野生大象不用一起搬木头，可它们却时常通力合作，帮助受伤的同伴和需要帮忙的小象。

在大象自然公园，我看到另一种“合作”，一头母象虽然眼睛瞎了，却随女伴一起行动。两头母象没有任何亲缘关系，看上去却颇有交情。瞎眼的那头显然对另一头有很强的依赖性，它的伙伴似乎对此心知肚明。每次它俩拉开距离，两头象会同时发出低沉的声音，有时甚至是响亮的叫声，似乎是看得见的这头向它盲眼的伙伴通报去向。双方你来我往地叫一叫，直到又走到一起。这时它俩会高高兴兴地互致问候，彼此拍打耳朵，身体碰撞，嗅对方的气味。

所有人都说大象有很高的智商，事实上没有任何严谨的证明。人们用猴子和猿做实验，揭示它们有一定的理解力，可同样的实验却不会用大象来做，原因很简单，用它们做实验太不现实了。哪所大学能建一个大象实验室呢？如果你想用大象做实验，那你要不就得去那些有驯象传统的国家，比如泰国和印度，要不就得去动物园。我的学生约书亚去泰国之前，一直在纽约布朗克斯动物园做实验，他参与了我们最早的大象研究，我们用的实验工具是一面巨大的镜子。

开展此项实验，同样是源自我们对共情心的兴趣。如果没有“自我意识”，就不会发展出比较成熟的共情心，这是我们的观点，也是要用镜子的原因。在所有动物之中，大象恐怕最有共情心，我们很想知道，它们有没有足够强的“自我”观念，来帮助它们辨认自己的影像。这个论题是戈登·盖洛普(Gordon Gallup)在几十年前提出的，这位心理学家第一次发现猿可以认出镜中的自己，而猴子却不行。

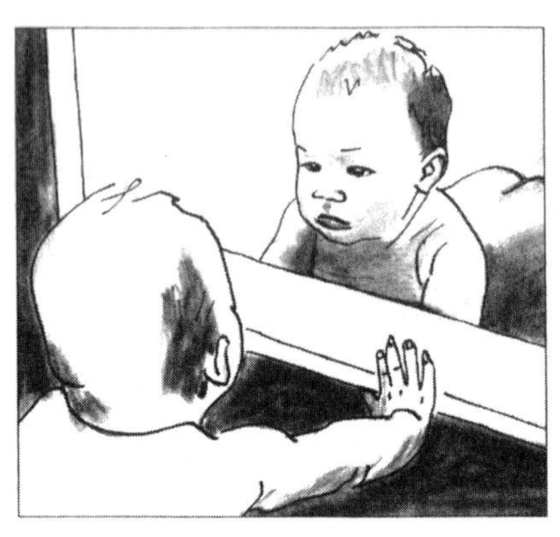

人类婴儿直到 18~24 个月大才会在镜子中识别自己

如果我戴着墨镜靠
近我们养的卷尾猴，有 122
些猴子甚至会向我发出恐吓，好像完全不认识我似的，可不一会儿，它们就能放松下来，转而显得十分好奇。然而它们却从不会利用眼镜上的影子来检查自己的身体。事实上它们根本就没明白自己看到的影像是什么。猿类机灵多了，它们一旦注意到我墨镜上的身影，就开始对着影子做鬼脸。它们从不会弄不清楚我是谁(哪怕我穿上女人的衣服也没法糊弄它们)，只不过会非常没耐心地向我探头，直到我屈服地把眼镜取下来，举到它们面前让它们当镜子耍。雌性会转过身去从“镜子”里检查自己的后背，因为这个部位平时不容易看到，它们也会张开嘴，对着镜子剔牙。如果你看到它们那个样子，也会意识到，这些动作都不是偶然的，张嘴、转身——猿的眼睛紧盯镜中的自己，观看自己的每一个动作。

盖洛普相信，任何大脑容量较大，具有一定共情心的动物都该能从镜中识别自己。你可能会问，这里有共情心什么事儿呢？小小镜子，竟然能反映出社会技能吗？儿童的成长过程提供了一些答案。人类的小婴儿并不是一开始就能认出镜中的自己。一岁大的孩子同其他动物一样，看着镜子里的影像完全摸不着头脑，他们通常只会对着镜子里的小人儿傻笑，试图拍拍他，甚至亲亲他。小孩子通常在两岁的时候可以通过所谓的“胭脂测试”，就是能对着镜子擦去脸上的脏东西。照镜子前，他们不知道自己的脸上点了胭脂，因此我们可以从他们擦脸的反应做出判断，这时他们已经在镜中形象和自身之间建立了联系。

大约在能通过胭脂测试的同时，小孩就开始对其他人怎么看他们敏感起来，他们开始害羞，学会使用人称代词（比如“那是我
123 的！”“看我！”），同时发明出角色扮演的游戏，和玩具、洋娃娃一起演绎自己想象的情景。所有这些变化都是相互联系的，通过了胭脂测试的孩子比尚未通过测试的孩子更爱说“我”这个字，也更爱假扮角色玩过家家。

我总觉得测试动物“面对镜子作何反应”本身是个很无聊的课题。它既不性命攸关，放到自然界中又几乎没有任何作用。那么多从镜子里认不出自己的动物都照样活得好好的。那么，镜子测试之所以有意思，是因为它能告诉我们一个人或一只动物如何看待自己在世界里的角色。强烈的自我意识能让你把他人的情况尽量从自身剥离出去，比如一个孩子从杯子里喝水，然后把水杯递给娃娃。他知道娃娃不喝水，但仍想把自己的情绪状态传递给娃娃。娃娃此时既和自己相似，又是一个不同的个体。这个年纪的小孩子突然开始热衷于角色扮演游戏，而一个口渴的、伤心的或酣睡的娃娃，是个多好的合作伙伴啊，因为它从来不会打断小孩子的幻想。

上述所有特点似乎都与从镜中认出自己的能力同时产生，因此

我总结出一个“协同出现假说”，其中也包括较完善的共情心的出现。多丽丝·比斯卓夫-科勒曾以瑞士儿童为对象来测试共情心的产生。她让小孩子坐在一个大人身边吃酸乳酪，中途让大人突然做出伤心的样子，因为她的勺子折断了，没法吃东西。孩子会从桌上捡起一个多余的勺子，或者把自己的勺子给大人。有的孩子还会试着用折了的勺子喂大人吃乳酪。在另一个实验中，大人“一不小心”把玩具熊的胳膊拽下来了，于是开始悲痛地抽泣，并持续几分钟之久。有些孩子会上前帮大人把玩具熊的胳膊装好，有的送上另一只完好的熊，还有的坐在大人身边同情地看着大人，这些孩子都被归为“亲社会”的一类。这类孩子能通过镜子测试，而那些不主动帮助大人的孩子则通不过镜子测试，这个结果符合“协同出现假说”。

为什么关心他人是以自我意识为前提的呢？关于这个问题，有许多含糊的解释，我相信神经生物学家有朝一日会给出明确的答案。目前我的观点是，较完善的共情心不仅需要在头脑中找到对应 124
关系，同时也需要在头脑中把他人同自身剥离开来。首先，他人的情绪映射到我们身上，我们自己的情绪会受到感染。通过所谓“共享表征机制”（Self representations），我们对他人的疼痛、损失、兴奋、沮丧等感觉感同身受。神经系统成像显示，我们大脑的相应区域也活跃起来。这是一种古老的机制，它自发形成于我们很小的年纪，并且，这种机制可能普遍存在于所有哺乳动物之中。可人类又更进了一步，就是我要说的第二步，即把其他人的状态同自身分离开来。否则我们将永远像个婴儿，把别人和自己的痛苦混为一谈，看到别人哭，自己也哭个没完。如果连自己的感觉来自何处都辨析不清，那怎么能照顾别人呢？正如心理学家丹尼尔·戈尔曼所说：

“感情太投入反而会扼杀共情心。”小孩子需要先把自己的角色分离出来，然后才能确定他的感情究竟是被什么搅和起来的。

需要澄清的是，我所指的自我意识并不是自省或反省，这主要是因为我们无法判断没有语言能力的小孩和动物是不是有这样的自知之明。哪怕是对人类自己，我也不像有的科学家，那么确信一个人对自我的描述真能反映自身感受。比自我反省更有趣的问题是，一个生物体如何区分自己和他人的界限，我们能不能把自己认成一个独立的实体。没有“我”这个概念，任何其他情感将无所依托。人们的感情将如水上小舟，一起沉浮；一个人的感情起波澜，其他人统统跟着摇摆。因此，要保证我们对他人热切关注，并在适当的时候施予适当的帮助，就必须保证自己这叶小舟稳稳当当。自我意识就是这样一种依托。

在上边说的这些观点为人所知以前，盖洛普就预言，我们能从一个动物对镜中影像的反应来判断它是否有自我意识，某些特定的认知能力只存在于有自我意识的动物之中，就像孩子成长到一定阶段才具有自我意识，同时发育出某些特定的认知能力。这让人不由
125 得想起斯蒂芬·J. 古尔德的经典著作《个体发生与种系发生》，在书中他将一个个体的发育（个体发生）同物种演化（种系发生）进行对比。当然，两个事件要用完全不同的时间尺度来衡量，但它们在形式上仍有相当的可比性。我前边提出的“协同出现假说”也适用于这样的比较，也就是说，一个小孩长到两岁所发育出的种种能力，也在物种的演化过程中同时出现。

如果这个推论成立，那么能从镜子里认出自己的生物，应该也具有比较成熟的共情心，它们应该善于设身处地，也善于提供有效

的帮助，而那些不能从镜子里认出自己的生物，则会缺乏这些本事。目前这个假说仍待验证，盖洛普在当年提出，除了黑猩猩，另外两种动物也适合用来研究这个问题，那就是海豚和大象。

人们最早利用海豚验证了上面的假说。

拍水的傻瓜

影星被骂“没大脑”，不受欢迎的美国总统被比作“黑猩猩”，都没什么好奇怪的——尽管灵长类专家可能会对后一种比喻持保留意见。可我记得2006年的一份报纸突然亮出大标题，说海豚是“傻瓜”，是“会拍水的蠢货”。这着实令我大吃一惊。海豚的智商是有口皆碑，有的网站甚至用“聪明海豚”（Smart dolphin）做它们的域名。

我并不是说海豚的任何表现都值得被认真对待。比如海豚的“微笑”就是假的，因为它们没有面部肌肉，所以没法控制表情。另外，科学家也试过用“海豚语”同它们交流，唯一的发现就是孤独的雄性海豚爱和女科学家套近乎。

尽管如此，说海豚傻还是太不慎重，虽然有的科学家也这么说。南非神经解剖学家保罗·曼哲（Paul Manger）曾断言海豚的大脑之所以大，是因为里边塞满了富含脂肪的神经胶质细胞。神经胶质细胞代谢产热，让海豚的脑细胞在冰冷的水中也能正常工作。曼哲又添油加醋地说，人们大大高估了海豚和其他鲸目动物（比如鲸和鼠海豚）的智商。他还提出自己的“证据”，说海豚傻到连小小的障 126

碍物也不会躲（所以才会被捕金枪鱼的网绊住），还不如好多其他动物呢，连金鱼都会翻身从鱼缸里跳出去。

让我们暂且忽略一些技术细节——比如神经胶质细胞实际上可以帮助大脑建立许多联系，人类自己的神经胶质细胞也比真正的神经细胞要多。金鱼的例子让我想起那些贬低动物智商的常见说法，人们喜欢拿小脑子动物的认知能力作为基准：如果老鼠和鸽子都会做，甚至还做得不错，那这件事肯定没什么难度。因此，为了说明黑猩猩有语言能力没什么大不了，人们就训练鸽子“说话”，一只鸽子经过训练学会按按钮来向另一只通报消息，另一只则按动自己面前的按钮，跟第一只说“谢谢”。鸽子还会对着镜子整理羽毛，看起来好像真有“自我意识”。

显然鸽子是可以被训练的。但鸽子的行为真的能和海豚普莱斯利相提并论吗？普莱斯利生活在纽约水族馆，如果你在它脸上画了记号，它就立马冲到水池另一头的镜子跟前，不用你给它任何奖励和指导。它会对着镜子左转右转，好像要瞅瞅自己看上去如何，就跟我们照穿衣镜一样。

这里的海豚镜子测试是戴安娜·瑞斯和劳瑞·马里诺共同开展的。他们的实验实际上比用孩子和黑猩猩做的“胭脂测试”更严格，因为他们还用“假记号”做了对照。在对照实验中，他们没用颜料，而是用没有颜色的水在两只人工豢养海豚的脸上画了个“记号”。胭脂测试的关键是要标记身上一处眼睛看不到的地方（比如眼睛上方），除非借助镜子，否则没法发现。被标记的动物只有一个办法能发现自己被标记了，那就是在镜子里认出自己，并且弄明白镜子里的影像和自己身体之间的对应关系。

和做了没有颜色的假记号相比，被画上“真记号”的海豚会花更长时间照镜子，仔细检查镜子里的形象。它们看来真的意识到镜子 127
里那只海豚身上的记号实际上点在自己身上，而对另一只海豚身上的颜色则无动于衷，说明海豚并不是被花里胡哨的颜色所吸引，而是特意关注画在自己身上的记号。反对意见说，实验中的海豚最终也没能像人类小孩和黑猩猩那样抹去自己身上的颜料，可你别忘了海豚在解剖学上的限制，它们根本就不可能像灵长类动物一样随便摸自己的身体。在人们找到更合适的测试方法之前，我们完全可以判断，海豚能从镜中认出自己。

海豚有很大的脑容量(实际上比人还大)，很多迹象表明它们有很高的智商。每只海豚都会吹出独特的哨声，好让同伴认出自己。人们发现这些动物还会给不同的个体起不同的名字。它们彼此建立长久的联系，打架后互相温柔拍打以缓解气氛(和倭黑猩猩一样)，雄性海豚在追赶鲱鱼时还会形成统一战线，它们把鱼群团团围住并赶成一小团，然后朝猎物吐气让它们不能乱跑，接着就可以悠闲地享用盘中餐，好像陆地动物从树上摘果子一样。

驯养海豚的人甚至时常被他们自己养的海豚给耍了。比如，有一只海豚经过训练学会从水里捡小杂物交给驯养人，它通过这项工作赚了好多鱼，直到人们发现它的小伎俩。原来，它把报纸、纸盒等大个儿物体藏到水底下，每次只撕下来一小片交上去，这样就能得到更多的奖励。

尽管脑子里塞了那么多“油乎乎”的神经胶质细胞(海豚脑子里全是脂肪的说法已经让海豚专家非常不爽)，海豚确实在很多事情上表现得非常聪明，我从中获得了不少启发。从今以后，如果我的金鱼再跳到地板上，我要先赞它一句“你真聪明”，再把它扔回缸里去。

要讨论前面提出的
128 “协同出现假说”，就不能忽略海豚的利他行为。第一个要回答的问题是，海豚的自我意识和设身处地的能力是否会同步产生；第二，这个物种是否像人和猿一样，也会有目的地帮助他人。这方面最早的科学报道是关于1954年10月30日发生在佛罗里达海岸的历史事件。那次，水族馆为了捕猎瓶鼻海豚，在它们密集活动的水下区域埋了一段炸药。一只猎物中招，浮出水面，神志不清，身体极度倾斜。说时迟那时快，另外两只海豚冲来相救，“它们分别从两侧游上来，用侧上方头顶分别抵在受伤那只的胸鳍下方，努力把它托出水面，好让它呼吸，这时受伤的那只还没完全清醒过来”。上来帮助的两只全身潜在水下，因此在救助过程中它们自己是无法呼吸的。整群海豚都没有游开(往常，它们一旦感应到爆炸，一定会集体立马逃离)，而是等待它们的同伴恢复清醒，才共同飞速逃跑。科学家补充说：“我们认为这些海豚之间毫无疑问存在目的明确的协同帮助。”

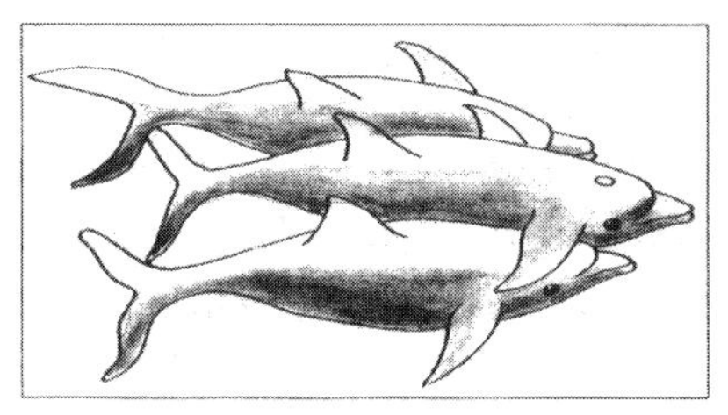

两只海豚在帮助第三只海豚

大型海洋生物关心和帮助同伴的例子，早在古希腊就有记载。如果一头鲸受伤，它的同伴会用自己的身体挡在捕猎船和伤者之间，或者干脆把船顶翻。事实上鲸一定会为同伴两肋插刀，这个特点常被捕鲸人利用。一旦发现一群抹香鲸，只须刺中其中一头，其他同伴会立马把船团团围拢，用尾巴拼命拍水，或在伤者周围游成一朵花的形状，这个形状还被人冠以“雏菊”的代号。此时捕鲸人要是想把猎物一一抓获，简直易如反掌。这种因为好心而让自己落入圈套的行为，在其他动物中可是很少见的。

海豚或鲸救起落水者的故事不胜枚举，它们甚至帮助人类对抗 129
鲨鱼的袭击，有时这些海洋生物会把人托出水面，姿势就如同托起它们的同伴。跨越物种界限的救助行为是最让人叹服的，一只猿可能去营救小鸟，海豹可能帮助一条狗。后者就发生在英格兰米德尔斯堡，在众目睽睽之下，一条老得连头都快伸不出水面的狗被一只海豹推到岸边。目击者说：“也不知道这只海豹是从哪里冒出来的，它出现在老狗身后，把老狗往前推。要是没有它，老狗早淹死了。”

让异种获益的行为当然没道理演化出来，可存在也无妨。人类帮助海洋哺乳动物就是这个逻辑。比如，愤怒的社会活动家保护鲸类免受偷猎者袭击(这些人就不太可能以保护巨水母的名义做同样的事)，还有人曾救助搁浅的鲸，为了让它保持湿润，将湿毛巾裹在它们身体上，趁涨潮再把它们推回海里去。这可不是件轻松的工作，因此人类的这些行为必然源自真正的利他主义。

有一次一头鲸似乎还领会了人类为它所做的努力，这说明鲸可能也会换位思考。接受帮助、从中获益是一回事；而对别人的帮助心存感激则该另当别论。

2005 年 12 月一个寒冷的星期天，人们在加利福尼亚海边发现了一头雌性座头鲸，它被捞螃蟹用的尼龙绳缠住了。这头鲸体长 15 米，身上缠了 20 多条绳索，有的缠在尾部，有的挂在嘴里，救援队被这么多乱七八糟的绳子搞得很沮丧。绳索深深嵌到鲸的皮下，在它身体表面割出一道道创口。这时，救起这头鲸只有一个办法，就是潜到水下割断绳索。人们用了差不多一小时的时间，这是一项非常艰巨的任务，有相当大的风险，要知道鲸的尾巴可是很厉害的。故事的精彩之处在于，当鲸意识到自己完全自由了，并没有掉头就跑，这头庞然大物在水下绕着大圈，小心地逐一接近潜水员
130 们，蹭蹭他们的身体。詹姆斯·莫斯基托记录下这样一段：

> 我觉得它意识到我们帮它获得了自由，在对我们表达感谢。它待在离我不到半米的地方，轻轻推我，和我玩，看来挺喜欢我，好像狗见到主人那么高兴。 整个过程中我没感觉到任何危险。 真是一次难以置信的经历。

当然我们永远无法得知鲸究竟在对我们说些什么，也没法断定它们是否真的明白了人类的努力，并对我们表达感谢。那么，鲸到底符不符合“协同出现假说”呢？不幸的是（或者可以说是万幸），这些动物确实体形过大，不适于做实验，甚至连最简单的镜子测试也做不了。大象的个头比鲸小，而且生活在陆地上，让它们完成这样的实验已经相当勉强，更别提水中的庞然大物了。

幸运的是，我们遇到了大象“快乐”。

名叫“快乐”的母象

曾经有个大会，主题是“人为何为人”。这个会议还建了个网站，上面放了在美国街头针对这个问题所做的采访的视频。常见答案包括“我们之所以为人，是因为我们相互关心”，还有“我们是唯一对他人感觉敏感的生物”。当然这些都是普通人的答案，可同样的答案也会出自科学家之口。迈克尔·加扎尼加就是这样一位知名神经生物学家，他的一篇关于人类大脑的文章是这样开头的：

> 每当加里森·凯勒说“祝你身体健康，工作顺利，我们保持联络”，我都禁不住面露笑容。就这么一句简单的话，却饱含了人类特有的复杂感情。其他灵长类都没有这种感情。仔细想想就可以体会，人类不愿伤害他人，反而常对他人抱有美好的希望。没人会祝你“这一天糟糕透顶”或者“工作全砸锅”。人类还乐于保持
> 联络，尽管有些时候也没发生什么新鲜事，手机产业正是抓住人的 131
> 这个特点繁盛起来的。

没错，人类常用语言来表达自己的感情，手机被发明出来正是为了满足这种需求，可是我们却没有理由认为感情是人类所特有。难道猿成天打心眼儿里诅咒自己的同伴吗？可这个观点仍被人们普遍接受，支持者不乏那些相信人类大脑漫长演化史的科学家，他们其实都知道，人脑中有些专门负责感情和归属感的区域，起源其实

是相当早的。我可以继续举出许多反例，就怕显得太喋喋不休。我也不想让读者认为我眼中全是动物的美好行为。动物界有许多独裁、竞争、嫉妒和恶毒之举。在灵长类社会，权利和阶级是极为重要的内容，冲突时有发生。然而讽刺的是，最密切的合作恰恰出现在冲突过程中，比如本来旁观的成员两肋插刀，上来帮着打，或者在争斗平息后上前安慰输了的一方。就是说，只有在一些不太和平的情景下，许多善意行为才会显现出来。

虽然这么多证据显示，动物至少在某些情况下确实会“对其他个体抱有善意”，可人一旦聊起“人性”，就会非常默契地对这些事实视而不见，仅仅是因为这些证据不支持我们所设想的结论。如同屋里明明站着大象，只是不太容易驯化，我们就对它视若无睹。人们长大之后，反而会主动压抑小时候的想法，认为动物都没有感觉，不会互相关心。我总也想不明白人们是怎样逐渐放弃这些儿时观点的，这个变化又引发出一则根深蒂固的谬论，即认为我们人类在这个世界上是独一无二的。没错，我们可以说：人类具有人性，可“人性”完全可能先于人演化出来，善意这个东西或许在动物界古已有之。

我甚至懒得继续举例说明动物有共情心，因为在我看来这已经不是一个问题，我所关心的是共情心如何影响行为。我猜在这点上动物和人类没有区别，或许人只是更复杂一些。最关键的是共情心的机制，以及它是如何被调控，如何产生和消失的。我难以抑制地
132 想要去捅捅屋里那头大象，甚至想把它拆开，看它究竟是用什么材料做的。希望自己不要像“盲人摸象”故事里的那6个盲人，而像个真正的科学家，尽量汇集当今的科学知识，揭示生物互相帮助的

秘密。

人们都知道，大象非常喜欢互相帮助，即使相互之间没有亲缘关系。前边提到过盲眼母象跟同伴一起行动的例子，两头母象甚至是从不同的地方来到自然公园的。在野外，一头大象可能主动帮助非亲非故的个体重新站立起来。下边的故事发生在肯尼亚野生动物保护区，主人公是濒死的老母象首领埃莉诺：

> 当埃莉诺被发现的时候，整个鼻子都肿起来了，她把鼻子在地上拖着走了一路。她就那么立了一会儿，慢慢走了几小步，然后重重摔在地上。两分钟后，格蕾丝（是另一象群的母象首领）竖着尾巴快速跑过来，脸上淌着颞腺分泌物。她用象牙去扶埃莉诺。埃莉诺摇摇晃晃站起来。格蕾丝又从后边推她，想让她迈腿往前走。埃莉诺不行了，又朝和刚才相反的方向摔倒在地。格蕾丝焦躁得叫出声来，用长牙继续对埃莉诺连顶带推。

这类故事最吸引我的地方，是大象施予定向帮助时具备两个特点。第一是情绪的调动，我们可以从各种胁迫应激反应看出来，比如大吼、小便、腺体分泌、竖立尾巴，舒展双耳，都是情绪化的标志；第二点更了不起，大象给同伴提供了恰如其分的帮助，比如把重达 3 吨的同类扶起来。我听说过另一个故事，偷猎者的一枚子弹打入年轻母象蒂娜的肺部，美国野生生物学家辛西娅·摩斯亲眼见证了之后发生的事情。蒂娜的膝盖逐渐弯曲，看起来就要站不住 133
了，这时她的家人用身体支撑她，帮她站定。蒂娜最终还是死了，一位成员“跑开，用鼻子卷来一堆草，试图塞到她嘴里去”。

最后的这个细节非常感人，从中我们可以看出同伴的努力——尽管未必产生任何效果。真正有说服力的正是行动意图。在通常情况下，大象不会互相往嘴里喂食物，那这头大象究竟是什么意思，它看不出蒂娜已经死了吗？它怎么知道要把草塞进嘴里，而不是塞到耳朵或者干脆塞进肛门里去呢？这又回到前边提到的对应问题：施予帮助的个体非常清楚食物通常从蒂娜的什么部位被吃进身体里去。人们在公象身上也观察到类似的现象，一头公象死掉了，另一头就从附近的泉水取来水，喷在它的头顶和耳朵上，还试图让死去的同伴喝。这些都是非常独特的行为，我们可以看到，动物会用比较聪明的办法帮助遇到困难的同胞。

数千名观众从电视自然频道上看到过这么一件事，一只刚被收留的象崽滑到一个满是泥巴的洞里，怎么挣扎也出不来。围观的大象急了，发出巨大的嘶鸣和咆哮。母象首领和另一头母象开始解决问题。泥巴把小象深深吸住，一头母象双膝跪着钻到洞里，然后两头合作，把鼻子和象牙插到小象身体下方，并向上举，直到小象摆脱了泥巴的吸力爬出洞来。当人们看到小象的四足落在干燥的土地上，像落水狗似的奋力甩掉身上的泥巴时，都情不自禁地报以热烈的掌声。

这类故事的主角多半是非洲象，亚洲象很不同，两者不仅不是一个物种，甚至都不属于同一个属。然而亚洲象在助人为乐方面，又同非洲象不相上下。下边是约书亚从泰国发来的一封 E-mail：

我目睹了一次令人难忘的目的明确的帮助行为。一头差不多得有 65 岁的老母象在夜间倒下了，当时下着雨，森林里泥乎乎

的，即使相对灵活的人类想要走动一下也有点困难，可以想象老母象身体疲惫，站起来得有多难。 驯象师和志愿者忙活了几小时，试图扶她站起来。 在整个过程中，她的好朋友，45 岁的唛麦一直守在旁边不肯离去，唛麦同老母象没有任何血缘关系。 我说不肯离去是有根据的，因为驯象师曾嫌她碍事，试着用食物把她引开。人们让另一头象支在一边，并奋力推老母象起来，唛麦可能看出这帮人在试图救助自己的好友，也狂躁不安地凑上来用头顶。 她试了一次又一次，每次失败之后都失望地把鼻子狠狠拍在地上，并发出咆哮。 毫无疑问唛麦打定主意要陪在好友身边。 134

几天后，老母象死了。 唛麦小便失禁，大声吼叫。 驯象师想用一只大木笼子把死去的母象装起来，唛麦拦在前边，绝不许木笼接近母象。 在接下来的两天内，唛麦一直在园内不停地走来走去，每隔几分钟就使足了力气大声叫唤，引得其他大象也跟着一起叫。

灵长类之间的相互帮助，人们已经从各种角度进行了很多研究，大象则不然，目前我们掌握的只有一个又一个故事。尽管缺乏系统性的研究，可这些故事来源各异，结论也没有什么出入，因此我非常相信这些动物的厚皮肤并不能阻隔它们对周边情况的敏感。实际上约书亚在泰国所做的项目不光是调研半自由放养的大象如何对抗危险（比如年轻大象遇到蛇之后的反应），还有一个内容，是大象对其他象的回应。唛麦悲凉的叫声让其他个体受感染，也跟着一起叫，便恰恰是情绪传染的一个绝好的例子。这种现象在大象中恐怕比其他生物都更明显，如果一头象受惊，身边的同类会纷纷竖起

135 尾巴，并把两只耳朵平伸开来。在极端情况下，大象还会排便排尿——这是情感极度投入的显著表现。

因此，大象面对镜子会做出什么样的反应，成为我们非常感兴趣的问题。还记得前边提到过的对海豚做镜子实验的戴安娜·瑞斯吗？我们同她合作，想看看这个实验在大象身上能得到什么样的结果。想象起来难度还可以，直到我们意识到需要找一面什么样的镜子来满足实验的需求。我们肯定知道要找一面特别大的镜子，至少比之前大象没通过胭脂测试的那次实验中用的要大。看看前边那个实验的记录，不难发现几个问题。首先镜子个头太小了，比大象还小；其次，在那个实验中镜子放在离大象几米开外的地上，即使眼睛好(何况大象视力不佳)，注意力也全会集中在镜子里那头大象的脚上；最后，镜子是被安置在笼外的，同大象之间隔着栏杆，大象根本没法闻或者碰到镜子，更不能绕到镜子后边一探究竟，实际上许多动物在开始调戏镜子里的影像前，都会先到镜子后边看看。总而言之，当初那个实验的实验设计就有缺陷，使得动物根本没法随心所欲地去探索这个奇妙玩具的妙用。

这次纽约布朗克斯动物园给了我们相当大的帮助，他们给我们提供的镜子，我们只能用“巨型镜”来形容。这块镜子是塑料做的，有2.4米×2.4米那么大，外边黏了金属框架，还有一个坚硬的挡板，这样在不用的时候就可以把镜子蒙上，因为在不摄像的时候，我们并不希望大象看到镜子。镜子中央装了一个微型摄像头，这样我们想要观察的所有东西就都可以从最近的距离被记录下来。最重要的一点是，这面镜子经过了“防象”处理，大象可以随便闻它碰它，也可以到后边去看，尽管我们觉得它们或许不会有这么热切的反应。

实验开始了，镜子贴在一面墙上，玛克辛朝镜子走去，把长鼻子搭在镜子上方，然后开始贴着镜子往上够，用后腿支撑身体，想要看到墙后边去。我们知道大象通常不会企图爬墙，有几十年工作经验的饲养员都是头一次见到大象有这种反应。幸好墙能承载几吨
的压力，否则我们的实验这时候就该结束了，大家估计能看到我们 136
在纽约大街上狂追玛克辛！

试着爬了一会儿，玛克辛采取了一个绝对罕见的姿势，她前腿“膝关节”弯曲，身体拼命往下压，屁股和后腿撅得老高，想把鼻子伸到镜子下边去。看来她对镜子有着极其强烈的求知欲。然而，玛克辛从始至终也没有把镜子里的影像误认为是另一个同伴。这个现象非常奇特，因为不管是猿类还是小孩，在最初看到镜子的时候都会产生这样的误会。或许气味对于大象来说是非常重要的信息，对它们来说，或许看到象，却闻不到象味，是很离谱的一件事。

同猿类一样，大象也开始用镜子检查自己身上那些平日看不到的部位。它们对着镜子张大嘴巴，把鼻子伸进去捅。一头母象还用长鼻子把耳朵扒拉到前边来看。它们以奇怪的姿势晃来晃去，或者不停地走进再走出镜子的视野，好像在反复检查镜子里影像的运动是不是和自己的运动相符合。这种行为被称作“自我关联测验”，也是猿类的一种典型行为。这正是我们所等待的，它表明动物对镜子里看到的影像是有意识的。

借鉴了戴安娜对海豚使用的方法，我们也准备对大象进行类似的对照试验。一个颜料公司给我们提供了两种颜料，其中之一是白色的，另一种只比前者少了一种没有味道的组分，整个颜料就变成

大象走向镜子，前额上有一“×”标记

了无色透明的了。我们在大象双眼上方分别画了一个大大的“×”，右边用白色颜料，左边是无色的。

“快乐”是一头32岁的母亚洲象，它的一切行为都显示，它确实领会了镜像同自身的对应关系。“快乐”先径直走到镜子跟前，停留大约10秒就走开了。看到这里，大家都很失望。但7分钟之后，快乐又回到镜前，脸上的标记完好如
137 初。快乐反复走进走出镜子的视野，然后又掉头走开。这一次，她边走边开始碰脸上的记号。一会儿她又回来，在镜前立定站好，反复端详，用长鼻子探那个记号。我们的视频记录显示，快乐用鼻子在白色记号这边摩擦了不下十几遍，对无色记号那边碰也没碰。

同海豚相比，用大象做实验的好处在于它们可以碰到自己的身体。无须搞特殊化，按照同猿和儿童一样的标准，母象快乐在胭脂测试中胜出。我们接着测了包括玛克辛在内的另外两头象，遗憾的是没有观察到同样的现象。这并不令人意外，因为即使是最常参与测试的黑猩猩，通过胭脂测试的概率也远远达不到百分之百，有时甚至连一半也达不到。

快乐有节奏地顺着白叉的方向摆动鼻子，如果没有镜子的引导，她不可能知道这个叉的存在，鼻子逐渐靠近记号，最后可以小

心而准确地碰到它。整个过程非常值得一看。我们高兴坏了，这可是头一次发现大象和人类、海豚以及猿类一样，都具有从镜子里认出自己的能力。

对于媒体来说，我们这项科研结果来得正是时候。那是 2006 年，美国共和党刚在中期选举中溃败。众所周知他们引以为豪的象征物正是大象。报纸迫不及待地登出漫画，画面上一头受伤后被包扎起来的大象坐在镜前，垂头丧气地盯着镜中的自己。一篇美联社文章被广为转载，它的导语最好玩：“如果你是快乐你就拍拍头。” 138

这样看来，大象同样符合“协同出现假说”。我们显然还需要更好地理解大象共情心的水平，但首先要让更多的大象参与胭脂测试。目前我认为我们所提供的证据还是非常有希望的。如今科学家也可以利用新方法，从大脑研究中获得证据。人们已经发现，所有能从镜子里认出自己的哺乳动物，在大脑中都有一类独特的神经细胞。

大约 10 年前，一些神经生物学家发现，一种所谓“Von Economo neurons”的神经元是人科动物(包括人类和猿类)大脑所独有的，这种细胞也被简称为 VEN。仅从形态上来看，VEN 同普通神经元就存在区别，它们呈长长的纺锤形，伸入大脑深处，很容易起到联系大脑不同区域的作用。约翰·奥尔曼是这组科学家中的一员，他认为 VEN 细胞是大脑体积发展之后的一种适应策略，因为大脑发展到这个水平正需要建立这样的联系。科学家曾对多种灵长类动物的大脑进行解剖，只在人类及最近缘的猿类大脑中发现了这种细胞，连关系稍远一点的猴子都没有。在人类大脑中，这种细胞最为发达，体积大，个数也多，而且它们大多分布在那些掌管“人性化"行为的脑区。这些脑区的损伤会导致特殊的"痴呆"，比如，人会失去换位思考的能力，丧失共情心，没有羞耻感和幽默感，丧失对未来的设想和规划。最为重要的是，这些病人会变得没有自我意识。

换句话说，如果人没有了 VEN 细胞，他们基本上就失去了"协同出现假说"里提到的所有能力。目前，我们还不确知 VEN 细胞是不是同这些能力有着直接的因果联系，但至少它们对这些能力所需要的大脑回路起到了巩固作用。如果 VEN 细胞真的对划分人类、猿类同其他动物的界限起到了这么重要的作用，那么随之而来的问题便是，VEN 细胞的存在对这些功能来说是不是必需的呢？其他动物，比如海豚和大象，是否可能在没有 VEN 细胞的情况下具有上述能力呢？

现在看来，对这个问题我们也无须担心了，因为奥尔曼的研究组最新发现，VEN 细胞并不是人类和猿类所特有。这些神经元也
139 存在于并且只存在于哺乳动物的另外两个分支，这两支恰恰是鲸类（海豚和鲸）和大象。

在自己的小泡泡里

"协同出现假说"是个较为自洽的假说，它将个体发生学、系统发育学，以及神经生物学的知识都联系在一起。这个理论并没有将人类同其他物种区别对待，尽管我们确实把各种特点表现得淋漓尽致，比如人看似更有共情心，大脑中有更多 VEN 细胞，自我意识

也比其他动物都强。在许多方面我们都超越其他任何动物，比如我们对自己的外表非常在意，并且表现出明确的喜好：有些人不喜欢自己的外表，还有人喜欢。我们懂得要刮去乱七八糟的多余毛发，还会梳理头发。我们每天对着镜子端详摆弄自己，不仅从镜子里认出自己，而且在意自己的形象。当然这些特点并不是动物界绝无仅有的（某德国动物园里的一只猩猩有个奇妙的习惯，每次照镜子前，都会先把菜叶装点在头顶上），但毫无疑问，人类绝对是这个星球上最自恋的生物。

人类属于头脑精英一族，在精神世界层面，比其他大多数动物更丰富。人能准确评估自己在世界中的位置，对身边其他生物也有很好的把握。但不管关于人类的描述看起来有多完善，我们天生就对任何明确的分界线抱有怀疑态度。比如，我一直质疑人和其他猿类间存在明确的智力分界线，我也不承认猴子和狗完全不具有前边我们讨论过的种种能力。我实在没法相信，换位思考的本领和自我意识就是在几个物种中突然一下演化出来，而没有其他任何动物作为铺垫。

让我们先来看看区别。20 世纪 90 年代初，我和同事菲利波·奥雷利决定研究猴子的安抚行为，看它们在发生争斗后会不会像猿一样安慰挫败的那方。我俩都各自观察过很多种动物发生激烈冲突，加起来不下上百次，我们现在的实验设计同当初那些研究相仿。简而言之就是等待，一旦这群灵长动物中出现打斗，就开始记录。利用这种方法，我们曾明确证明猿类的安抚行为真实存在，因此，如果猴群在争斗之后也有安抚现象，这种跟踪记录法应该同样 140
好使。到那时，我们就没理由质疑猴群发生冲突后也会有同样的表现。

结果一无所获，这大大出乎我们的意料！我们所观察的猴子最终都会言归于好，可安抚行为却从没发生。这怎么可能呢？事实上，猴子的表现令人震惊，有一次，我们看到一只被打败的猴子独自蜷缩在角落，即使是它的家人也没有表露任何担心。经过一段时间的失败经验，意大利科学家加百利·斯奇诺琢磨，如果猴子有互相安抚的行为，那最有可能发生在母亲和最小的孩子之间，因为在猴群所有个体间，这两个角色的关系最为紧密。斯奇诺观察了罗马动物园猴山上的恒河猴，结果令人丧气。母恒河猴对遭到攻击或挨了打的幼崽漠不关心，绝不会主动上前安慰它们。这个结论出人意料，因为如果看到恒河猴的幼崽挨打，妈妈确实会挺身而出，其表现与上边所描述的冷漠态度截然相反。那幼崽呢？它们若受了欺负总会往妈妈那里跑，挤在妈妈身边，还可怜巴巴地嘬着妈妈的奶头，希望通过这样的接触获得一些心理上的安慰。不过，去妈妈那里寻求爱抚终归是另一回事，它们根本不能指望妈妈主动过来安慰它们。

猴子缺乏共情心，在其他事件中也有所体现。一次，一些人在博茨瓦纳奥卡万戈三角洲看到成年狒狒对不敢蹚水过河的小狒狒视而不见，特别气愤。那些小狒狒惊恐万状地立在水边，这时它们很可能遭遇捕食者的突袭。它们的妈妈明明看到了，竟不回来接它们，只是顾自往前走。但这种现象并不能说明母狒狒对小狒狒漠不关心，请看下边这段：

小狒狒狂躁的叫声引起了母狒狒的注意，可它好像并没有领会

小狒狒究竟是被什么惹毛的，它似乎认为如果自己过得了河，那其他狒狒应该也可以过去，根本不会换位思考。

还有一个气人的例子。这件事发生在一次大洪水之后，狒狒不 141
得不从一个岛游到另一个岛。一天，所有成年狒狒都游到另一个岛上去了。小狒狒们被统统丢下，它们惊恐万状，在树上抱作一团，哇啦乱叫。跟随成年狒狒行踪的野外工作人员可以听到远处传来小狒狒们的呼叫，成年狒狒也并不是完全充耳不闻，它们偶尔也会朝小狒狒的方向望望，却从始至终没有发出任何回应的叫声。小狒狒们最终还是自力更生，游过来和大部队会师。

在上述故事中，我们可以看出猴子的情绪的确会受外界的影响，但却无论如何也做不到换位思考。这也是其他动物和人类小孩子的缺陷，有时表现得让人哭笑不得。我家有一只黑白花纹的公猫，我们叫它鲁克(Loeke)。鲁克特别怕生，尤其是长着大脚的彪悍男人。我猜在被我们收养之前，它一定受过特别严重的心理创伤。一旦外人进来，它就落荒而逃，以迅雷不及掩耳之势窜上楼，找个被罩钻进去。有时候它能在里边藏上个把小时——它以为它藏起来了。实际上一目了然，因为被子上冒起个大鼓包，不过，我打赌它自己是不晓得的，它看不到我们，必定以为我们也看不到它——真是掩耳盗铃。如果我们对它说话，它甚至会轻轻哼哼。我们送走来访者，一关上门就开始计时，看鲁克多长时间能从被罩里现身。通常只要不到20秒。

不会换位思考有时会招致悲惨的结果，上边狒狒的故事就是一例。有一次我去参观一个日本猕猴园，管理员告诉我，他得时刻警惕第一次做妈妈的母猴跑到温泉里泡澡，因为稍不留神就可能溺死自己的孩子。很显然，年轻的妈妈对扒在自己腹部的小宝宝没有准确的认知，或许它们认为只要自己的头在水面之上，小宝宝就一定没事。我也见过人工饲养的猴子在转轮上玩危险的杂要，它根本没注意到小猴子也在上边玩呢，结果小家伙为了保命只得死死扒住轮
142 辋。还有一只折了胳膊的雌性小恒河猴，耷拉着胳膊可怜巴巴跟着妈妈，可是妈妈连步子也没放慢一点。

我认识的一只黑猩猩妈妈则有截然不同的觉悟。她的孩子是雄性，不幸弄折了手腕，黑猩猩妈妈尽量调整自己的节奏来配合孩子。而且尽管小黑猩猩在好几年前就断奶了，妈妈还允许它叼自己的奶头。胳膊痊愈前的这段时间，它一直享受特殊待遇，优先级甚至超过弟弟妹妹。在没有明显创伤的情况下，还能意识到其他个体身体上的不适，这需要去体会对方究竟遇到了什么困难。猿类毋庸置疑有这样的本事，海豚和大象也有。大象帮助人类的例子不是随便能碰到，乔伊斯·普尔为我们提供了一例：一头母象首领攻击了一个放骆驼的人，把他的腿给弄折了。过了一会儿，这头大象自己回来了，用鼻子和前腿把他挪到树荫下，然后站在一边保护他。母象时不时用鼻子碰碰这人，还赶走了一群野牛，它一直看着这个人，陪在旁边一天一夜。救援队第二天赶来，它竟不许他们把人带走。

相反，猴子对其他个体的身体缺陷漠然置之，也无法领会同伴的伤痛或损失。安妮·恩格做过一个很典型的实验，她选取曾亲眼看到亲人被豹子、狮子或鬣狗衔走的狒狒，测量这些个体的压力水平。天敌的捕食是导致猴子死亡的最重要因素，所以恩格

很容易搜集到大量样本。她的某些研究对象甚至亲耳听过亲人的骨头在猛兽的牙齿下嘎吱作响。恩格从它们的粪便中提取皮质酮（一种压力激素），通过这种方法间接测量压力水平，不难想象，幸存者承受了超常的压力。她还发现，失去亲人的狒狒比一般狒狒更爱给同伴梳理毛发，恐怕它们期望用这种方式建立新的亲密关系，尽快弥补心里的空缺。她记录过这样一只雌性狒狒的行为："西尔维亚强烈地渴望从群体中获得亲密关系，甚至开始主动给地位比自己低得多的雌性理毛，这完全不是它这种身份的猴子应该做的事。"

恩格由此认为，狒狒和人一样，也要依赖和睦的个体间关系来缓解压力。因此两个物种之间有相似性。不过也能看出明显的不
同。狒狒从不会为那些失去亲朋好友的个体改变自己的行为，人类 143
则不然。我们把他人的丧亲之痛看在眼里、记在心上，很多年之后还记得。黑猩猩看起来也挺敏感，一次，一只母黑猩猩的女儿被送到另一个基地去了，结果群体里的其他黑猩猩在接下来的那个星期里纷纷给失去女儿的黑猩猩妈妈理毛，试图用身体动作来安抚它，那景象让所有人叹为观止。黑猩猩真的会安慰同伴，而它们所采取的方法也同人类相通，相反，失去亲人的狒狒只能自己舔伤口。虽然狒狒同人类、黑猩猩一样，也有这方面心理上的需求，却没法指望其他狒狒来安慰自己。怪不得最初开始研究狒狒的人这样形容它们的生活状态——"在日复一日的焦虑中过活"。

猴子对同伴的敏感度有限，看起来起限制作用的主要是认知，而非情绪。因为猴子并不是感觉不到其他个体的紧张情绪，而是搞不懂究竟是什么让同伴这么痛苦。它们缺乏分析全局的能力，也就看

不出同伴到底想要什么。可以说，每只猴子都生活在自己的小泡泡里。

被染成黄色的雪

首先关注，然后看到例外，科学常常是这样进展的。“协同出现假说”也必然有例外。

共情心本就专属于人类和猿类这一演化分支，不过，猴子有时也具有相当的理解力，表现出比较明确的共情心。虽少见，属于例外，但也能反映出它们对局面的模糊理解。有人养了一只驯化的卷尾猴，他告诉我说，一次一位女士亲手给这只猴子递葡萄，结果被它咬了一口。这一口不是非常严重，没见血，可女士看起来很疼，一下子把葡萄掉在地上。猴子见到，立即温柔地伸出双臂抱住她的脖子。在这种情况下，猴子忽略了掉在地上的葡萄，却对女士的遭遇做出了正确的反应。在场的人一致认为，这只猴子的行为同人类安慰他人并无二致。我们养的卷尾猴也有过类似行为，只不过我们
144 用一些非常严格的标准来定义灵长类动物的安抚行为，这些猴子还没达到标准。

如果你观察怀孕的卷尾猴，会发现更多例子。母猴怀孕到了后期，就不愿再下到地面去，而喜欢成天蹲在平台上，对它们来说高处更安全。可盛蔬菜水果的大盘子总是放在地上供猴群食用。我们通过观察发现，怀孕母猴最亲密的朋友和家人会把好吃的衔在嘴里或抓在手里（有时候也用尾巴卷住），爬到孕妇那里，把吃的摊在它面前，然后大家围在一起高高兴兴地享用。

还有一个故事，虽是几十年的旧事，仍令我印象深刻。那是我从一张照片中看到的，拍摄者是德高望重的瑞士科学家汉斯·库默。他拍的是自己的研究对象阿拉伯狒狒，其中年轻的一只利用另一只成年狒狒的后背爬下一块大石头，库默在照片边上加了一行注解：“一只一岁大的小狒狒想从大石头上爬下来，试了半天，徒劳无功，就开始尖叫。它的妈妈终于跑回来，让它把自己的后背当台阶。”我的问题是，这类帮助能否不依赖于妈妈对小狒狒需求的体察。

狒狒妈妈把自己的后背当台阶

印度灵长类生物学家阿尼德亚·辛哈也曾在野生帽猴中观察到相似的现象。每次都是年幼的猴子想爬上或跳上栏杆，左试右试一直不成功。他观察到三次这样的情景，每次是不同的小猴子。有一次一只成年雄猴在一边看了半天，实在看不下去，伸出胳膊把小猴拽了上去。只有这次，小猴的叫声吸引了雄猴的注意力；另外两次，边上的雄猴都充耳不闻。在三次观察中，雄猴分别是各自群中 145
的阿尔法雄性。

芭芭拉·斯马茨也注意到，成年雄性狒狒有时会温柔地在紧张的小狒狒耳边哼哼，让它们安定下来。这非常有趣，表示它们除了动作，也会用声音进行安抚。不仅如此，斯马茨还发现，就像上边提到的猴子一样，这些雄狒狒似乎猜透了小狒狒的意图。一次，一只名叫阿喀琉斯的雄狒狒尽情享受妈妈爱抚的理毛，同时看面前一只雌性小狒狒试图爬到一堆沙子顶上去。眼看就要爬到顶了，小狒狒却一头栽下来，一溜烟滚到沙堆底部。阿喀琉斯当即跑到它身边，哼哼地“安慰”它。

当恶劣局势得到控制，狒狒也会发出声音表达它们的放松，好像人大大地松了口气，从这里可以看出它们领会了其他个体所遭遇的状况。罗伯特·萨波斯基以他惯用的风趣口吻描述了一只笨蛋狒狒妈妈，她的小孩儿常常被迫扒在她的尾巴上：

一天，它用那种危险的姿势带着小狒狒从一支树杈蹦到另一支，小狒狒一下没抓住，从 3 米高的空中跌到地上。旁观的灵长类动物包括我和另外 5 只雌性狒狒，我们全都倒抽了一口气。我们这帮旁观的灵长类动物做出一致的反应，体现了我们之间存在紧密的亲缘关系，说明我们很可能利用完全相同的突触来对观察到的东西做出分析和回应。之后是一片寂静，所有目光都聚焦在地上的小狒狒身上。过了一小会儿，它恢复精神爬起来，抬头看看它的妈妈，然后跟着旁边几个狒狒小朋友蹦蹦跳跳地跑开了。这时，我们这些旁观者又一致地发出放松的声音。

上边的现象说明，狒狒不仅能对外露的紧张情绪做出反应，比如通过叫声和面部表情，而且摔到地上的小狒狒是不是能再爬起来，小狒狒是不是还能找到妈妈，这都是其他狒狒所关注的问题。

说到这儿就不能不提一只奇特的母狒狒，名叫阿拉(Ahla)，它 146
的主人是个牧羊人。阿拉对羊群里所有母子关系了然于心。有时羊妈妈和孩子被分别关在两个羊圈，一旦小羊找不到妈妈开始咩咩叫，就到了阿拉大显身手的时候。它会径直走到小羊跟前，一把抄起来夹在自己胳肢窝底下，扛到羊妈妈所在的羊圈，丢在它脚下让它来安慰小羊。阿拉给母子配对的行动从来没有失手过，这种技能明显需要阿拉知道亲子关系究竟是什么，没准还不够。如果阿拉对小羊为什么咩咩叫一无所知，恐怕牧羊人根本不会徒劳地训练狒狒去完成这样的工作。事实上，用“热心”来形容阿拉还不够，它简直是乐此不疲地帮小动物找妈妈。

当然，我们得小心，不能把观察到的现象过分解读，可在上边的例子中，猴子千真万确表现出了一定的换位思考能力。它们并不是时刻都能做到善解人意，或者说只在很有限的情况下才会如此，这可以解释为什么许多关于帮助和安抚行为的系统研究总是得不到任何结果——这种灵长类动物不是完全没有这方面的行为，可惜太偶然了。

只有一种自发行为稍微普遍一点，或许值得研究，就是所谓的“搭桥行为”。一些南美的灵长类长了特别易于抓握的尾巴，它们就利用自己的尾巴，在大树间为年纪大一些的孩子搭起“人肉桥梁”(特别小的孩子只要在旅途中扒在妈妈身上就万事大吉了)。在树冠间前进的时候，妈妈用尾巴钩住一棵树的枝丫，再用手抓住另一棵树的树枝，待孩子从自己身上爬过去，才放手继续走。林间地表危机四伏，猴子只好积极利用高空领土，这么一来，要想让所有成员跟上队伍，母猴为小猴搭桥就成了必要的。这种每天都在进行的帮助行为非常神奇，需要母猴仔细观察，这其中便体现了猴子能把其他个体的能力理解到什么程度。我在丛林里追踪卷尾猴的行迹这么长时间，搭桥动作还没有观察到一例，不过这是因为卷尾猴都是跳远能手，不需要搭桥，而在吼猴和蜘蛛猿等大块头的灵长类动物中就可以见到，它们有时甚至给毫无血缘关系的年幼个体提供行动的便利。人们也知道，雌性会调整自己的行为，去适应种种新情况，比如，当幼崽摔折了胳膊，或者当它们在树木稀少的林地中前进，母猴都不会任其自生自灭。

147 年幼的猴子有时也会主动通过叫声恳求妈妈的帮助，不过母猴往往还是会主动提供搭桥帮助。它凭自己的眼力来判断多远的距离是孩子没法逾越的，判断的结果当然随着孩子的长大而不同。这为检验猴子的换位思考能力提供了天然的实验条件，因为猩猩也有与此类似的行为，后者不用尾巴，它们拽着小树枝在树间荡，直到抓住对面的小树枝，这时候它们就把两个小树枝扳在一起，搭出了一座桥，小猩猩就能攀援而过了。那么，猩猩对后代需求的理解是不是比南美的猴子更深入呢？我觉得这么推断是合理的，不过只是猜测而已，还需要其他科学家来进行检验。

目前，我们仍然认为猴子和猿类的共情心是有区别的，但绝对不像人们从前想象的那样有天壤之别。那么，“协同出现假说”的其他假设又如何呢。首先，对镜子的理解，猴子和猿类有所不同。人们也曾尝试了各种方法，把点了胭脂的猴子按在镜子前边做胭脂测试，可还没有一只猴子能通过测试。有时我们听说有的猴子似乎通过了，不过实验结果都经不起考验，所以人们暂时还是普遍认为猴子不能通过胭脂测试。这并不意味着猴子对镜子完全不知所以然，也不能说猴子完全没有自我意识。所有动物都必然有一定的自我意识，猴子当然不例外。每个动物都必须能将自己的身体同周围环境区别开来，还要能意识到自己对身体有掌控力。假设你是一只猴子，此刻正站在高树上想往下面的树枝上跳，如果你对那根树枝将对你的着陆做出什么样的反应毫无预料，那就糟糕了。如果你正和同伴闹着玩，却突然朝自己的脚咬上一口，也不是什么好事。猴子从来不会犯这样的错误，它们总能准确地咬到对方的脚。自我意识是任何一只动物采取任何行为所必需的。

美国科罗拉多大学博尔德分校的马克·贝科夫(Marc Bekoff)教授开展过一项研究，主题就非常有趣——“替换黄色雪的故事”。贝科夫测试了他的狗杰斯罗(Jethro)对屋外一片染成黄色的雪做出的反应。他先趁杰斯罗不注意，用戴了手套的手捡起另一只狗刚刚尿湿的一坨雪，然后把雪放到杰斯罗易于发现的自行车道旁边，看杰斯罗是不是能区别自己和其他狗做的记号。贝科夫的这项实验在外
人看来滑稽至极。结果也显示，狗当然能做出正确的区分，对自己 148
尿湿的雪地就不重新“标记”，而对其他狗留下的记号，就用自己的尿液加以覆盖。看来在不同的动物中，自我意识是用不同方式来体现的。

回到镜子的问题，实际上这里的情形远不像我们想象的那么绝对。比如，猴子能利用镜子确定食物的方位。如果你把食物藏在一个角落里，只有通过镜子才能看到，在这种情况下猴子能凭借镜子里看到的影像准确地把吃的掏出来。许多狗也可以做到这一点：如果你在它们身后举起一块饼干，它们能通过面前的镜子看到你，这时它们会迅速转身找你。可尽管狗对镜子的基本原理能理解到这种

程度，如果你偷偷地在它们身上或者在猴子身上做记号，你会发现这些动物完全无动于衷。这种情况下它们就没法领会自己看到的身体和“自我”之间的关系。

另一方面，我们通常都说，猴子认为在镜子里看到的是另一个个体，这种说法还是值得商榷。为了检验这种说法，我们做了一个小实验，这个实验以前竟没人想到过。我们想看看猴子对镜子里自己的影像和其他个体的影像，会分别做出什么样的反应。我们在卷尾猴面前放上树脂玻璃做的透明板子，或者放上一面镜子。在透明板子的情况下，对面坐上另一只熟悉的猴子或同种陌生猴子，镜子里就是看到自己。你猜这只卷尾猴能看出三者的差别吗？

结果，猴子对自身影像的反应和对其他猴子完全不同，做出判断只在几秒之间，根本不需要细细琢磨就能分清两者的区别。显然，不同种类的动物对镜子的理解程度也不同，至少我们的实验对象绝不会把自己的影像同另一只猴子搞混。它们对另一只猴子连正眼都不瞧，反而把后背转向它，可一看到自己在镜子里的影像，则长久地同它对视，看来对见到自己感到非常激动。有些受试的猴子带着自己的幼崽，因为我们从来不会主动把母亲和孩子分开，所以这些幼崽在母亲接受测试的时候也同时观看。在我看来整个实验中最具有说服力的发现是，如果对面坐着一只陌生的猴子，母猴则把孩子紧紧地抱在怀里，不让它到处跑，而如果在对面放上镜子，猴
149 子妈妈则放心地让小猴子到一边去玩。通常情况下，猴子妈妈对潜在的危险非常警觉，所以这个现象有力地说明，对它们来说，镜子里的影像并不是陌生者。

所以，不管是共情心还是自我意识，动物间的区别是存在的，

只不过不像我们最初想象的那么明确罢了。一条理论的发展总是这样：我们首先要界定一条明确的界限，比如人类同猿类是截然不同的两个物种，猿类同猴子又不一样。可最终我们又会发现，呈现在面前的是一些沙子堆砌的城堡，一旦知识的浪花在上边抚过，城堡就失去了原本清晰的结构框架，逐渐变成一些高高低低的沙堆，最终，连高低起伏也不复存在，这时我们就回到了研究生物演化经常见到的状态：一片高低渐进变化的海滩。我相信，“协同出现假说”有助于我们看清这片海滩的倾斜程度，但没准将来我们也会发现这只是一个暂时性的假说而已。目前，研究结果层出不穷，都说明动物具有一定的换位思考能力，会互相安慰，也能在镜子里认出自己，这些研究不仅局限在猴子，还扩展到了大脑较大的鸟类和犬科动物。不难感觉到，大浪正在不断地抚平沙子城堡。

就拿喜鹊来说，最近一项研究把以往用在海豚和大象身上的胭脂测试方法用在喜鹊身上，结果显示它们能认出自己。现在我得提醒你，喜鹊可不是一般的鸟，它和乌鸦、渡鸦、松鸦等同属于鸦科的动物，这一科的鸟都有很大的脑容量。如果把一张贴纸黏在脖子上，再让它们照镜子，它们就试图把贴纸扒拉下去。这些喜鹊会用爪子不停地抓那张纸，直到把它搞掉；而如果这张贴纸是黑色的，喜鹊则会任由它黏在那里，恐怕因为鸟类视力有限，衬着黑色的羽毛，就看不到黑色贴纸了。那怎么证明镜子起到了效果呢？同样在喜鹊的脖子上贴纸，如果它的前面没有镜子，它们就对纸置之不理。德国科学家赫尔穆特·普莱尔和他的工作人员拍摄的这段录像非常有说服力。我是同许多鸦科专家一起看这段录像的，可以感觉，在座的各位对他们所钟爱的这种鸟儿有多么的自豪。

想想喜鹊在公众之中的口碑，再来看这段实验，就会觉得格外有趣。小时候，我就知道不能把亮闪闪的小物体随便放在外边，因
150 为这些聒噪鸟儿的嘴闲不住，只要是能叼起来的东西，它们都会一概偷走。这种说法流传之广，罗西尼甚至以此为题材创作了一个名为 *La Gazza Ladra* 的歌剧(《偷东西的喜鹊》)。如今人们更多地从生态平衡的角度出发，把喜鹊看作危险的强盗，因为它们时常去侵占无辜小鸟的巢穴。不管是哪种说法，喜鹊都毫无争议地被人斥作土匪之流。

但与此同时，没有任何人会忽视喜鹊的聪明才智。我感兴趣的最大问题是，喜鹊能从镜子里识别自己，这个结论究竟是支持还是驳斥了“协同出现假说”呢？我认为目前观察到的现象是支持假说的。对于一种盗取其他鸟儿的巢穴，还偷人东西的鸟儿来说，换位思考的本领太重要了……这种能力在它们自己种群内部或许更为重要。喜鹊喜欢藏匿食物，而且和松鸦一样，惯于从同类那里偷吃的。想要不沦为偷盗目标，必须先警惕自己别被盯上了，如果另一只鸟看见你把吃的藏哪儿了，那吃的绝对保不住。加州大学戴维斯分校的英国科学家尼基·克莱顿曾研究过这个问题，他在午饭时间对灌丛鸦进行了观察。克莱顿注意到，围绕午饭时间产生的残羹剩饭存在激烈的竞争，灌丛鸦们各自拿取，然后分头藏起来。有些灌丛鸦的招数比同伴更胜一筹：等竞争对手全撤了，它们会回来把自己藏的东西挖出来，换个地方重新埋好。

剑桥大学的内森·艾莫瑞对此做了一些后续研究，得到非常有趣的结论——“你自己必须首先是个贼，才能理解贼的想法和做法”。松鸦显然是从自己的经验出发，判断出其他松鸦心里打的什

么小算盘，因此，那些偷过其他松鸦藏匿的食物的松鸦，就会对自己的食物格外防范。这个过程本身也需要动物能把自己同他者分辨开。作为“终极鸟贼”，猜测其他个体的意图成了喜鹊的职业需要。于是，自我意识可能恰恰成就了它们的犯罪生涯。

至少这些观点为“偷东西的喜鹊”提供了新解，我们就更能理解这种动物为什么偏执于反光的小东西。

会指东西的灵长类动物 151

黑猩猩尼奇(Nikkie)曾让我见识了它操纵别人注意力的本领。当时我在公园工作，没事的时候常把野生浆果扔到深沟那一侧给它吃，它对此习以为常。一天，我忙着收集数据，身后就是挂满果子的灌木，可我却把扔果子的事儿忘了。尼奇可没忘。它正对我坐着，用一双红褐色的眼睛死死盯着我，一看我注意它了，就猛地扭头，紧盯我左肩上方的某个地方，然后再看我，再重复刚才的扭头动作。和黑猩猩相比，我或许比较迟钝，可到了第二次，就实在无法忽略了，我扭过头看尼奇究竟在看什么——原来是

人类习惯用手来指示、 指点

野果子啊。尼奇就这样机智地向我传达了它的需求，没发出一点声响，也没用任何手势。

这是一次非常简单的交流，却有深远的意义，因为大量研究都认为，指向一个特定目标的能力同语言能力有关，这实际上是把不具有语言能力的动物统统排除在讨论之外了。指东西的文绉绉的说法是“指示动作”，它是这样定义的：为另一个个体在空间中定位一个物体，从而让另一个个体的注意力集中到这个够不到的物体上。因此，除非你意识到另一个个体没有看到这个东西，否则根本没必要把它指出来，这就要求动作发出者明白，不是所有人都能接收到同样多的信息。这又是一个换位思考的例子。

可以想象，科学界给指示动作赋予了非常多的科学含义。有的研究人员关注这个典型动作本身，包括伸直手臂，用食指定位等细节，也有人把它和符号交流联系起来，不难想象这样一幅图景，人类的祖先徜徉在辽阔的热带稀树大草原上，他们抬手指向一个物
152 体，然后开始命名：“嘿，瞅见那大个儿了吗，叫它斑马怎么样；你肚子上这个窟窿眼儿，叫肚脐眼儿吧。”因此，我们的前辈恐怕是先学会指向一个物体，再发明出语言。因此，有些人类近缘种不会说话，却会指向远处的物体，就没什么值得大惊小怪的了。

我们先要跳出愚蠢的西方文化的框框，谁说一定需要伸直胳膊和用手指呢？连人类自己也未必非要借助手把一个东西指给另一个人看。实际上在世界许多地方，用手指示被视为禁忌。2006 年，一个著名健康组织发出倡议，建议美国生意人出门在外尽量不要用手指指点点，因为在许多文化中，伸出手指被视为一种失礼的行为。例如，美洲土著指向物体的方法是撅嘴、扭动下巴、点头，或者动

用膝盖、脚和肩膀等身体部位。我甚至听内行讲过一个笑话，说一个白人从印第安人手里买了一条猎狗，过不多久又把它带到印第安人那里重新训练，因为这条狗对我们所用的肢体动作不理解，只把撅嘴当指令。

你可能也经历过这样的场景，在聚会上，有时你需要提醒同伴，讨厌的王老五进屋了，正朝这边走呢。你可不能傻乎乎地直接指那个人，更不能大声说出你的看法，尽管这些才是人类最自然的反应。你或许会冲同伴抬抬眉毛，朝王老五的方向略微点头，或许还会使劲闭嘴，提醒同伴停止话题，别把什么说漏了。

因此，在定义“指向”的时候，我们应该把思路放宽。有一种纯种狗就叫指示猎犬，经过训练，它能在发现鹌鹑老巢之后以某种姿势定住不动。猴子在争斗中也会用整个身体和头部召唤同伴来帮忙。如果猴子甲恐吓猴子乙，猴子乙会跑到经常替它出头的猴子丙那里，一屁股坐在丙旁边，冲甲点头并呼呼叫着恐吓回去。猴子乙不断重复这套狐假虎威的动作，好像在向丙告状：“你管管它啊，它欺负我！”再比如恒河猴，进攻的那只往往抬起下巴瞪着对方，间或明显地给和自己统一战线的同志使眼色。狒狒也经常这么干，它们的动作夸张些，要确保自己的同盟看清敌人在哪儿，田野工作者 153
特地给这套动作起了个名字，叫“用头打旗语”。

埃米尔·门泽尔做过一个经典实验，研究的是信息推断：群体里只有一只黑猩猩知道某处藏着食物或危险的东西，然而不知情的黑猩猩能通过对第一只黑猩猩肢体语言的观察，迅速做出判断，不仅知道藏匿的是毒蛇还是美酒，还能大概知道它的位置。门泽尔认为，肢体语言的导向具有很高的准确性，尤其是当观察者位于树上或其他居高临下的位置，因此他认为“和四足行走的动物相比，以人为代表的双足直立行走动物的肢体语言反而不那么准确，因此他们需要通过其他途径来弥补自己的不足，准确指明方向”。

什么能算“有目的的指向”呢？人们普遍认为，做出指向动作的主体要检查自己发出指向动作的结果。也就是说，这个主体应该反复查看同伴和自己所指的东西，确保同伴的注意力确实被吸引到指定的地点，当然也确认自己没有指歪。前边提到过的黑猩猩尼奇在向我示意的时候便时刻不停地看我。近期的一些研究用猿作为实验对象研究了这个问题，在这些课题中，猿通过手势来指物体。不过这并不是因为这些动物天然喜欢用手，而是因为它们常年与人共处，早已明白手势是取得人注意最有效的方法。

耶基斯国家灵长类研究中心的大卫·利文斯(David Leavens)找来做实验的就是这么一帮和人亲近的黑猩猩，人们总在它们身边走来走去。于是，这些动物很自然地学会了如何让人注意到它们想要的东西，比如掉到笼外的水果。科学家系统性地对这个现象进行了一番钻研，他们把水果放在不同的地方，结果100多只黑猩猩中的三分之二都会对工作人员打手势。有些张开手掌，大部分会举起整个手，指向笼外的香蕉，甚至有的个体还会伸出食指，需要说明的是，从来没人教黑猩猩做这种动作。

有些迹象显示，黑猩猩会检查自己行动的结果，像人类的小孩子那样。比如猿类会先和人取得目光接触，然后指向自己想要的东西，接着交替地盯着食物和人。一只黑猩猩甚至更进一步，它怕人
154 误解了自己动作，就先用手臂指向香蕉，然后把手缩回来，用一根手指头指着自己的嘴。

我想再讲一个不久前发生的故事，让你们看看黑猩猩的创造力。这是一只名叫丽萨(Liza)的雌性，生活在野外站，有一次它从护栏网后边朝我吹气，冲我眨眼睛(这是要告诉我它发现了激动人心的东西)，还用眼神朝我脚边的草丛瞄。见我还云里雾里，它干脆开始朝那片草吐唾沫。顺着它的口水的方向，我终于发现了一颗小小的青葡萄。我把葡萄捡起来递给丽萨，它接过葡萄跑到另一处故伎重演。事实证明，它口水吐得很有准头儿，最后用这种方法一共收获了3颗青葡萄！丽萨一定是看到饲养员掉了葡萄，然后将掉落的位置默默记在心里，再物色一个人来帮它捡。

下边这项实验最有说服力，它研究的是猿类如何发出参照信号。参照信号是指主体发出信号，信号同外界的一个物体或一件事有关，这个实验的实施者是佐治亚州立大学语言研究中心的查理斯·门泽尔(埃米尔·门泽尔的儿子)。门泽尔让一只名叫潘兹的雌性黑猩猩待在笼子里，但能看到他把一个物体藏在了附近的丛林。第二天早上饲养员来了，他们并不知道门泽尔在附近藏了东西。潘兹用了各种各样的招数，比如打手势、点头、摇晃身体、发出叫声，直到它终于成功地指挥饲养员到丛林里把东西捡起来给它。这件事让人们看到潘兹的锲而不舍，其间它还用手指头给人指过方向呢。

猿类个体间几乎从不用手势指东西。或许它们对同类的肢体语言太敏锐，无须像人那样做出明显的动作来保障交流无误。不过，猿用手来指方向的故事，过去确实有所记载。20世纪70年代，我曾亲眼目睹一例：

受惊的雌性冲着敌手发出尖叫和怒吼，同时亲吻雄性，对它大献殷勤。 有时它伸出手指，指向对手——这个动作可不一般。 黑猩猩通常不会用手指，而只会用整只手去指一个目标。 只有极少
155 几次我看到它们用手指，都是在目标容易混淆、迫不得已的情况下；比如，如果现场还有第三方，而第三方根本没参与争斗，从始至终躺在地上睡大觉。 在此情形之下，为了不冤枉好人，进攻的这只会用手指头准确地指出敌手究竟是哪个。

另外，在刚果民主共和国的密林里生活着野生倭黑猩猩，1989年，西班牙灵长类生物学家乔迪·赛巴特-派对它们开展过研究，其间观察过类似的现象。一只倭黑猩猩发现了藏匿的科学家，立刻提醒了同行的伙伴：

我们听到树丛里发出声响。 一只年轻的雄性从一条树枝荡到另一边的树冠里……它发出尖厉的叫声，接着从看不见的地方发出同伴们的回应。 这时，只见它抬起右臂，手心半握，伸出食指和无名指，毫不留情地朝两组潜伏在灌木丛里的科学家指了指，要知道这些科学家可是做了伪装的，两组相距 30 米远。 接着它又开始叫，继而把脸转向同伴们的方向。 这只倭黑猩猩又重复了两遍上述动作。 同伴凑到近前，纷纷朝科学家们看。 这时最开始出现的那只雄性倭黑猩猩才加入大部队的行列。

上边两个例子都非常符合我们的假设（主人公为同伴指出藏匿的物体），而且故事里的猿不仅做出了指向的动作，还亲自去观察

动作发出后的效果。另外，一旦其他个体看到目标，或者朝目标走去，动作发出者就不再继续指了。我们在自己的野外站看到过黑猩猩的类似举动，有一次还用摄像机把整个过程给录下来了：在镜头里，一只雌性伸直臂膀，把手指头指向一个明确的方向，虎视眈眈地盯着目标，就好像盯着一只刚欺负了它的雄性，要报仇似的。

尽管上边讲了这么多例子，其他灵长类动物同人还是存在区别，一般的灵长类动物很少做出指向的动作，除非遇到十万火急的事，比如某个方向有好吃的，或者存在危险。对于它们来说，信息
不是免费的，这和人类不同。想象一下，两个朋友徜徉在博物馆 156
里，他们会用指向的动作来吸引对方的注意力，为对方指出自己认为有意思的展品，然后畅谈古代工具等；小孩看到天上飞着个气球，怕爸爸妈妈看不到，会指给他们看；还有一次我晚上骑车，一个人过来指着我的自行车灯，告诉我它不亮了。以前，我们通常认为其他灵长类动物都不会做这样的动作，这曾被视为它们和人类在认知上的一个明显区别，可我认为并非如此，或许它们不常这样做，只是因为没有足够的动机。想想看，既然一只动物会指吃的，让人帮它弄过来，它凭什么就不会指一件不能吃的东西呢？我认为它们不去指，不是因为不会，只是因为它们不想。

但例外也无处不在。假如倭黑猩猩发现了好玩的东西，会发出尖细的啾啾叫声，调门儿特别高，节奏短促。有一段时间，我天天出入于圣地亚哥动物园，观察里边的倭黑猩猩。我被一群年轻的倭黑猩猩吸引了，每天早上一放出来，它们就在铺着草地的围栏里转悠，瞅见什么东西都要啾啾叫（我经常不明白它们究竟在对谁叫），其他个体一见，就纷纷跑来看它到底发现了什么好玩意儿。或许只

是小虫、鸟屎、小花这样的小东西，不过看其他个体被叫声吸引来的架势，前边那只一定在用它们的语言呼唤：“快来看这个啊！”

我们自己的黑猩猩种群里也存在信息共享，一向勇往直前的卡蒂时不时去挖巨型拖拉机轮胎缝里的泥巴，边挖边发出轻柔的“呼”声告警，每次叫声一落，就会见它拎出一条蠕动的东西，恐怕是条蛆吧……它往往用食指和中指捏起这条蠕虫，像捏一根香烟，自己先闻闻，然后伸直手臂把虫子递向包括妈妈在内的同伴。接着卡蒂把虫子扔到地上，自己默默离去。它的妈妈佐治亚则会上前继续挖卡蒂挖过的地方。它也拽出来个东西，用鼻子嗅嗅，然后用比女儿高很多的音量发出警示的叫声。接着它也把虫子扔下，坐在一边接着叫。第三个黑猩猩上场了，这回是佐治亚妹妹的小女儿，它跑到前两只黑猩猩挖过的地方，又从轮胎下拽出点什么，然后站起来，
157 两条后腿支撑身体，走到佐治亚面前，把挖出来的东西举给它看。佐治亚叫得更猛了。至此，好戏收场。

维姬·霍纳看到这出表演，推断说各位黑猩猩感兴趣的一定是只恶心的死老鼠，或者是其他闻得着看不见的东西，还被一堆蛆给盖上了，不过维姬也并不能确定。

动物同其他个体分享信息的有趣之处在于，这种行为首先要求这个主体将自己的视角同他人视角进行比较，也就是说它要先判定一个事物是其他同伴也想看到的。这种比较也是高等的共情心所需的。或许这些能力只出现在少数有强烈自我意识的物种中，这也是为什么 2 岁的小孩会有相同的行为。很快孩子就更进一步，随着成长，他们变得更热衷于分享信息，迫切地对看到的一切发表看法，并对看到的一切提出疑问。这个变化似乎只有人类成长过程中才

有，或许同我们特化的语言能力有关。语言是建立在共识基础之上的，如果人不能持续比较和猜测他人的想法，语言就不可能形成。

假如我指着远处的一坨物体，宣布它为“斑马”，可你不同意，重新定义它为“狮子”，这时我们之间就有冲突了，在某些特定的场合，甚至可能惹来大麻烦。这是唯有人类才会面对的问题；然而交流对我们来说又如此重要，不能舍弃。于是，指示动作同语言就这样相辅相成地演化下去。

第 6 章　公平即合理

06

人本能地追求对自己有利的东西；不过为了换取和平，偶尔也会坚持公正。

——托马斯·霍布斯，1651

1940 年早春，纳粹军队横扫巴黎，市民卷起行囊弃城而逃。依蕾娜·内米洛夫斯基目睹了这一切。几年后，她在奥斯维辛集中营遇害，死前留下《法兰西组曲》一书。书中描述了有钱人如何在这场大撤退中失去一切，甚至最终失去特权。起先，富人拥有仆人和汽车。他们揣着首饰，把瓷器也打包带走；没多久，仆人就各自逃命。汽油耗尽，汽车散架，那些瓷器的命运也可想而知——人都活不成了，谁还顾得上瓶瓶罐罐啊？

尽管内米洛夫斯基本人也属于富人阶层，但小说的字里行间仍然流露出一丝欣慰。她看到，当危难来临，社会等级之间的界限就会模糊；如果每个人都在承受痛苦，那最高层也不能幸免，似乎某种公平原则在起作用。贵族想住豪华宾馆是不在话下的，可如果连 159
空房也没了，那有钱也无济于事，糟糕的是，贵族的胃却和贫民的一样，空了也会咕咕叫。如果真要说有什么不同，那就是贵族阶级对尊严的侵犯更敏感：

他凝视自己那双优美的手。 这双手从未体会过劳作的滋味，生来就只抚摸过雕塑、银器、装帧精美的书籍和伊丽莎白一世时期的家具。 优雅、一丝不苟、高贵——这些已经成为他根深蒂固的特质，像他这样的人，将如何面对这个疯狂的世界？

小说中这样的文字是用来煽情的，可煽的不是共情，恰恰相反，是幸灾乐祸之情。我们看到有钱人倒霉，总会有些隐秘的满足感；看穷人受罪绝不会这么过瘾，你可以对比着体会一下，就很有说服力了。人类是相当复杂的生物。人类社会容易形成等级，却同时充斥着反对不平等的声音；我们的同情心很容易被唤起，可前提是没让自己嫉妒和恐慌，也不会冒犯到自身利益。人类用两条腿走路：一条叫“社会性”，另一条叫“自我”。我们只能忍受一定程度的地位差别和收入不均，一旦超过限度就会坚决站在穷人那边。公平意识在演化史上源远流长，如今已在人心中根深蒂固。

猎兔还是猎鹿?

在社会等级这个问题上，人同猿的认识有很大出入，时常让我震惊，有些在我看来无法忍受的事，对黑猩猩来说却如家常便饭。

第一次产生这样的感受是看耶罗恩发脾气。这是一只阿尔法雄性，当时它全身的毛都竖起来了，这可不是闹着玩的。所有黑猩猩都退到一边胆怯地观望，不敢轻举妄动，它们非常清楚，此刻的首
160 领雄性激素旺盛分泌，谁要不识抬举，就给它颜色看。耶罗恩像一台长毛的压路机，随时准备把看不顺眼的家伙踩在脚下；它迈着重重的步子攀上平时坐的歪脖树，有节奏地踏动树干，直到整棵树都摇晃起来，树枝也吱呀作响，它似乎在用这种方式显示自己超群的体能。在不同的黑猩猩群体中，每只阿尔法雄性都有展示力量的独

特方式。不幸的是，这次刚下过雨，树干非常滑，就在耶罗恩的表演进入高潮之际，它却一脚踏了个空。耶罗恩顺势抓了一把树干，摔在草地上，环顾四周，神情有点懵。它大约是盘算了一下，决定“表演不能停，面子不能丢”，于是爬起来朝一群看表演的黑猩猩冲去，吓得它们尖叫着四散而逃。完美收场。

耶罗恩的失足惹得我哈哈大笑，可周围的黑猩猩似乎没看出这事儿有什么好笑的。耶罗恩显然不是成心掉下树去，可其他黑猩猩仍然一本正经地望着它，好像失足跌落也是表演的一部分。另一个黑猩猩种群也发生过类似的事，那只阿尔法雄性的绝招是扔球。以往发怒的时候，它总是从地上捡起硬邦邦的塑料球，使出全身力气往天上扔，让它砸在地上发出惊人的巨响。这次它照样操作，可球上天后竟然失踪了。它面露疑惑，满天寻找。谁知球原路返回，啪的一声打在它背上。它吓了一大跳，哪里还顾得上继续发怒。看到这个场面，我乐坏了，然而周围没有一只黑猩猩流露出一丝好笑的表情。试想，如果类似的情景发生在人类社会，看客们保准乐得满地打滚；哪怕不敢表现得这么夸张，至少也会偷偷挤眉弄眼。

13 世纪神学家圣文德说过一句话：“猴子爬树，爬得越高，光
腚就越明显。”人们就是这样看待那些高高在上的人。事实上这句话
用在人身上比用在猴子身上更合适，至少我被说中了，倘若高层人
士在耀武扬威的过程中出丑，我这种“眼尖的猴子”就能抓住关键的 161
露怯之处；要是政界首脑传出丑闻——比如在脱衣舞俱乐部穿着内
裤跳钢管舞，那就更好笑了。这事儿不是我杜撰的，故事的主人公
是澳大利亚一位政要，警察偷袭了他娱乐的脱衣舞俱乐部，整个事
情遭到曝光。事后这位政要说他从中学到了两课：“无论如何别让

人把你铐在一根钢管上，每天都穿干净的内裤。”

颠覆权威是人类的天性，尽管我们总是伪装出仰视权威的姿态，其实是时刻准备把他们拉下马。当今的平等主义者，从狩猎采集者到园艺种植者，无一不具有这种心态。这些人强调“共享”，反对财产和权力不均。要是首领以为自己能对他人吆五喝六了，那他就等着遭人耻笑吧。群众不仅背地里把他当笑柄，当面也不留情面。美国人类学家克里斯托弗·伯姆专门研究部落中如何形成等级制度。他发现，那些横行霸道、自我吹嘘，不合理分配物资，同外族人相处只顾自己利益的首领，会迅速失去公信力。讥讽、流言和抗命将成为对他的惩罚。平等主义者还有更狠的招数，哪怕贵为首领，胆敢擅自挪用他人的牲畜或强占他人的妻子，迎接他的将是死亡。

等级制度在原始的小规模社会未必适用，一旦人群在某处扎根，开始农耕生活，囤积财富，等级自然而然就会出现。与此同时，人类却保留着颠覆这种纵向社会结构的天性。我们天生就是革命者。心理学家西格蒙德·弗洛伊德认识到人在无意识中有这种欲望，因此推测，在人类早期，父辈独断专横，把所有女人占为己有，下一辈忍无可忍，就联手推翻了他们的父亲。弗洛伊德认为性是人类社会起源的驱动力，或许也是人类做出政治、经济决策的驱动力。有趣的是，性同决策之间的联系已经得到了脑科学的支持。一次，经济学家想看看人类是如何做出种种同经济有关的决定的，他们发现，当人们评估金融风险的时候，他们大脑中某个区域会特别活跃，而这个区域恰恰同观看色情图片时活跃的脑区相吻合。若先给男人看这样的图片，他们就会把警戒心抛到九霄云外，在赌钱

时更大胆地下注。因此，神经经济学家说：“性同贪婪之间的联系 162
由来已久。从演化的角度来讲，男人的作用就是通过敛取和提供资源来吸引女性。”

这可有悖于我们通常听到的说法。经济学家一般认为，人会充满理性地追求利益最大化。问题是，人的公平意识也在很大程度上影响经济决策，而传统经济学模型从未将这方面因素考虑进来；另外，虽然所谓“经济人”(*Homo economicus*)的大脑实际上会将性和金钱混为一谈，可落实到模型，却将人的情绪一概忽略。广告行业的人可深谙此道，他们知道价钱不菲的香车和手表必然要配美女。然而经济学家还是中意于理论化的世界，在他们的幻想中，市场力量主宰一切，所有选择都是建立在利己主义之上的理性选择。当然不能否认，某些人确实如此，他们做事完全从自私的角度出发，攫取他人利益心狠手辣、毫不手软。然而不管怎么说，这类人毕竟是社会中的少数。多数人还是会为他人着想，也有一定的合作精神和公平意识，不会丝毫不顾集体利益。实际上，人类对他人的信任和合作精神，都是经济学模型所无法估量的。

大家可以想象，如果模型的假设同真实行为不符，势必对实际生活带来负面影响。倘若模型将我们定义成整天算计得失的机会主义者，那真有可能促使我们的行为朝这个方向发展。这种假设会削弱人与人之间的信任，让我们不再慷慨，对他人戒备重重。正如美国经济学家罗伯特·弗兰克所说：

> 我们如何看待自己，如何看待自己可能采取的对策，反过来决定了我们希望自己成为什么样的人……因此，“自身利益至上”理论

的恶果令人担忧。它让人以最坏的可能性揣测他人，由于害怕被人愚弄，逐渐抛弃高贵的天性，对恶无所禁忌。

163 弗兰克认为，具有讽刺意义的是，绝对的自私自利恰恰同自身利益相悖。它限制我们的视野，让我们抗拒长期的感情投入，殊不知这些正是保障人类这个物种百万年来繁衍生息的前提条件。诚如经济学家所言，我们全都是狡猾的阴谋家，那人类永远都只能独自抓兔子，实际上森林里还有鹿这样的动物，需要合伙才能猎取。

让·雅克·卢梭在《论人类不平等的起源和基础》中提出这个两难选择，立即成为博弈论者（game theorists）的谈资。和兔子相比，鹿无疑是更大的收获，即使分一半也比兔子肉多。那么，猎兔还是猎鹿，其实是单打独斗取得小额收获与集体行动获得丰厚回报之间的选择。两位猎手要就此达成一致。在真实社会中，我们已经建立了比较稳定的信用体系，比如我们可以用信用卡付款，并不是因为店主信任我们个人，而是因为他信任信用卡公司，信用卡公司信任我们。所以每个人在不知不觉间都参与了复杂的猎鹿行动。但参与者也不会不加选择，某些人让我们更放心，我们便乐于同他展开合作。生产上更复杂的合作必定建立在长期交易的基础之上，合作方对彼此的诚信有相当的把握。只有在这些条件下，合作才能带给我们更多利益。

通力合作和单打独斗会产生截然不同的后果。1953 年，8 位登山者在 K2（喀喇昆仑山脉的主峰乔戈里峰。——译注）遇到了麻烦，这是世界第二高峰，也是最危险的山峰之一。当时气温只有零下 40 摄氏度，一位成员的腿部出现了血栓。对其他同伴来说，留守意味着自己的生命也将受到威胁，即便如此，仍然没有一个人离开。这个团队在危难关头团结一致，被传为美谈。2008 年，历史在 K2 重演，然而这次，登山者放弃了共同的目标，结果其中 11 位遇难。一位幸存者回想遇难的过程，对所有人只顾各自保命痛心不已："每个人都只想着自己活命。我实在想不通，我们怎么能这么干脆地抛弃他人。"

在两次意外事件中，前者是一起猎鹿，而后一次的当事人则各抓各的兔子。

信你， 敢让你戳眼睛

公司拓展训练里必须要有的一项是信任提升游戏。这类游戏有 164
几种玩法，比如叫一个人背朝外站在桌子边上，背对同事后仰下去，同伴一起张开胳膊接住他。还有个项目是让一位女员工用语言引导蒙住眼睛的同伴穿过"雷区"。信任的建立能融化隔阂，让人与人之间构筑起信任，这些都是合作的前提条件。每个人都需要学会帮助他人。

然而和卷尾猴的游戏相比，人类的训练简直是小巫见大巫。如果不服气，你就学学它们，保证律师会找上门来。我自己要不是亲眼看了美国灵长类学家苏珊·佩里拍摄的录像，也不会相信猴子会蹲在高高的树枝上做那些荒谬的举动，树下所有观众也像我一样提心吊胆。我就讲两种典型的，分别是"插鼻孔"和"戳眼睛"。

插鼻孔是这么玩的：两只猴子面对面坐在树枝上，把各自的手指深深捅到对方鼻孔里去，直到整根手指都看不见。它们保持这样的姿势在树枝上晃荡，表情昏昏欲睡。别忘了猴子是天生的多动症患者，又喜欢扎堆儿，但玩插鼻孔游戏时，两只猴子会远离整个群体，注意力只在对方身上，游戏一次持续半小时之久。

戳眼睛就更不可思议了：一只猴子把几乎整根手指戳到另一只猴子的眼皮和眼球之间。猴子的手指头确实不算粗，可相比于眼球和鼻子就不细了。更何况指甲里细菌滋生……可想而知，游戏很可能要付出角膜刮伤的代价，甚至招致感染。要是参与游戏的猴子没坐定，那眼球都保不住。旁观者如坐针毡，可游戏双方竟能维持这个姿势好几分钟——被戳眼的那只闲来没事还可以同时给对方插鼻孔。

人们还不清楚这些奇怪的游戏究竟有什么用。一种假说是猴子
165 用危险动作来考验亲密关系。这种解释也被用在人身上，人类有时也会铤而走险，主动暴露自己的脆弱之处，如舌吻是冒着传染疾病的危险。吻某些人让你愉悦，另一些人让人恶心。因此如果愿意亲密接吻，就说明二人关系非比寻常。人们相信吻可以检验恋人的相爱程度，也可以检验对方是否对自己忠心耿耿。卷尾猴的游戏或许也是为了考验对方有多喜欢自己，一旦将来内部暴动，它们就知道谁值得信赖。当然猴子游戏还有别的解释，一种观点认为，猴子的精神常处于紧张状态，或许需要利用这种诡异的方式来减压。它们的集体活动真是充满了戏剧性。在插鼻孔和戳眼睛的过程中，双方都进入了一种异常平静和昏昏欲睡的状态。它们是不是在试探疼痛和欢愉间的界限呢，游戏过程中是不是也会释放内啡肽呢？

我觉得游戏至少能考验信任，只有充分信任对方，才能允许它

戳你的眼。换言之，你甘愿把自己暴露在危险之中，相信对方绝不会趁机占你的便宜。这和拓展训练中的背摔游戏是一样的，猴子似乎借此告诉同伴：“咱俩知根知底，我知道你不会害我。”毫无疑问，这种感觉非常美妙，也是家人和朋友给我们的感觉。

动物之间很容易建立起这样的信任关系，有时信任关系甚至能跨越物种的界限。宠物信任主人，可以任由主人折腾，不管把它头朝下拎起来还是塞到衣服里都没事。对陌生人它们就不会冒这个险。反之也如此，你把手塞到过狗嘴里吗，你知道狗是天生嗜肉的吧。其他物种之间也会学着彼此信任。在一个很老的动物园里，一只猴子和一头河马生活在一起，长此以往猴子成了河马的牙齿保健师。河马一吃完黄瓜和生菜，猴子就跑去敲它的嘴，河马就会顺从地张开嘴。双方动作娴熟、配合默契，明显磨合过很多次。猴子将身体探入河马的血盆大口，看上去就像人钻到发动机盖下面修车，它从河马的牙缝里仔细地把残留的食物挑出来。166
河马看上去对猴子的服务很满意，只要猴子不住手，它就一直敞着嘴。

两只动物相互信任，动物园里这只猴子正在给河马清牙缝

在这个例子中，猴子的风险并不大。河马的牙虽然也挺厉害，可它毕竟不是食肉动物。如果换成货真价实的捕食者，就危险了

吧？这还真唬不住小动物们。七彩医生鱼是一种小型海洋鱼类，它们以大型鱼类的皮外寄生物为食。每条七彩医生鱼都守护着珊瑚礁上一个小角落，就像自己的店面。上门的顾客在此舒展胸鳍，摆出特定的姿势让医生鱼清理。有时小医生鱼太忙了，大鱼甚至要在门口排队。这是典型的互惠共生：医生鱼将大鱼体表、鳃间甚至嘴里的寄生物嘬干净，自己也获得了美味。

小医生鱼信任大鱼，相信它们允许自己去啃食那些寄生虫，大鱼也很配合，不会轻率行事，断送了这项合作。别以为这种合作对大鱼不具有任何挑战性。事实上，有的医生鱼特别不安分守己，竟会在顾客的好皮上来一口，大鱼身子一哆嗦赶紧游跑。瑞士生物学家瑞多内·夏瑞在红海研究这两种鱼的关系，他发现医生鱼不会任由到手的顾客跑掉，它们会主动上前弥补损失，把顾客再勾引回来。它们在大鱼身边游来游去，用背鳍蹭大鱼的肚皮，发出“触觉信息”。大鱼对医生鱼的讨好很买账，全身静止，在水里漂荡，直到重新碰到珊瑚礁。触觉信息看来能起到恢复信任的作用，返回的大鱼干脆在珊瑚礁旁靠岸，任由小鱼清理。

只有在面对真正的大型捕食鱼类时，小鱼才会老实。它们明智
167 地尽到清洁工的本分，夏瑞将之称为“无条件合作策略”。可小鱼怎么知道什么样的客户会一口吞掉自己呢？一手经验自然不可能，因为体验一次就没命了。那么是不是它们见过大鱼吃自己的同伴，或者及时发现了大鱼锋利的牙齿——像小红帽似的？我们一般认为鱼不可能懂太多，事实上往往低估了它们的判断，就像我们总是低估其他动物一样。

信任的前提是你坚信对方诚实且合作，至少不会耍你。因此医

生鱼才敢钻进大鱼的鳃和嘴里去；卷尾猴也是基于这个准则，来选择陪它玩戳眼游戏的同伴。信任好比社会润滑剂，保障每个环节顺利运转。要是我们每次合作前都先得把别人从头到尾审查一遍，那就什么事儿也别干了。人们不仅要借助以往的经验来判断一个人是否可信，有时也需要倚仗一些一般化的经验对社会成员做判断。

在一项心理实验中，参与实验的双方都得到一些钱。如果其中一人放弃自己这份，对方的所得就能加倍。反之亦然。因此最佳策略是两人同时放弃，这样一来每个人都能获得双倍的收入。但是，参与游戏的人互不相识，也不能对话。更重要的是，游戏只有一局。想想就知道，最妥帖的做法肯定是守住自己这份钱，不采取任何行动，因为你实在没理由信任对面那个陌生人。不过实验证明不少人还是会选择“放弃”。如果两人都如此，他们自然会变成最富有的一对。很多类似实验想要说明的问题是，人类这个物种不能一概用“理性选择理论”来预测，实际的行为往往比理论预测得更为轻信。

对于这种单一回合的小游戏，信任他人没什么大不了，输也不会输得很惨；可长期合作还是小心为妙。任何合作系统都有隐患，总有人希望少付出多索取，甚至不劳而获。如果不对这种好占便宜的行为加以限制，合作就没法进行。因此，我们同他人共事的时候，会怀着天然的戒心。

对他人完全不设防的后果非常奇怪。有一种罕见的遗传缺陷叫 168
“威廉姆斯综合征”，源自第七号染色体上几个基因不能表达。患者对他人绝对信任，而且极其友好，特别爱交际，话多得惊人。要是你问自闭症或唐氏综合征孩子，如果他“是一只鸟儿会怎么样”？你可能得不到任何回答，可若拿同样的问题去问威廉姆斯综合征患儿，他会兴高采烈地跟你说：“这个问题太好了！我要在天上自由自在地飞。要是看见一个男孩，我就落到他头上啾啾叫。”

这种性格活泼的孩子本该挺讨人喜欢的，可事实上他们往往没有朋友。因为他们太博爱了，每个人在他们眼里都一样真诚可信，世界处处鸟语花香。试想，如果你身边有这样的人，你八成也会躲得远远的，因为根本拿不准他们在关键时刻是不是值得信任。你会琢磨，这些人得到帮助后究竟有没有感恩的心，要是我遇到了麻烦，或者想达到某种目标，他们真能伸出援手吗？答案或许都是否定的，也就是说他们不具有一个朋友所应具备的任何品性。这些患者也没有任何基本的社交技能，不会揣摩别人的心思，在他们看来，没人会耍坏心眼。

威廉姆斯综合征是大自然一次失败的实验。这种病让我们看到，维系正常人际关系不能仅靠友善和信任——综合征病人最擅长的就是滥施友善和信任了。人还是应该对不同的人区别对待。从生物学的角度来看，几个基因的缺失就能导致这种异常，说明人谨慎行事的特点是有基因基础的。我们这个物种会仔细考量什么时候该信任，什么时候不该信任，其实很多其他动物也是一样的。

比如，小黑猩猩知道妈妈是可以信任的。母黑猩猩坐在高树上，只用一只手或一只脚抱着它，在离地面非常高的地方晃荡。万一手松，孩子必然死路一条，可妈妈绝不会这么做。在群体迁移的时候，小黑猩猩通常趴在妈妈肚皮上，再长大点就骑在背上，它们对妈妈的倚赖长达 6 年之久，这段时间相当于就活在妈妈背上。有一次我在丛林里尾随一群黑猩猩，突然看到一只小黑猩猩从妈妈背上站起来，还翻起筋斗来了。妈妈立马扶住小黑猩猩，上下检查，左右端详，就跟人类父母检查在车后座上折腾的婴儿差不多。 169

黑猩猩也在游戏中学习“不信任”。两只小黑猩猩互相追跑打闹，表面上嘻嘻哈哈，其实是暗含竞争的，它们憋着一股劲儿，看谁能把对方按倒、痛扁一顿，挨打的那方哼都不敢哼一声。年轻雄性个体尤其喜欢这种暴力的游戏。可要是一方的哥哥突然出现，事态就会得到扭转。弟弟会突然勇猛无比，出拳迅猛，甚至牙都用上。因为双方都很清楚，要是动起真格儿的来，弟弟是有后援团的。一场游戏就这样变成真枪真刀的对抗。这倒也没什么不正常的，黑猩猩从很小的时候就明白，游戏毕竟是游戏。玩伴永远不会比妈妈更值得信任。

人类珍视彼此之间的信任。每个布什曼人都配备了毒箭，却轻易不使用，而是把它们箭头朝下装在箭筒里，挂在孩子够不到的树上，小心翼翼的程度就跟我们处理手榴弹一样。试想，要是人们动不动就拿致命武器出来吓唬人，群体生活将乱成什么样子。我们的文明也一样，在紧密团结的群体中存在非常强的信任。在美国一些小村庄，人们相互支持，整个社会共同监督，出门无须锁门，车也不用上锁。你听说过梅伯里曾经发生过任何犯罪行为吗？

大城市就另当别论了。1997 年，一位来自丹麦的母亲把 14 个月大的女婴放在婴儿车里，留在曼哈顿一家餐厅门口。这种行为直接导致母亲失去监护权，还蹲了监狱。在大多数美国人看来，这位母亲不是疯了就是太没责任心。然而她的行为对于丹麦人来说是再正常不过了。丹麦犯罪率极低，同时父母认为婴儿需要新鲜空气，就应该把孩子留在门外。这位母亲不晓得，纽约既没有安全也没有新鲜空气。所幸的是，考虑到众多因素，她的指控最终被取消了。

170 最近刚好拜访了丹麦，我问那边的同事，他们敢不敢把婴儿一个人留在大街上，所有人都点头，说这儿每个人都是这么干的。他们不是不想让婴儿在自己身边，而是户外确实对婴儿有好处，而且孩子确实不会被拐跑。我的丹麦房东听说有人能做出拐小孩儿的缺德事儿，满脸困惑，她想不出坏人究竟图什么。丹麦人说，要是你把别人的孩子带回来了，邻居不会问吗？报纸一登，立刻就能找到小孩丢哪儿了。

丹麦人之间的信任根深蒂固，甚至成了一种习惯。这是一种社会资源，而且可能是最珍贵的资源。科学家给丹麦人做过无数问卷，发现他们真的是世界上最快乐的人。

最近你对我干了什么？

如果我的办公室腾出来，要不了多久就会有人搬进去。在自然界，产权交替也时有发生。啄木鸟的树洞、废弃的兔子洞，都是潜在的居所。寄居蟹的住房市场也有很大的流动性，这些小生物把其他软体动物的壳当作自己的房子，搬着到处走。对于它们来说，房子是个庇护，省得光屁股。问题是寄居蟹还在长身体，壳却不长大，所以它们要不停寻找新房子。一旦房屋升级，腾出来的旧房立马就被另一只蟹霸占去了。

寄居蟹的旧货市场当然存在供需关系，可其中毫无人情味儿，比人的市场差远了。要是它们也懂得做生意，“死鱼换旧房”，那倒很有意思。寄居蟹一点商业头脑也没有，有时不惜暴力抢夺他人房产，却没有半点歉疚。

亚当·斯密自认为用一句话概括了所有动物的特点：“你从没见过两只狗公平地交换骨头吧……”这话没错，也不全对。动物之
间不仅有交换，也有公平意识。斯密认为动物不需要同伴，他真的 171
低估了动物的社会性。我猜这位苏格兰哲学家一定很乐意看到如今的动物“行为经济学”发展到什么程度了。

我想用卷尾猴的故事来论证我的观点。我们养的这些卷尾猴已经学会把盛满食物的托盘拉升到笼子跟前。我们把托盘装得满满的，凭一只猴的力量提不起来，必须合作。一次，母猴贝叶斯和萨米照常把食物拉上来。然而萨米下手太快，捞起她的那份就撒手了。贝叶斯还没来得及抓，就眼睁睁地看着托盘掉回去了。萨米高兴地大嚼特嚼，贝叶斯发疯似地吼起来，直到半分钟后萨米凑到拉杆跟前眼巴巴地瞪着它。两只猴子再次联手把食物托盘拉上来，萨米非常自觉，它那边的托盘是空的，也没再抢伙伴的吃食。

在这件事中，贝叶斯为自己的损失奋起抗争，萨米有所领悟，便及时改过。这样的行为已经和人类的经济行为非常相像了，有合作、交换、预期的实现，甚至还有责任义务。萨米对交换条件非常敏感，贝叶斯帮过它，那反过来，自己怎么能对贝叶斯置之不理呢。卷尾猴有这种觉悟并不让人意外，因为它们的社会既有合作也有竞争，和我们是一样的。

值得注意的是，萨米和贝叶斯非亲非故。在动物界，帮助亲戚不稀罕，蜂巢和蚁丘的例子大家都耳熟能详，哺乳动物和鸟类也会眷顾有血缘关系的个体，人类更是信奉“血浓于水”。帮助亲人有遗

传优势，因此做研究的时候，生物学家对帮助亲属和非亲属的行为是区别对待的。后者的好处并不十分显而易见，那动物为什么还要这么做呢？它们到底图什么呢？俄国的彼得·克鲁泡特金王子在20
172 世纪初的著作《互助论》中给出了一种解释。他认为如果互助成为共识，那所有人都会获利。

克鲁泡特金却疏忽了一点，在这样的系统中，每个人的贡献算下来应该或多或少差不多。然而这世上总有人喜欢不劳而获，由于有这种人的存在，合作机制被削弱了。《互助论》出版几年后，克鲁泡特金修正了自己的观点，把爱占便宜的人考虑进去，提出一种新机制：

> 让我们考虑这样一群志愿者，他们是因为某个任务被组织起来的。大家都相信这个任务最终必然成功，于是一心一意地努力劳动，然而却有一个人不负责任，常常抛下工作擅自离开。难道因为他一个人的缘故就要把团队全数解散吗？或者需要选出一位首领来制定惩罚机制，再不然，谁完成了什么工作都标记出来？其实根本不用采取这些行动，迟早有一天这位耽误大家进度的懒汉会得到警告："朋友，我们很愿意和你一起工作；可你经常不在岗位、玩忽职守，我们不能再接纳你了。请你找那些容忍你的同伴去吧！"

同样道理，动物对工作伙伴也是有选择的，有时还会形成"协同工作联盟"，盟友之间保持非常积极的伙伴关系。吸血蝙蝠的例子讲出来恐怕有点惊悚。在它们的群体中，每天晚上都发生着"相濡以血”的故事……因为猎物不是那么容易到手(通常是大型哺乳动物，比如牛或者驴，有时候他们还会趁人睡熟的时候吸人血)，谁都有可能空手而归。比如A和B两只吸血蝙蝠成了盟友，今天A比较幸运，吸了血回到它们共同的窝，就吐血给B吃。第二天没准B又走运了，再吐血报答A。吸血蝙蝠一天也离不了血，形成了联盟，风险就降低了。

黑猩猩的做法更进一步。雄黑猩猩要抓猴子，可想而知这在三
维空间里是多有挑战性的一件事。协同作战总比孤军奋战更有效， 173
它们也是这么实践的。有一次我亲眼见证了一出，堪称奇观(唯一的不爽是我也顺便接受了“实地工作者入门礼”……要知道黑猩猩兴奋起来就会汹涌排便)。当时我们听到一阵狂啸，同时伴随猴子惊慌失措的尖叫，就知道打起来了。我抬头一看，只见树上趴着好几只雄黑猩猩，把它们的红疣猴猎物团团围住——猴子已经死了。我觉得这身恶臭太值当了，因为捕猎和分食场景实在惊心动魄。雄黑猩猩们你一块我一块地把肉分了，还顺便招待了几只有繁殖能力的妞儿。

通常情况下，猎物会落在其中一只雄性手里，剩下的可不一定每只都能分得一块。作为一个“男人”，它的所得要看狩猎过程中的贡献。哪怕是平日里耀武扬威的首领，如果捕猎过程没有参与，乞食的时候也得低三下四。

我们可以利用人工豢养动物验证互惠行为。把一大堆食物(比如西瓜或者一个长满美味叶子的树杈)交给群体里一只黑猩猩，你会发现结果完美地印证了里根经济政策，供应方是绝对的主角，其他个体簇拥在周围；率先拿到食物的再分别成为新的中心；直到每

个人都分得一勺羹。乞食者往往哼哼唧唧地哀求，态度极为端正，暴力夺食极少发生。偶尔出现冲突，都是拿食物的那只想把其他个体驱赶出局。我见过一只雌黑猩猩拿树枝猛敲别人的头，同时发出吓人的吼叫，直到围观者灰溜溜地撤退，相当威风。不管身份地位，得食物者得天下。在互惠原则面前，什么社会等级都要靠边站。

黑猩猩对理毛这种小恩惠也念念不忘，就跟 20 世纪 80 年代流行歌曲《最近你为我做了什么》(*What Have You Done for Me Lately*) 里唱的那样。我们记录了 7000 多次接近食物拥有者的行为，看哪种能最终得逞。结果发现，每天上午几次发食物前，黑猩猩们都自发地开始相互理毛。于是我们把食物和理毛看作两种“货币”，比较了它们之间的流动情况。比如，要是地位高的雄黑猩猩索科(Socko，意思为“重拳”)早上为雌黑猩猩梅(May，意思为“五月”)理过毛，
174 下午从她手里得到树枝的概率就会大大增加。这种现象在整个种群中非常普遍。它们显然相信善有善报。细细分析，理毛换食物能成为一种具有普遍性的行为，是有前提条件的：第一，必须对之前的事有记忆；第二，必须有“感恩”的心理机制，想起从前帮助过自己的同伴，心里会很温暖。有趣的是，回报恩惠的时候并非一视同仁。好朋友经常待在一起，时常相互理毛，很多东西都共享，一两次理毛的差别根本不在话下。只有关系疏远的个体，谁多帮谁一次才特别明显，也会特意回报。在之前的例子中，索科和梅并不十分亲近，所以索科的一次理毛就特别稀罕，被梅记住了。

人类社会也会对不同的人区别对待。在一场以互惠为主题的学术会议上，一位资深科学家提到，他和夫人会把两人的互助往来精

确记录在册，所有听众目瞪口呆。这种模式绝对是异常的，当时这位前辈口中的夫人是第三任，而他目前已经换到第五任了——看来亲密关系之间精心算计，并不是什么好主意。配偶的确会在一定程度上衡量彼此的付出，可长期来看，两人自然都会获益，不会一方一直吃亏，所以用不着逐次清算。我相信人类的算计本领超群，但主要是用来对付同事、邻居、朋友的朋友，而亲密关系则建立在依恋和信任的基础之上。

关系疏远的人之间算账，一笔是一笔，一旦一方不遵守默认的规则，就尤为明显，绝对赖不掉。我姐夫 J 的经历是个活生生的例子。他生活在法国海边一个小村庄，手工活了得，在当地小有名气。木工、水管、砖瓦活、修房顶，无一不通，以他的技术，盖房都不在话下。姐夫没事就在自家捣鼓，街坊邻里也爱找他帮忙。他是个大好人，每次都热心建议，有时还会亲自动手帮忙。一次，一个和 J 不怎么熟的邻居反复询问怎么在房顶开个天窗。J 把自己的梯子借给他，他每次都还回来，看来是没做成，J 决定亲自去看看。

结果，J 整整一天都耗在邻居家，但实际上自始至终都是他一 175
个人在干(用他的话说，邻居连个锤子都拿不利索)。中途邻居妻子端着午饭出现(要知道在法国这就是正餐了)。J 眼睁睁地看着邻居夫妇把午饭分了，却把他晾在一边干活。诡异的一天结束了，J 在邻居房顶修了个漂漂亮亮的天窗，市场价连 600 欧元都打不住。J 什么也没要。几天后这位邻居邀请他一起去潜水课，J 觉得这是个索要回报的好机会，因为课程差不多要交 150 欧元。于是 J 试探地跟邻居说他特别想去，可惜没钱。结果估计你也能猜到，邻居自己去了……

这样的事听起来不爽，甚至让人有点恼火。人们在日常生活中对互惠关系非常关注，因为这是整个社会正常运作的核心原则。大多数情况下，这个规则不言自明，邀功请赏反而被视为不礼貌。同时，尽管研究表明人类倾向于惩罚“占小便宜的人”（像上面提到的只想索取不想付出的邻居），可真实生活中谁也不会真的付诸实施。J 又能怎么办呢，总不能捡起石头把天窗砸了吧。在一个小村庄里，大家抬头不见低头见，甚至从祖父辈就生活在一起，你根本不可能像在实验室里那样，想惩罚谁就惩罚谁。J 也不是一点办法也没有，如果他真想复仇，还是可以借助八卦的力量，让邻居的可耻行为家喻户晓。

更简单的办法是避免和不知感恩的人接触。人都是趋利避害的嘛，又不是没有选择，何必自寻烦恼。与其跟占便宜的讨厌鬼较真，不如干脆找那些知恩图报的人做伙伴。生活像个市场，我们都是顾客，找伙伴的时候得像法国人挑甜瓜那么仔细，捏一捏、闻一闻，找出最好的。J 的邻居那种货色显然会落选。

很多年前我针对黑猩猩提出“服务的市场”理论，人的行为也不例外。你会发现供求关系在自然界处处存在，很多时候更是起到了
176 决定性的作用。比如，花朵和蜜蜂的数量之比决定了花需要多有魅力才能保证自己被蜜蜂传粉；而狒狒和幼崽的故事就更离奇了：雌狒狒对婴儿狒狒的爱近乎疯狂，而且相当博爱，不仅只对自己的小孩。然而母亲总是很警惕的，不乐意让其他个体碰小宝贝。于是，其他雌性若想接近，只能先讨好母亲，它们手上为母亲理毛，实际上眼睛却瞄着母亲怀里的宝宝。经过一阵子放松活动，母亲就有可能放松警惕，允许前来讨好的雌性凑近点看宝宝。通过理毛行为，

雌性狒狒实际上购买了把玩幼崽的时间。根据市场规律，我们可以预测，一个群体中婴儿狒狒越稀缺，它们的身价就越高。科研人员真的做实验来验证了这个推测。彼得·亨兹和路易斯·巴雷特在南非研究豚尾狒狒，他们发现，母亲接受理毛伺候的时间和群体中婴儿供给量成反比。也就是说，婴儿数量少，狒狒母亲就能收取高价；反之，如果群体刚刚迎来生育高峰，母亲能获得的好处就明显减少。

灵长类动物交换好处的方式和我们人类的经济运作惊人地相似。我们甚至能利用卷尾猴天生的捕食习性，在它们的群体中人为培养一个小型的“劳动力市场”。这个物种的合作精神深入人心，它们通常集体围攻巨松鼠。要知道巨松鼠可是一道好吃难抓的美味，就像黑猩猩抓猴子那么难抓。倘若围攻成功，参与捕猎的卷尾猴就会分食猎物。

在实验中，我们让卷尾猴照常合作，不过最终只奖励其中一只。我们把萨米和贝叶斯的实验稍作改动，这次只有一方得到一杯苹果汁，我们把这只称为 CEO，另一只面前只有个空杯子，也就是说它干了半天，只是为 CEO 打工，我们把它叫作劳工。两只猴子并排坐着，中间只隔一道网，透过网能看到对方的杯子。从前的经验告诉我们，有食物的那方通常会把食物拿到网前，让同伴也能够到点吃的，有时它甚至会主动把食物推过去。

我们在实验中观察到，如果两只猴子协同搞到食物，CEO 就会给对方多一些，如果是自力更生，给对方的就少。很明显，接受帮助之后分享的也多。从实验中我们还发现，分享行为也会反过来刺 177
激合作，倘若 CEO 在分享的时候吝啬了，将来合作的成功率就会显著下降。劳工也不能无私奉献，得不到应得的报偿，自然要罢工的。

简而言之，猴子付出多少，和它们得到的报偿有关。或许是在野外有着共同的诉求，它们坚信猎鹿原则，集体劳动，成果共享。

不包括其他动物的演化论

我们不知道猴子能把别人的恩情记多久。互惠行为的本质也可能只是一种“态度”，即对别人的态度进行模仿。如果对方充满敌意，你肯定以牙还牙；而要是对方让你如沐春风，你也会以礼相待。所以，如果另一只猴子帮忙拉起沉重的食物托盘，拿到食物之后肯定要分给对方。

哈瑞·奎师那的追随者们深谙此道。他们把花递给路上的行人，一旦对方接过花，马上伸手要钱。这是讲求技巧的“乞讨”，因为他们没有单纯要钱，而是利用了人们模仿的天性。我们每天都在各种偶遇中不知不觉地实践这个原则，对火车上、宴会中、运动场上擦身而过的人报以和他们同样的态度。基于态度的互惠不要求保持清晰的记录，所以并不会造成什么精神负担。

可自然界中还真有些动物像人类一样，采用比“回报情绪”更复杂的策略，它们会把别人的恩情铭记在心。在我们的“食物换理毛服务”实验中，黑猩猩的感念至少数小时有效，而且据我的亲身经验，有的猿在时隔几年后还会报恩。有一次，我见到一只因奶水不足痛失几个孩子的黑猩猩，就把一只刚出生的小黑猩猩交给它抚

养，并耐心地教它用奶瓶喂奶。黑猩猩有使用工具的天赋，操作奶
瓶不在话下。几年后，它竟用同样的方法养活了亲生宝贝。如今几
十年过去了，每次我偶然到访，它都兴高采烈，把牙撞得噼啪响，
好像在说我是它的英雄。多数动物管理员不晓得我们之间这段渊
源，对它的表现难以置信。但我敢肯定，当年我帮它渡过难关，让 178
它走出难以想象的悲痛，它肯定还念着我的好呢。

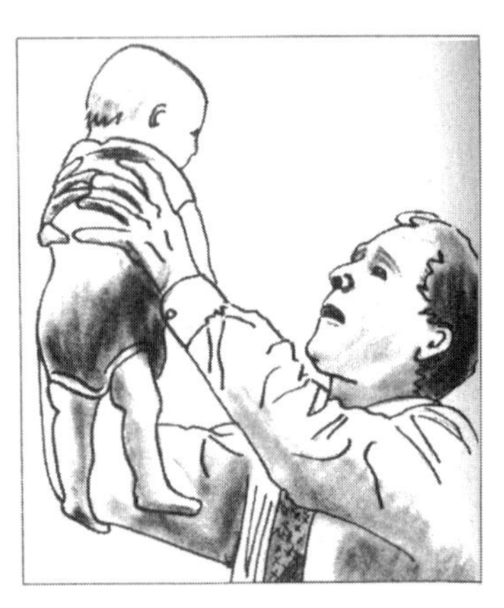

政治候选人喜欢把婴儿高举起来给人看

比起猴子来说，黑猩猩记性更好更持久，因此个体间的互惠行为更有计划性也更规矩。在野外，有时黑猩猩会落入猎人的圈套，疼得哇哇惨叫，要是另一只把它给解救出来，这恩情一定会被记住。虽然尚未得到证实，但越来越多的证据显示，黑猩猩不仅会记恩，而且似乎有一定的先见之明，会有目的地讨好同伴。尤其当某个雄性黑猩猩开始觊觎更高的地位，它就会早做准备，广交朋友，争取把它们都开发成支持者；连雌性也是讨好的对象，为它们理理毛，逗逗它们的幼崽，一派祥和。要知道雄性黑猩猩一般来说对幼崽毫无兴趣，可在拉选票的特殊时期，连小成员都要尽力照顾到。因为雌性的眼睛是雪亮的，它们时刻监督“男子汉”们如何对待群体里最弱小的成员。

人类社会何尝不使用着同样的策略呢？每当我在网上看到美国

政客当着父母的面儿高举婴儿的照片，都忍不住下载下来。父母的表情很有意思，他们是既高兴又感激。你有没有注意过政客们都是怎么把婴儿举到人群头顶之上呢？这是个反常的动作，一般人都不会这么抱婴儿，婴儿被这么举着也一点都不爽。但想想看这种表演背后到底是什么呢？

再回来看看黑猩猩社会，地位正在攀升的雄性相当于当前首领的政敌，一旦它的野心蠢蠢欲动，就会对群体中的雌性特别和蔼可亲。篡位大计可能延续数月之久，在这段时间里，它不断挑衅目前
179 的阿尔法雄性，一天骚扰几次，看首领会做出什么样的反应。对潜在的帮手则慷慨分食。在阿纳姆动物园，我曾见到地位攀升的雄性主动出头，给大家搞好吃的，它们勇猛地翻越电网，爬上大树，折下树枝，分给下面眼巴巴围观的群众。这样的举动似乎特别奏效，能为它们赢得广泛的欢迎。

野生群体中地位较高的雄性黑猩猩也会使用贿赂手段。它们只把肉分给未来的盟友，对敌人则像秋风扫落叶一样无情。几内亚博苏的雄性黑猩猩经常冒险偷袭附近的木瓜园，用偷来的美味勾引具有生育能力的雌性。英国科学家金伯利·霍金斯（Kimberley Hocking）评价说：“勇敢行为本身对异性就非常有吸引力，加上手里拿着木瓜这样的优质美味，雌性十拿九稳上钩了。”

严格来说这些和斯密所说的狗交换骨头问题还不是一码事，但我们马上就会说到。黑猩猩或许是有先见之明的，它们估计也会琢磨：“要是我为它做这件事，没准会得到那样的回报。”英国切斯特动物园里生活着一大群黑猩猩，内部争斗时有发生。要是闹事前一天某只黑猩猩刚给另一只理过毛，后一天打架就会得到友情支援。

挨打对象也常常是事先瞄准好的，这样，挑事者就好提前做战略部署，为潜在的支持者理毛，好让争斗的局面对自己有利。

我们的近亲(猿类)如此互施恩惠，精打细算，有些研究人类互惠行为的学者却反而把自己研究的东西从动物界孤立出来，把人类合作称为自然界“巨大的例外”。有趣的是，这些人并非反对生物演化论(实际上正相反，他们是自我标榜的达尔文主义者)。我半开玩笑地把他们的论证方法称为“不包括其他动物的演化论”。这些人不假思索地把黑猩猩之间的合作和蜜蜂、蚂蚁划为一类，统统归为亲缘利他行为。他们认为只有人类才会在非亲属之间开展大规模 180
合作。

科学家在动物园做实验，发现非亲非故的黑猩猩也会通力合作，某些人嗤之以鼻，认为不能说明自然界中的情况。后来科学家在自然界也得到相似的结果，反对者又质疑说自然界中个体之间关系混乱，谁还分得清哪只和哪只有亲缘关系？同盟内的雄性没准就是远房亲戚呢。总之若想吹毛求疵，任何证据都不能说服他们。时至今日，这类毫无结果的争吵终于被新技术摆平了。灵长类研究人员从野外归来，总会带回大量粪便样本，一包包都被仔细标记。从粪便中提取出 DNA，就能非常有说服力地证明个体间的亲缘关系，比如谁和谁之间相差几代，谁是谁的生父，谁是从别的群体“插队”来的，等等。

德国和美国科学家联手在乌干达的基巴莱国家公园进行了一项研究，是迄今为止最复杂和细致的田野调查，研究不仅包括历时数年的社会行为记录，还对从林地中取得的大量粪便样本进行了遗传分析。此项浩大工程收获颇丰，为它付出的所有汗水以及忍受的恶臭绝对是值得的。首先，研究结果显示，亲缘关系确实是一项重要因素。兄弟在一起待的时间久，长期互相扶持，和没有亲缘关系的雄性比起来，兄弟之间分享食物更常见。这个结论并不让人意外，很多小规模的人类社会也是这样的。可研究同时显示，非亲非故的个体也开展广泛合作。实际上在基巴莱公园，大多数紧密的伙伴关系反而是在孤家寡“男”间形成的。

此项结果说明，互惠互利才是黑猩猩合作真正的前提，因此黑猩猩和人更为接近，和那些社会性昆虫却是两码事。你或许认为这个结论也没什么了不起，都是情理之中，然而它却说明，要研究人类互助行为背后的心理学，黑猩猩提供了天然的对照。人类的合作
181 当然有其独特性，比如，我们会惩罚那些没有合作精神的个体。可即使是这点所谓的区别也没有那么绝对。现在我们知道，黑猩猩也是有仇必报。如果一个地位较高的雄性受到了联手围攻，它才不会忍气吞声，几小时后，刚才团结起来的黑猩猩这会儿早四散开去，正是复仇的好时机，地位高的雄性会分头算账，好好给它们上一课，让它们这辈子也忘不了。黑猩猩要是吃了亏，一定会想法扯平，就和它们报答恩惠一样自然，我可不会低估它们的报复心。

人同其他动物并没有根本不同，只是我们把各种倾向性发挥到极致，因此能进行更复杂和更大规模的合作。几百个工人共同建造一架飞机，每个人的工作都建立在其他人的基础之上；任何大公司都有不同的岗位，人们各司其职，有条不紊。人类能合作到如此程度，靠的是更强的组织能力和更成熟的工作分工，我们铭记从前交往的经历，相信付出就有回报，建立彼此间的信任；而不劳而获的人则会得到相应的惩罚。人类的心理经过漫长的演化，使得人类社

会“猎鹿行为”的规模和复杂性都达到了动物界前所未有的程度。集体捕食大型动物的需求是合作行为演化出来的巨大动力，除此之外，祖先们也开展了多种多样的合作，它们一起照顾弱小的后代，在战争中一致对外，过河时合力搭桥，抵御捕食者袭击。我们的祖先从中获益匪浅。

一种理论认为，合作诞生于同陌生人的交往，因为要同素未谋面、萍水相逢的人一起做事，必须开发奖惩机制。大家都知道，如果实验室招募一群人来做实验，他们会自动遵循严格的合作原则，若有人不遵守，将受到集体制裁。这就是著名的强互惠理论。在一个群体里，所有人都付出努力，但凡有人占其他人的便宜，偷奸耍滑，其他人肯定特别郁闷。人们想尽办法惩罚这种小人，或者干脆不和他玩了。人类对骗子行径深恶痛绝，无需多言，可这种心态最初是如何产生的还是一个有争议的问题。和陌生人合作当然需要制定规则，但这并不代表准则的出现就是为了对付陌生人。在人类演 182
化过程中，陌生人真的起到了这么重要的作用吗？互惠利他理论的提出者罗伯特·特里弗斯(Robert Trivers)对此表示怀疑，他说：

人类天生对偶然发生且仅发生一次的合作表现出强烈的公平意识，但这并不意味着与生俱来的公平意识就是为了应对一次性的合作。正如动画片能唤起孩子强烈的情绪，但我们绝对不能说强烈情绪是适应动画片产生的。

记得我们前面讨论过的“动机自主性”吗，一种行为可能是针对原因 X 产生的，但在实际生活中可以用来应对 X、Y、Z 三种情形。当时我举的例子是父母对孩子的照顾，这种行为显然源自对亲生孩子的照顾，但对收养的孩子(甚至对宠物)也能用。根据同样的逻辑，特里弗斯相信交换的准则应该首先产生于熟识并住在一起的个体之间，然后才扩展到陌生人。因此我们不该把注意力全部集中到陌生人，因为社群才是真正孕育了合作的摇篮。猿类社会个体间的交换，也应该是先产生于种群内部再外延到种群间，同人类社会恐怕没有那么大的区别。

演化哪有那么多所谓“巨大的例外”呢。长颈鹿的脖子毕竟还是脖子啊。自然界经常玩的把戏就是在同一主题下发展出不同的变体，合作也包括在内。大自然中存在大量合作，猿类、猴子、吸血蝙蝠、医生鱼，不一而足。某些人刻意把人类的合作特殊化，其实根本就不符合严谨的生物演化学分析方法。

后来的要先得

你见过有钱人在街上游行，大喊“我们挣得太多了”吗？你听过股票经纪人抱怨提成应履行的责任吗？鲍勃·迪伦一语中的：“人
183 类不相信公平游戏，什么都想要，而且要按他的方式来。”既得利益者正是如此；相反，举行抗议游行的一般是蓝领阶层，他们声嘶力竭地申诉要提高最低工资，抗议工作机会都被海外劳工市场拿走了。2008 年，上百名妇女在斯威士兰首都举行游行，原因是国王的老婆们包了架飞机跑欧洲血拼去了。国家经济还不景气，王妃们滥用特权，太不像话了。

公平在“所有者”和“非所有者”眼中有双重标准。道理明摆着，但还是值得单独提出来强调一下，因为总有人声称人类的公平意识超越个人利益，是比“小我”更宏大的情怀。没错，这是如今大多数人的共识，也是人类社会种种制度的核心。可公平并非生就一副高尚面目，它背后是人类的情感和欲望，其中最重要的恰恰是忿怒的情绪。如果你胆敢在分比萨饼的时候给小孩子分配不均，哪怕他们是亲兄弟姐妹，后果也不堪设想，吃亏的孩子会立马跳起来大喊“不公平”，没见过谁能“超越个人利益”。事实上，我和我妻子年轻那会儿也经常为了追求公平闹不愉快，后来我们想出一个好办法，谁分就让另一个先挑。结果我们的切分技巧突飞猛进。

现代人坚持公正，只要结果对我们有好处。《圣经》里也有关于公平的故事，讲的是一个葡萄园老板在一天的不同时间出去找干活儿的伙计，找到了就带来园子里干活。大清早，他出价一个银钱，中午也是一个银钱，到了“第十一个时辰”还是一样。一天结束，开始发钱，他从最后来的人发起。先来的伙计寻思着他们在大太阳下工作最久，怎么也该多得点，结果发到他们一点儿也没多。他们就郁闷了。老板说我不欠你们的，最开始叫你们来就谈好工资了。故事的结尾就是农场主那句名言：“后来的要先得，先来的要在后。”

在这个圣经故事里，抱怨仍然只来自一部分人，就是早来干活 184
儿的那些伙计。他们对雇主怨声载道，如果后来的伙计真有那么一点意见，也是因为雇主的做法可能挑拨他和其他人之间的关系。但这也不难解决，他们只要有点自知之明，别显摆就行了。有时候我们明明是既得利益者，却站出来倡导公平，其实也是为了避免遭人嫉妒。在这方面，我不得不坦言，我是同意托马斯·霍布斯的意见的，他是一位哲学家，人称“马姆斯伯里的怪物”，他说人类之所以执着于公正，只是为了换取和平。

你可能觉得我一反常态，突然变得这么愤世嫉俗。之前我用那么大篇幅解释人多有共情心、多无私、多有合作精神，突然话锋一转，把公平意识也全部归结为人的自私自利。实际上并不矛盾，因为我相信人和动物的行为终究是为动作发出者服务的。在同情和共情问题上，演化造就出一种独立的机制，不管我们的直接利益是不是受到威胁，这些情绪都会冒出来，让我们不由自主甚至在不知不觉中同情他人。我们对他人的关心是与生俱来的，希望看到别人高兴、健康，哪怕对自己没有直接好处。之所以演化出这样的特质，归根结底是因为这种特质肯定让我们的祖先尝到了甜头。但公平意识却没法这么解释，以他人利益为驱动力可能只起到很小的作用。因为人最主要的情绪都是从自我出发的，我们最自然的反应就是把自己的所得和他人做比较，也会在意自己在他人眼里是什么样（我们都希望自己看起来比较公正）。在“自我”之后，才是对他人的关注，其目的也是因为我们都希望生活在可靠和融洽的社会中。后面这种情绪在其他灵长类中也有所体现，它们也会尝试化解矛盾，让冲突双方和好如初。只不过人类比之更进一步，会未雨绸缪，资源分配对每个人产生的影响都被我们看在眼里。

儿童对不公的抗拒表明人的公平意识已经深深植根于我们每个人的天性之中，另外，纵观历史，狩猎采集者也讲求平等，又证明了它由来已久。某些文化甚至不允许猎人分配自己抓到的猎物，就是为了防止他们偏向家人。现在，仍然有人认为公平是人类文明发展到近代才产生的崇高原则，是启蒙运动那会儿一些智者的智慧结晶，他们真是低估了公平意识的渊源。如果我们只把目光停留在几百年前，而不上溯到百万年之前，怎能真正领会人类的品性呢？智者真能对人类行为做出规定吗？他们或许只是重新总结了我们每个人都懂得的道理，他们擅长做这些事，却不该因此就觉得所有行为准则都是他们发明出来的，就像我们不能说古希腊人发明了民主一样的道理。在没有文字的原始部落里，长者经常要花几小时甚至几天的时间，听其他成员念叨各自的看法，然后才下达重要决定。他们的民主与当今社会并无二致。实际上从我们的祖先第一次分配合伙捕猎的战利品，公平的原则就产生了。

研究人员在实验室验证了这种假说，他们让两位实验参与者自行分配钱财，只有一次机会。一位先分，然后和搭档商量能不能接受他的分配方案。科学家称之为“游戏”，因为一旦分钱的人提出方案，主动权就转移到搭档手中。如果搭档不接受分配，钱就没了，双方谁也得不到。

让我们来分析一下，如果人一味寻求利益最大化，那他理应接受任何分配。即使分配者给出 9∶1(9 给自己，1 给搭档)这样超级不合理的提议，搭档也该默默拿下。聊胜于无嘛。拒绝反而是非理性选择，然而却是实验中多数人的态度。美国人类学家约瑟夫·亨里奇和他的工作组对 15 个小规模社会进行了比较，发现来自不同文化背景的人对公平的执着程度也不同。参与实验的人给出了从 8∶2 到 4∶6 的不同分配方案，可即使是 4∶6 这种先人后己的慷慨方案也会遭到一些人的拒绝，他们把厚礼看作施舍，接受了就表示低人一等。多数文化背景下的人还是会给出接近公平的分配方案，通常只是略微偏向自己，比如 6∶4。这和现代化社会比较相像，科

186 学家在大学生中做同样的实验，6∶4 也是最常见的方案。

公正是全世界人类的共识，即使在法国启蒙之光照耀不到的地方依旧成立。在最后通牒游戏中，所有参与者都会主动避免特别偏颇的分配，他们可不想让人觉得自己特别贪婪，因为脑部扫描结果显示，搭档面对不公平分配会产生轻蔑和愤怒等负面情绪。最后通牒游戏的妙处就在于，游戏的结果能直接反映出这些情绪——搭档感觉自己遭到不公正待遇，可以直接用行动进行报复，尽管报复的同时也惩罚了自己。

这种做事方式表明，对人来说某些原则比赚取净收入更重要。我们不可能对不公平的分配视若无睹，一旦见到就想与之抗衡。人这么做是为了让人与人之间的关系更为紧密而融洽，在前面提到的多文化研究中，总是给出最公平分配方案的人群，也是合作程度最高的群体。印度尼西亚拉玛莱拉村捕鲸人都是合作标兵。捕鲸是一项异常惊险的工作，十几个男人在一条独木舟上迎战巨鲸，几乎赤

拉玛莱拉村捕鲸人的捕鲸行为非常危险，但也收益颇丰。大家团结协作，所得全部均分

手空拳，他们各自家庭的命运也因此被紧紧联系在一起。这些人在船上通力合作，默认将来平分所得。相反，如果一个群体的每个家 187
庭自给自足，那群体中的人来参与最后通牒游戏，就比较容易给出不公平的分配方案。这里又体现了猎兔和猎鹿的区别，人类公平意识的产生，和集体生存息息相关。

我们猜想二者之间的联系非常古老，后来还真的得到了验证。我和我的学生萨拉·布罗斯南有一次用卷尾猴做实验，需要把它们搭配成一对一对的，萨拉发现这些猴子特别不愿意看到同伴得到的奖励比自己多。起初这只是一种模糊的感觉，因为我们注意到吃亏的猴子拒绝再参与实验，也并没有太在意。直到有一天我们发现经济学家已经把这种行为冠以一个特别炫的名字——“不公正规避”，整个学术界已经开始严肃讨论这事儿了。争论明显是围绕人类行为，可我们觉得猴子也可能同样厌恶不公平。

萨拉再次把一对一对的猴子凑过来。在第一轮实验中，萨拉把一枚卵石交到一只猴子手里，然后伸出手来让猴子和自己交换黄瓜片；接着转向它的同伴，再用同样的方法做交换。如此往复 25 次，两只猴子仍然乐此不疲，情绪高涨。然而一旦出现不公平待遇，气氛立马严峻了。一只猴子仍然用卵石换黄瓜片，另一只却能得到它们最爱吃的葡萄。得葡萄的显然没意见，得黄瓜的就不干了，而且它才不会忍气吞声，发怒的猴子会把手里的卵石狠狠扔出测试的笼子，有时候连黄瓜也不稀罕，统统扔出去。要知道黄瓜片虽然不够奢侈，也算不错的小吃了，平时它们也吃得津津有味，然而此刻再吃起来绝对不是滋味。

前面提到人类在不公平的情况下宁可不要钱，哪怕之前谈好了价钱，突然发现不公平，也会怨声载道；猴子看见同伴的待遇比自己好，连好吃的也可以放弃，和人类的反应如出一辙。这种态度从何而来呢？我想，没准就是在合作的过程中诞生的。尽管天天盯着别人的得失显得太小肚鸡肠，也不够理性，可长远来看，防范之心可以避免自己被人占了便宜。大家都来监督，确保每个个体的利益都被严肃对待，反过来恰恰可以让所有人获益。我们的研究首次表
188 明，自打动物开始懂得一报还一报，对不公平的抗拒就产生了。

要是我和萨拉仍然沿用“愠怒”和“艳羡”这样的老字眼，那我们的发现可能就会遭到忽视。可正是因为我们认为猴子的行为和人的“不公平规避”没有两样，我们的结论勾起哲学家、人类学家、经济学家的浓厚兴趣，甚至让他们有点手足无措，从前他们未尝没有见过这样的比较，通常都嗤之以鼻。紧接着，知名媒体刊载出愤怒的评论，当然大量演讲邀请也接踵而至。无独有偶，我们的论文发表当天，纽约证券交易所的头儿理查德·格拉索因其将近 2 亿元的巨额薪酬引发众怒，被迫卸任。各路评论禁不住拿人类社会中毫无节制的贪婪，同我们做实验用的猴子做对比，建议人还是要从它们身上学点东西。

2008 年，美国政府对金融界投注了大量的金融援助，群众的反应又让我不禁想起先前的人、猴比较。财大气粗的 CEO 大亨们惯用巨资做各种赌注，本来就让人深恶痛绝，这次输了，却要拿纳税人的钱去填他们的坑，于是媒体报道中铺天盖地全是人们愤怒的声音。一本商业杂志写道：“民众对有钱人一贯不信任，当他们意识到大银行和有钱 CEO 这次竟然可以接收到 7000 亿美元的抵押贷款援助，公愤被点燃，成为救助的巨大障碍。”有人把这次援助看作自

由经济结束的标志，他们觉得这种政府行为对资本市场的冲击，可以和柏林墙倒塌对共产主义的影响相提并论。但对我来说，最有趣的还是人的反应，当看到大公司 CEO 从原本奢华的办公室搬出去，民众中会明显弥漫起一种幸灾乐祸的情绪。当这样的命运降临到雷曼兄弟公司总裁理查德·福尔德身上，艺术家杰弗里·雷蒙德为他创作了一幅肖像画——“写满注释的福尔德”，丢了工作的员工可以在前总裁脸上留下最后的告别之言。不用说，对自己的百万富翁老板，员工们可没表现出多少热爱，有人写道：“吸血鬼!”“贪婪!”还有人反讽：“看好你的别墅吧。”

要是某个公司一边寻求政府援助，一边不知天高地厚地享受度 189
假生活，那民众反应必然更加激化。据我所知，有个公司的高层们在特殊时期集体跑去豪华温泉按摩。另一个公司组织大家到英国打鹌鹑，员工们穿着条纹短裤来回溜达，在高档宴会上品尝昂贵的美酒。一位总管还向一个隐藏了身份的记者不小心透露：“经济衰退会持续到 2011 年，可这不影响我们及时行乐啊，打猎不是一切顺利吗，我们在这儿放松得很呢。”一个月后，底特律三大汽车制造巨头到首都华盛顿，为他们经营不善的公司向政府寻求帮助，错就错在他们竟然是开私家飞机来的，这又惹得群情激愤。难道这些有钱人就没意识到整个国家的人民已经受够了数目庞大的有钱人阶层吗？一贯低调的专栏作家莫林·多德感叹道：“必须夹起尾巴做人!”

毋庸置疑，其他灵长类动物同人类对不公的愤慨有明显的相似性，但我们仍然需要严谨地用实验排除掉猴子行为的其他解释。我们分别对最简单和最复杂的情形进行了检验。其中最简单的解释是，猴子看到葡萄，黄瓜的吸引力一下就被比下去了，就像人看到啤酒就不会喝水一样。换句话说，可能猴子并不是嫉妒伙伴得到的东西太好，而仅仅是想得到更好吃的东西。为了验证或证伪这种假说，我们在原来的实验里加了个小环节，每次公平测试猴子们仍然会得到黄瓜，但实验开始前工作人员先对着两只猴子晃晃手里的葡萄，只是为了让它们看到我们有更好吃的食物。看似挺不厚道，可实际上这种招摇的行为没对猴子造成任何影响，它们仍然心满意足地和我们换黄瓜。只有当我们把葡萄给其中一只，另一只才会奋起反抗。因此不公平才是猴子愤怒的根本原因。

再看最复杂的情形：假设猴子把公平视为最高行为准则，那它们不该仅仅在意自己吃亏，多得了也会不安。到目前为止还没有这样的证据。得了便宜的猴子从来不会为了公平而把“多余”的葡萄贡
190 献出来。因此，这里我们说“公平”，应该理解为最自我中心的一种公平，和人类的小孩子一样。

那么猿类是否能遵循真正的公平准则呢。它们其实比猴子更关注个体间的交流，而且把共同完成一项任务时每个个体的贡献记在心里。比如黑猩猩，它们甚至为了化解争端，宁可放弃眼前的食物。有一次两只雄性为了一根茂盛的树枝打得不可开交，一只年轻的雌性冲过去制止，只见她一把夺过树枝，狠狠折成两半，一只一半，女王范儿十足。它这么做是因为想阻止一场争斗呢，还是因为懂得公平的原则？我们甚至曾经观察到一只雌性倭黑猩猩，因为自己得到太多了而不安。那次它被抓进实验室做一项和认知有关的实验，我们给了它好多牛奶和葡萄干，它注意到其他雌性都远远地看着自己，过了一会儿，它干脆一概拒绝，眼巴巴地望着工作人员，

指指其他个体，直到它们都得到了一点，才坦然吃起自己那份。

这只倭黑猩猩的做法毫无疑问是非常明智的。猿类都有一定的远见，会提前设想行动的后果，要是它图一时之快，肆无忌惮地当众享受特权，一会儿回到群体里就会遭报应。特权之上永远悬着乌云。下层看上层挥霍他们的特权，忿恨积聚，最后甚至会以血腥的形式爆发出来，人类历史上不乏这样的例子。连黑猩猩有时也会恨从心生，凶残地攻击人类，历史上确有其事，始作俑者就是一块蛋糕。故事的主角是一只在媒体面前屡屡亮相的宠物黑猩猩莫（Moe）。可惜2008年是它最后一次出现在新闻里。这次是因为它从加州的保护区跑掉了，保护区群山环抱，山上都是密密麻麻的灌丛。除了一个裸体团（Nudist camp）号称看到了“猴子”（无法确认），直升机、猎犬、监控相机全都一无所获。

莫打小被一对美国夫妇从非洲带到遥远的美洲，他们对莫视如己出。可随着时间的过去，莫长得越来越魁梧，野性也逐渐显现出来，不再适合做宠物了。一次，莫攻击了一位妇女和一位警官，夫 191
妇只好同意交出莫，让它住到加州的保护区里去。夫妇俩仍然定期去看望他们的“男孩子”。莫出逃前几年的一天，夫妇俩带去了一些甜品，为莫庆祝39岁生日。莫的生日礼物真丰盛，它收到了一只覆盆子蛋糕，还有一些饮料和玩具。如果周围没有其他黑猩猩，那故事的结局就会完全两样。偏不凑巧，保护区刚从一些虐待动物收容所和好莱坞驯兽师那里收纳了一些黑猩猩。莫当然没有这种觉悟，它在养父母的注视下兴高采烈地大啖它的蛋糕，说时迟那时快，两只黑猩猩破笼而出，直奔男人而去。我猜要不是有铁栏杆挡着，倒霉的肯定是莫。这是有史以来最可怕的动物袭击人的事件之一，而黑猩猩采取的攻击手法和它们对同类是一样的，两只黑猩猩把男人的鼻子、脸和臀部咬得稀巴烂，扯掉了他的脚，咬掉了两只睾丸。所幸的是男人最终保住了一条命，并不是因为黑猩猩口下留情，而是它们在继续进攻前被击毙了。

我们无从知道这次袭击的动机是黑猩猩感到领地被侵犯（黑猩猩对陌生人一向不友善），还是因为看到所有关注和好东西都被莫独吞了。这次历史事件相当于一次没有事先准备的实验，实验设定的“不公平”条件远比我们设定的更夸张。在我们的实验中，猴子看到其他伙伴吃葡萄，低头一看自己只有黄瓜，就会不高兴；可想而知当它发现自己一无所有，另一只伙伴却拥有整个糖果店，心里得多不是滋味！莫的人类伙伴或许都没注意到黑猩猩对不公平待遇有多敏感，尤其当得到好处的同类压根算不上朋友。

我相信，人类追求公平的根本原因在于想避免此类负面后果。在这点上，“马姆斯伯里的怪物”（前面提到的托马斯·霍布斯）和“巴尔的摩圣人”（美国作家 H. L. 门肯）意见一致。门肯也说：“如果你想要和平，那就为公正而努力吧。”当然我不否定其他因素的存在，比如人会从他人感受出发。多数人普遍接受公平原则，于是自然地认为别人理应得到我们自己所喜欢的待遇，同时己所不欲，勿
192 施于人。这种逻辑很简单，也确实让公平显得更名正言顺，然而在内心深处，我们却深知不公的危险后果。不管我们给公平和正义冠以何种尊贵的理由，归根结底是由于我们期待一个和睦而有效的社会环境。

其他灵长类动物看起来确实不如我们目光长远，它们往往更关注眼前利益，但也不能因此下结论说它们没有公平的原则。毕竟动

物的“不公平规避”研究才刚起步。萨拉和我用黑猩猩重复了先前我们用卷尾猴做的黄瓜/葡萄实验，发现它们的反应和猴子非常相像。和猴子实验不同的是，在这次的实验中我们同时观察了一项人类特有的倾向，那就是人类对关系比较近的个体，往往会放松对公平的算计。相比于熟人、同事和邻居，我们对家人、朋友和配偶，通常不会精心计算得失，对不公平也没那么敏感。这个特点在黑猩猩身上恰恰得到了印证。那些不怎么待在一起的个体（像莫和保护区其他黑猩猩的关系），对彼此的得失斤斤计较；而自打 30 年前保护区建立就来到这里的伙伴，看到对方多得到些好处，连眼皮都懒得眨一下。它们是一起玩大的，对不公建立了免疫力。社会关系上的远近明显对黑猩猩的公平敏感度有影响，人也一样。

不公平规避毫无疑问将有很多值得研究，我甚至觉得这种特质不仅局限在灵长类，而应适用于所有社会性动物。艾琳·佩珀伯格博士同她那两只聒噪的非洲灰鹦鹉的常规晚餐就是非常有趣的例子。老的那只叫亚历克斯（Alex），年轻的叫格里芬（Griffin）：

> 我同亚历克斯和格里芬共进晚餐。千真万确的“共进”，因为它们真的从我盘子里抢饭吃。青豆和西兰花是它们的最爱。我的工作就是公平分配，否则就要忍受一通大吵大嚷。亚历克斯一旦发觉格里芬比它多一粒，马上小题大做，大喊：“青豆！”格里芬也好不到哪儿去。

另一种可能做出类似反应的动物是狗，它们是集群捕猎者的后 193
裔，其祖先惯于分享猎物。维也纳大学聪明狗实验室的弗里德里克·兰治(Friederike Range)用一些会同人"握手"的狗做实验，发现如果一只狗握手之后什么也没得到，却发现同伴得到了奖励，那它下次就不伸爪了。用行动做出抗议的狗看起来很紧张，它们不时搔搔痒，然后望向别处。奖赏本身不是原因，因为严谨的科学家也做了对照实验，如果所有狗都没有奖赏，那它们是非常乐意握手的。因此狗对公平或许也是很敏感的。

猴子货币

20世纪30年代，耶基斯国家灵长类研究中心还位于佛罗里达的奥兰治公园。科学家决定让他们养的猿也领略一下钱的美妙，于是给它们发了些代币，可以随后用在一种自动售货机上，塞进代币就能掉出吃的。黑猩猩们首先需要明白，代币是一种期票，可以攒起来，也能换来其他东西。科学家让它们领悟到这点后，再为不同的代币赋予不同面值，白色代币能换一颗葡萄，蓝色的换两颗。很快，黑猩猩就培养出对高面值代币的偏好。

我们的卷尾猴也能学会用代币换吃的。在一项实验中，萨拉甚至成功地让猴子互相学习。她准备了两种代币，一种换青椒丝，另一种换甜麦圈。青椒丝差不多是猴子勉强才愿意吃的东西，而甜麦圈是绝佳的美味。猴子们排队换吃的，后面的看前面的，就培养出对"甜麦圈代金券"的偏好。

我在前几章讲到的一项实验也涉及了"金融技能"，实验中，卷尾猴可以在"自私/独享"和"亲社会/共享"两种代币中做出选择，如果选“自私/独享”，那只有自己能得到好吃的；而如果选择了“亲社会/共享”，那自己和同伴都能得到吃的。大多数猴子都会选择后者，证明它们在乎同伴。黑猩猩也如此，这已经是普遍认识，194
它们经常互相帮助，一致对抗竞争者、互相安慰，甚至在同伴遇到豹子的时候挺身而出，在实验中也表现出有针对性的帮助。看来，亲社会性果然有悠久的历史。

一只卷尾猴从洞里伸出胳膊，在两根做了标记的管子之间做选择，另一只同伴能看见它。之后管子可以用来换食物。一种管子能给两只猴子换来吃的，另一种只能给选管子的猴子换来吃的。卷尾猴通常都会选择拿取“亲社会”的代币

然而利己主义也无处不在。在用卷尾猴做自私-亲社会实验时，我们发现三种办法能让它们对实验伙伴的善意荡然无存。第一就是找个陌生猴子和它配对，素未谋面的猴子能让它瞬间切换到自私模式。这没什么意外的，毕竟种群内部才是合作的摇篮。

第二种方式更有效，只要用一块硬板隔开两只猴子，让它们彼此看不见。哪怕做决定的猴子明明知道板子后面就是同伴，甚至能通过板子上的小孔看到对面，也拒绝做亲社会的选择。真是眼不见心不烦，好像伙伴根本不存在似的，立马变自私了。这个现象说明，要想分享，必须能看到分享的对象。人做好事之后会心情愉快，脑部扫描也显示，当我们

给予的时候，自己的奖赏中枢就亮起来。猴子大方给予之后有可能也会获得相似的满足感——仅在它们能看到产出的时候才成立。这同人类“同情心”最早的定义不谋而合，看到他人走运，我们也会获得愉悦感。

人类有巨大的想象力，能想象穷苦家庭的成员穿着我们捐给他们的衣服，也能想象在地球另一端一所小学在我们的帮助下建立起来。光想就能让我们感觉良好。然而猴子恐怕不能理解行动的后果
195 也能穿越时空距离。只有当获益者在视野之内，给予的行为才能反过来带给自己温暖的感觉。在选择过程中，猴子和人的情绪可能没什么大区别，只是猴子似乎只在有限场合才情绪外露。

第三种去除友善的方式最有趣，就是制造不公平。如果同伴的奖赏比自己好，猴子就不愿再做出亲社会的选择。所以分享本身不成问题，关键是要能看到分享对象，同时自己得到的不比对方差。一旦对方的所得胜过自己，那竞争意识立马开始作怪，慷慨靠边儿站吧。

经济学充分利用人的天性，通过挑起竞争心态榨取更多资源。因为人总想在社会地位相当的人群中胜出——最起码不掉队，因此永远得更努力工作；这点在其他灵长类身上也适用。佩珀伯格博士的灰鹦鹉有攀比心，而我们也发现如果把黑猩猩的奖赏给它的同伴，该得奖的这只就会努力表现得更好。实验员让黑猩猩从触摸屏上选择图像，连续选 100 张，连人都难以做到精力集中，更别提黑猩猩了，它们一走神就犯错，结果本来能到手的水果就被克扣了。更悲惨的是，我们没把扣下的水果暂放一边，而是顺手给了它邻近的同伴，这让参加实验的黑猩猩受刺激了，它立马抖擞精神，集中

注意力，视线不离屏幕，看来当真不想自己的吃的跑到别人肚子里去。我们把这称为“竞争性奖励”范式。

看，我们关注的明明是竞争问题，却突然收到一封莫名其妙的邮件，说我们是一帮“共产主义者”——别狡辩了，除了共产主义者谁还认为公平意识与生俱来啊？本来我们对这种诡异的邮件早该见怪不怪（比如最近刚有一个男人自拍了张胸毛密布的照片发给我们，怀疑自己的祖先是猿，当然这点我们不能否认），可这封质问信措词激烈，听起来很生气，责怪我们把社会性合理化（实际上我们的文章根本没有得出这样的结论，连人的社会性也没有论证）。信中说：公平和正义？简直是一派浪漫主义胡言乱语。让我们觉得有趣的是，我们的观察恰恰与他领会的相反。在我们眼中，猴子就是一个个小资本家，只不过屁股后面拖了条尾巴而已：别人给它出力，它就赏点恩惠；吃了亏绝对锱铢必较；它们能理解金钱的价值；不公平对
它们来说是巨大的冒犯。总之，猴子对一切事物的价值算得可清了。 196

关键在于某些人忽略了公平有两个维度的含义。一方面，大家的收入必须平等；另一方面，付出和获得也要平衡。我们的猴子像人一样，对二者都非常敏感。把欧洲和美国做一下比较，就能更形象地体会两种维度的区别。欧洲和美国恰好分别强调二者之一。

刚来美国的时候，我的感觉常常自相矛盾，一方面觉得这个国家比我从前见识的欧洲更缺乏公平，另一方面又觉得她特别公平。我在这里看到发展中国家才可能见到的穷人，作为世界上最富有的国家，怎么能容忍如此极端贫困的存在呢？后来的发现更令我无法容忍，穷人的孩子只能去又穷又差的学校，富人的孩子才能去有钱的学校。公立学校的资金主要来自州税和本地税收，因此不同的

州、不同城市，甚至社区和社区之间都可能条件悬殊。这和我从前的经验相左，在欧洲，不管家世背景如何，所有孩子都能去同样的学校。要是一个人的出生就决定他所接受的教育质量，这样的社会怎能自我标榜机会均等呢？

然而在这里我同时注意到，如果一个人积极争取，就像我，那没有什么会挡在面前。这个国家不存在嫉妒，嫉妒甚至是学术界的一个笑柄（“为什么科研界打得不可开交？因为没啥要紧事儿！”），大多数情况下，如果你成功了，别人会由衷为你高兴，祝贺甚至奖励你，给你涨工资。成功是一件值得自豪的事儿。美国的这个特点多么令人欣慰。不像在某些国家，稍一露头就给你敲回去，我的祖国荷兰还有这么一句谚语：“表现正常已经够疯狂了！”

给人套上规矩的枷锁，阻止他们取得成功，这就破坏了付出和所得之间的必然联系。如果两个人付出的努力、积极性、创造力和天赋都不一样，却获得了一样的报偿，这能算公平吗？更努力的工
197 人理应得到更多。这是自由派所理想的公平，是典型美国人思维，同时，这也是所有移民者的希望和梦想所在。

但对于大多数欧洲人，这种理想绝对要靠边站。他们更信奉芭芭拉·史翠珊扮演的多莉·利维在1969年老电影《我爱红娘》中所说的：“抱歉我用词不雅，但钱如果不散发给更多人，就毫无用处，跟粪土没两样。”欧洲报纸社论曾明确写道，电视人的收入绝不该超过州首脑，CEO工资也不该超过一般员工。在这样的理念下，欧洲确实是一个更适宜居住的地方。她没有美国那种巨大的文化水平低下的底层阶级——靠食品券勉强度日，病了只能钻医疗体系的空子，赖在急诊室里。可硬币都有两面，欧洲没有特别

刺激人奋进的氛围，因此失业人员也没有特别强烈的动力找新工作，人们也不太爱从头创业。因此我们能看到很多年轻企业纷纷从法国撤到伦敦和其他地方。

美国各大公司CEO们名正言顺地拿着比普通工人多出好几百倍的工资，这个国家的基尼系数(用来衡量一个国家收入差距)飙到了前所未有的高度。其最富有的1%的人的收入份额，最近刚刚回到了大萧条时期的水平。正如著名经济学家罗伯特·弗兰克所说，美国已经成了一个赢者全胜的社会，这里收入悬殊，给社会结构的稳定造成了巨大隐患。穷人越来越仇恨富人，富人也越来越怕穷人报复，于是撤退到他们自己的小圈子活动。健康问题是更大的负担，美国人均寿命位列世界40名开外，理论上来说，这可能是最近移民增加所致，他们没有保险，饮食习惯也不好，但这些因素都不足以解释健康状况和收入之间严格的相关性。美国社会也体现出另一种相关性，不特别强调公平的州，人的死亡率也高。

英国流行病学和健康专家理查德·威尔金森是第一个收集具体数据并进行统计学分析的科学家，最后归纳为一句话：“不公平坏大事。”他相信收入差距必然造就社会阶层。相互信赖减少，暴力频发，让整个社会弥漫焦虑情绪，破坏富人阶层和穷人阶层各自 198
的免疫系统。负面效果将逐渐蔓延，渗透至整个社会：

> 收入不均同一个社会的健康状况相关，之所以如此，是因为收入差距代表了社会等级分化程度，它或许能反映出社会距离，以及与此相关的种种情绪，比如优越感、自卑感和缺乏尊敬，等等。

我尤其要提醒读者，千万不要误解我的意思。任何头脑清醒的人都不会支持工资一刀切，也只有骨灰级保守派才相信富人要对穷人负责。两种公平——不管是人人均等，还是获得同付出成正比——都是非常重要的。尽管欧洲和美国所执着的“公平”是不同维度的公平，但二者为了强调一种公平必须在另一种公平上做出妥协，付出的代价都是巨大的。在美国生活了这么多年，我仍然难做取舍，评出个孰优孰劣。不仅因为二者各有利弊，也因为这本身就是一个假命题，谁说二者就不能结合呢？某一个政客或他们的政党，或许必须从二者之中选择其一，但整个社会却一直在两个极端间摇摆，试图在符合国家原则的前提下，寻找最有利于经济发展的平衡。法国大革命提出自由、平等、博爱三原则，如今的世界，美国将自由奉为最高精神，法国坚持平等，但在我看来，只有博爱传达出包容、信任和团结的意味。从道德上来讲，博爱最为高尚；而若没有自由和平等，博爱也无从谈起。

考虑到灵长类的特点，博爱又是最容易理解的，因为要想在野外生存下去，必须建立彼此的依恋和紧密联系，整个群体也得有一定的凝聚力。漫长的演化让灵长类动物成为天生的社区营造者。但与此同时也让它们谨记公平分配和“一分耕耘一分收获”的道理。贝叶斯丢了食物冲萨米咆哮，它是在捍卫自己努力工作的
199 所得。这不仅仅是公平那么简单。贝叶斯就像那些葡萄园工人，会算计自己付出了多少。事实上，我们的一项灵长类实验恰好表明，奖励取得越艰难，对伙伴得到更好的奖励就会更敏感。它们仿佛在抱怨：“费了这么大劲，我还不如它吗？”

在有公平意识的灵长类中，上述反应很有代表性，然而有明显

社会等级的物种就不适用了。狒狒就属于这一类。它们的社会宽容度和共情心都是臭名昭著的低。美国灵长类专家本杰明·柏克观察芝加哥附近的布鲁克菲尔德动物园里的狒狒。从一只雌性对另一只雄性的帮助过程，可以看出支配地位从中作梗。雄性狒狒有雌性的两倍大，长着匕首一样的犬牙，所以雄性必然处于强势地位。一只名叫帕特的雌性学会了从雄性皮维够不到的笼子另一头把长竹竿捡过来给皮维。之前，皮维也用竹竿够过吃的，每次帕特只能分到点渣儿。但自从帕特主动帮它捡竹竿，皮维就彻底变了样儿，捞到食物后和帕特对半分，好像它清楚帕特也有贡献。但随着配合的进行，帕特的份额越来越少，最后只能拿到 15% 了。这也比没有强，所以它欣然接受，照旧默契配合。这样低的报偿在人玩最后通牒游戏的时候，是不可能接受的。别说人了，换成卷尾猴或者黑猩猩，肯定都会对酬劳极为不满，高声尖叫进行控诉。

当我读到《法兰西组曲》的段落，看到贵族和普通人都褪去了社会阶层的烙印，混在一起，就不禁思考等级、公平、不公平、应得、不应得之间的界限。一个工业化的多阶层的立体社会，在漫长的演化史上是新鲜的，但这种情形背后的人的情绪却是灵长类所共有的。现代社会长久以来致力于建立等级制度，底层不仅害怕上层，也对上层充满仇恨。因此我们随时准备颠覆等级，这 200
个习性继承自遥远的祖先，它们游荡在热带稀树大草原，以公平为原则组成行动小分队。它们给我们遗传下来的对不公平的排斥并不是完全中立的，吃亏的永远比占便宜的反应更强烈。当然，得了好处的个体也不是对不公平完全无视。可你就看吧，怒气冲冲甩开食物的，保准是那只得了菜叶子的——看着少数特权阶级大啖甜美的水果，气就不打一处来。

罗宾汉(Robin Hood)深得其中奥义。人类最深远的愿望还是让财富扩散到更多人手里。

第 7 章　弯曲的木材

弯曲的木材

07

人性这根曲木，决然造不出任何笔直的东西。

——伊曼努尔·康德，1784

我们一直很清楚，不加约束的自私自利是不道德的，现在我们意识到，它也是不利于经济的。

——富兰克林·D. 罗斯福，1937

一次，一个宗教杂志给我出了个题，如果我是上帝，我希望怎样改造人类。这可得仔细想想。生物学家都懂得“意外后果定律”，这定律和墨菲定律差不离，说的都是结果的不可预料性。人类历史上每次我们想行使点主观能动性，往生态系统里引入什么新物种，结果都是一团糟。尖吻鲈游入维多利亚湖，兔子跑到澳大利亚，野葛在美国东南部蔓延，人类这些经意或不经意的行为，从没带来什么好处。

每个物种本身，包括人类自己，也是一个特别复杂的系统，因此不难预料，改变这个物种，也会符合“意外后果定律”。行为主义心理学家 B. F. 斯金纳写过一本小说叫《沃尔登第二》(*Walden Two*)，书中描述了一个乌托邦社会，父母不在孩子身上浪费时间，同伴也不没完没了地互相感谢，生活更美满，生产力也更高。这个社会中的人只能感恩社会，不能感激其他成员。斯金纳实际上为这个乌托 202
邦假定了更多奇怪的规则，但上述两点我尤其印象深刻，因为家庭关系和互惠互利是有史以来其他任何社会赖以维系的根基，而他的两点恰恰拧着来。斯金纳一定相信他能通过这些规则完善人类的天性。我还听到过一位心理学家建议大人们监督孩子每天互相拥抱若干次，因为拥抱是一种非常积极的动作，能促进小朋友们的感情。但谁说强迫的拥抱也有一样的效果啊？这明明就是把一种原本有意义的动作变成不再值得信任的动作。

在本书前几章，我们已经从罗马尼亚孤儿院的例子看出，如果照行为主义儿童工厂的培养方法会得到怎样的恶果。尽管这么多年来人类一直对“重构人性”抱有坚持不懈的兴趣，但我对其效果深表怀疑。1922 年列夫·托洛茨基描述了“新人类”的美好前景：

毫无疑问，未来的人类、公社里的人民，必将是有趣和魅力十足的生物，他们的心理也必然和今天的人截然不同。

马克思主义建立在用文化重新设计人类的幻想之上。它认为人没有所谓天性，生来一张白纸，需要后天通过环境、教育、洗脑（或者随便你怎么叫）所书写，既然人是如此，我们也完全有可能建立一个完美的充满合作的社会。美国的女权运动与此异曲同工（请注意这一点同欧洲不同），认为性别角色可以彻底被颠覆。几乎与此同时，一位著名性学家竟把一个阴茎损失了一部分的男孩彻底阉了，他觉得只要把他（她）当女孩养，他（她）仍然可以快乐成长，人生将毫无影响。这个“实验”最终没能重构人，而是造就出一个人格极其扭曲的个体，他（她）后来就在困惑中自杀了。我们无法忽略性别认同背后的生物性渊源。同样道理，人类这个物种的种种行为
203 偏好，也是历史上任何文化都无法抹杀的。正如康德所说，人类的天性如同最硬的树根，是非常难以雕琢和改变形状的。

你有没有这种感受：某人个性中最糟糕的部分也往往是最值得

称道的。比如事无巨细的会计不苟言笑，别人说笑话他也听不懂，可正是这些特点让他成为最称职的会计；再比如你的某个阿姨口无遮拦，经常让人难堪，却是聚会气氛调节的关键人物。人类的各种特点也都有其两面性。我们在大多数情况下不喜欢自己咄咄逼人、争强好胜，可社会真离得了这种精神吗？人们将统统变得羊一般温顺，体育运动将不在乎输赢，世界上没有企业家，流行音乐只剩无聊的催眠曲。我并不是歌颂人的进攻性，但事实上它无处不在，并不只体现在谋杀和故意伤害事件中。因此如果让人把性格的这一面完全抹杀，也需要非常慎重。

人类是拥有两种极端特点的猿。一方面我们有倭黑猩猩的温柔和性感，我们都希望去发扬它，但也需适可而止，不然世界就成了性解放的嬉皮狂欢了——快乐或许还可以保障，生产力就没谱了；另一方面我们也有黑猩猩的残忍和强势，我们或许希望竭力压制它，可也确实不能完全没有，不然如何去扩展疆域和保卫领地？你可能要问了，如果所有人一起变温柔，不就没问题了吗？但这同样是不稳定的，除非这样的文明能对突变有免疫，战争狂人随时可能出现，拿起武器直捣其他所有人的软肋。

因此，我给出的答案有些蹊跷，但我确实不想冒险对人类现有天性进行任何改变。只有一点——如果可能的话，我希望能让人对他人感受更敏感。如今的世界拥挤不堪，不同的种族和群体杂糅在一起，最大的问题就是忠诚过于狭隘，所有人都只对自己的国家、群体或宗教保持忠诚。人深深鄙视长相、想法与自己不同的人群，
哪怕他们和你比邻而居，身上有和你几乎完全一样的 DNA。最典 204
型的就是以色列和巴勒斯坦。每个国家都默认自己比邻国优等，任

何宗教都觉得只有自己掌握真理。在这种情况下，怒火一点就着，随时准备把对方夷为平地，甚至斩尽杀绝。在美国，前几年世贸双塔被飞机撞塌，首都也发生了大规模炸弹袭击，上千名无辜死者被尊为正义战胜邪恶的象征。然而陌生人的命却一钱不值。记者问美国前国防部部长唐纳德·拉姆斯菲尔德，他为什么对伊拉克战争中死亡的本地居民只字不提，部长回答："关于这个问题，我们从来不计算外国人的死亡数目。"

对"外国人"的共情是当今世界的稀缺资源，在我看来比石油更紧缺。只要有一点就好。这会造成什么样的改变呢？2004 年，以色列司法部部长约瑟夫·拉皮德被晚间新闻出现的一张巴勒斯坦妇女的照片深深打动。"我从电视上看到一张照片，一位老奶奶趴在自家的废墟上，从碎砖头下翻找自己的药。我想，'如果这是我奶奶，我该怎么做呢？'"拉皮德的感伤激怒了众多强硬派分子，但我们也看到共情心是如何扩展到另外的群体。就在那人道精神闪现的一瞬，这位以色列部长把巴勒斯坦人纳入了他的关切对象。

如果我是上帝，我要努力让共情在更广的范围发扬光大。

俄罗斯套娃

法学界、商界和政界都执有一种根深蒂固的观点，认为人是争强好胜的动物，在这种氛围下，想让共情扩散可不是件容易事。社会达尔文主义早过时了，人们都承认它只是维多利亚时代遗留下的旧观念，可实际上它到今天还在很多角落阴魂不散。《纽约时报》专

栏作家戴维·布鲁克斯在2007年讽刺政府的社会化项目："从我们
的基因组成、神经元的本质，还有演化生物学的无数知识，现代人 205
已经知道自然中充满了竞争和利益冲突。"保守派最喜欢听这种论调了。

这些观点并非空穴来风，但那些想为社会结构寻找理论依据的人必须意识到，这也并非故事的全部，人类物种也有非常强的社会性。共情是长期演化而来的一种能力，已经成为人类固有的内在属性。从一出生，人就自动开启了察言观色的雷达，面部表情、肢体语言和声音都能引发共情。曾有人以为共情是一项复杂技能，比如需要把精神状态调整到和对方一致，或者需要能有意识地回忆起从前的经验，其实并非如此。共情确有不同的境界，年纪大的人共情心理会发展得更为完善，但如果认为只有高级的共情才称得上共情，就好像只看到辉煌的教堂，却忘了它也是由朴实无华的一砖一瓦堆砌起来的。

马丁·霍夫曼在这个话题上已经用了很多笔墨，他信心十足地指出，人与人之间的联系，远比我们想象的更紧密："人类这个群体在无数社会情形下有效运作，而并不需要认知发展到相当高的水平，这一定有赖于人的生物学基础。"尽管人的确最善于设身处地，但大多数决策和行为并不一定要通过这种机制。当我们把痛哭的婴儿抱到腿上，当我们和爱人交换一个心领神会的微笑，这些实际上都是再日常不过的共情，不仅是大脑，更是身体做出的反应。

前面几章，我试图剖析并简化出共情的必要元素，我用了大量篇幅，借助非人类的物种来说明这个问题。然而并非所有人都能接受这种论证方式。一旦聊到其他物种的内心世界，某些科学家就突然变成了“不听、不说”的猴子，瞬间捂住耳朵和嘴。他们觉得把人类行为贴上“情感”的标签是天经地义的，但研究动物的时候，一定要克制这种坏习惯。大多数研究人员却发现这种规定实在难以操作，因为人会不由自主地“心理化”，心理化为我们理解周围世界的行为提供了便捷的途径。比如早上迟到，你根本不用搜集老板的零
206 碎表现(皱眉、脸色发红、敲桌子，等等)来对他的反应进行归纳总结，只要一瞬间就可以把所有信息整合在一起，得到一个评价——他火儿了。我们依据体察到的目标、愿望、需求和情绪，对行为做判断。这对老板适用(虽然对结果于事无补)，对狗也适用。如果狗跑过来摇尾巴，我们就说这是只“快乐狗”；要是狗耷拉脑袋，浑身毛发直竖，我们就说它“生气”了。要是被某些科学家听到了，又要奚落咱们讨论狗的精神世界。那他们怎么说呢？他们喜欢用“喜玩耍”和“具有攻击性”这样的字眼。可怜的狗，用尽一切办法想让人明白它们的感受，然而科学却独自玩文字游戏，不理会它们。

我显然不认可上述观点。对一个达尔文主义者来说，情绪连续演化是非常符合逻辑的。在我看来，拒绝谈论动物的情绪与其说是因为科学还不如说是因为宗教信仰，而且是某一类宗教信仰。生活环境中从来见不到同我们相近物种的宗教，就有可能建立起同动物完全孤立的世界观。热带雨林的人们和猿生活在一起，在这里诞生的宗教，从不会把人从自然中分割出去；同样，遥远的东方有很多本地灵长类动物，比如印度和日本，这些国家的宗教也不会在人和动物间划出一道清晰的界限——转世可以以任意形式进行，这就把所有生命轻而易举地联系在一起了，比如人下辈子可能是一条鱼，鱼可能是上帝的化身。像哈努曼这样的神猴在这些地区的宗教里也

并不新鲜。只有犹太基督教把人奉上神坛，认为只有这一个物种是有灵魂的。不难想象，沙漠游牧民在荒芜的生境里徘徊，没有动物作参照，很容易以为人类天生是孤独的，是上帝凭空创造出的，是地球上唯一的智慧生命。今日的我们仍然执着于这种观点，于是用强大的望远镜在遥远星系寻找和我们一样的生命形态。

第一次见到足以撼动这些信条的动物时，西方人震惊了。几只
灵长类动物活生生地在人们眼前表演，观看的人却无法相信自己的
眼睛。1835 年，一只雄性黑猩猩抵达伦敦动物园，它穿上水手服，
后面还跟着一只穿裙子的雌性红毛猩猩。维多利亚女王吓坏了，把 207
它们称为“令人毛骨悚然的、可怕和令人作呕的人类”。类似的反应
并不少见，即使今天我还会偶尔听人说猿很“恶心”。可若不是猿让
他们想到自己，提醒他们意识到一些他们不愿知道的事实，怎么会
产生恶心的感觉呢？年轻的达尔文仔细研究了伦敦动物园那两只灵
长类动物，他得到和女王一样的结论，只不过他的结论摆脱了反感
情绪。他认为，凡是有人自认为人类至高无上，都该亲眼看看这些
生命。

维多利亚女王和达尔文的故事发生在离我们很近的年代，在此之前西方宗教早已把人类特殊性渗透到知识的所有角落。哲学同神学融合的时候继承了这一信条；社会科学从哲学分支出去时又把它带走。心理学（Psychology）毕竟是以希腊灵魂女神赛姬（Psykhe）命名的，其中的宗教根源使得这个学科一直排斥演化理论的第二条论点。第一条说的是所有植物、动物，包括人类自己，都是通过单一的演化过程产生的。这没什么争议，在生物学之外也得到了认同。第二条是说人类的身体和精神，都是和其他生命形态相连续的。很

多人对此论点还难以下咽，即使承认人类是演化的结果，仍孜孜不倦地寻找那一点点“神圣的火花”来证明人是自然界“巨大的例外”。宗教信仰已经深深植根于我们的潜意识之中，它的影响延续至今，连科学也总想找出点人的独特性，好让人引以为豪。

可是一谈到我们不喜欢的特点，和其他生物的连续性又立刻变得不容置疑。杀戮、抛弃同伴、抢劫、不善待同类——都怪基因。战争和侵略被普遍视作生物学性状，人们不假思索地从蚂蚁和黑猩猩中找到劣根性的来源。但只要找到了高尚的特点，连续性就成了问题了，共情就是其中之一。漫长科研事业进入尾声之时，很多科学家都喜欢做个总结，归纳一下人类同其他野兽相区别的特点。美
208 国心理学家戴维·普利马克的关注点在因果推理、文化和换位思考；而他的同事杰罗姆·卡根则提到语言、道德，以及共情。在卡根的榜单上，安慰行为也获得了一席之地，比如孩子拥抱受伤的妈妈。这本身是非常让人赞叹的例子，但对不起——同样不止局限在人类。我最想论证的，并不是人们设想的这些区别是否真实存在，而是凭什么人的独特之处都必须是美德呢？人类在折磨他人、种族清洗、欺骗、剥削、思想的强行灌输和环境破坏方面，也同样是生物界首屈一指的。为什么每个人类特殊性清单上，都写满了让我们感觉良好的东西。

更禁不起推敲的是共情在社会发展史上的人为定位。如果对他人敏感果真只局限在人类这个物种，那说明这个性状是非常年轻的，最近才演化出来。任何新性状的问题就在于它们还处在实验阶段，因此是不稳定的。比如人类的背。当祖先直立行走，后背被迫采取竖直的方向，就必须承担额外的负重。脊柱本来不是这么设计

的，因此背疼就成了这个物种挥之不去的诅咒。

要是共情真的是人在演化进行到尾声时才获得的性状，就好像昨天才戴上的假发，那最令人担心的就是它可能明天就被风刮掉了。人类大脑额叶几百万年前才达到如今的大小，如果认为共情随之产生，就远远低估了它的重要和古老。我的观点截然相反，我认为共情是在哺乳动物产生之初便产生了，并一直延续至今，它涉及的大脑区域已有上亿年历史。这种能力在很早以前随着运动神经模仿以及情绪感染而产生。之后，演化为大脑皮层不断添加新的内容，直到我们的祖先出现，他们不仅能感受到他人所感，还能明白他人究竟需要什么东西。所以完整的共情能力就好像俄罗斯套娃，拥有一层一层的实质，核心为许多动物所共有，是自主性的功能；外层加在这个核心之上，调节了共情的目的和应用范围。并非所有 209
动物都具备所有的层次，只有有限几个物种会换位思考，而这正是人类所擅长的。但归根结底，即使最复杂的外层，也必须紧紧围绕套娃的内核。

生物的演化很少凭空创造出某种性状。它惯用的手法是对现有的结构进行改造、挪为他用或者干脆朝其他方向发展。陆地生物的祖先从水里上岸，胸鳍成了前肢，经过漫长的时间，又分化成了蹄子、爪子、翅膀和手，后来有些哺乳动物重新回到水里，同样的结构又演化成鳍状肢。这就是为什么生物学家如此钟爱俄罗斯套娃这种玩具，尤其是那种本身就有历史象征意义的。我就有这么一个木头套娃，最外层是前总统普京(现为总统。——译注)，把它打开，里面依次是叶利钦、戈尔巴乔夫、勃列日涅夫、赫鲁晓夫、斯大林和列宁。能从普京肚子里掏出小列宁和小斯大林，大多数政治分析人士都不会惊奇。生物性状也是一样的道理，老的永远在新的肚子里。回到共情，就意味着即使是那些看似最深思熟虑的反应，和小孩、其他灵长动物、大象、狗和啮齿类的共情，都有一样的核心机制。

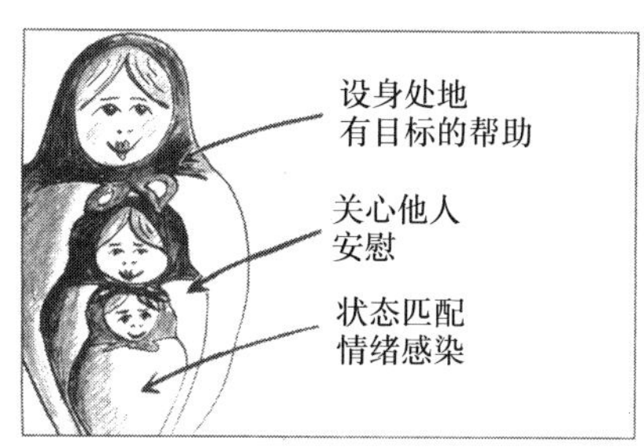

共情有很多层内容，像一个俄罗斯套娃，核心的功能最为古老，即把自己的情绪调整得同对方一致；生物的演化在核心周围加上更复杂的能力，比如关心他人和换位思考

正是因为深信共情的古老，我才会如此乐观。古老意味着强大的生命力，这个性状必然是人类普遍拥有的，社会完全可以信赖它，培养它，让它发扬光大。共情就如同人类社会形成等级一样自然。等级也不是人类特有的，而且家长从来不用教孩子，甚至无需向他们解释，孩子在一起玩的时候自然就会论资
210 排辈。社会的功能，不过是去强化人类的天性，比如全是男人的教堂和军队就会强调等级；社会也可以刻意地压抑天性，比如在某些规模很小的平等社会，人们会抑制等级分化。同样，共情也在人性中根深蒂固，时不时会表达出来，在这样的前提下，才需要去压抑或去加强这种天性。我们之所以能够对敌人毫不留情，正是因为共情遭到压抑；而当一个孩子把所有玩具据为己有，家长会说这样不是好孩子，应该考虑其他小朋友的感受，这种做法就是在鼓励共情心理。

从头创造一个新新人类的可能性不大，可我们还是非常善于改

造业已存在的特点的。

黑暗面

你是否听说过一个组织，它呼吁发扬共情心，并为共情心的缺失而战。这就是大赦国际。人类社会之所以需要这样一个组织，正反映了人类这个物种存在巨大的黑暗面。英国女作家J. K. 罗琳(《哈利·波特》的作者。——译注)曾在大赦国际位于伦敦的总部工作过一段时间，她在一次讲话中描述了那段经历：

> 只要我活着，就忘不了那次走在空荡荡的走廊，突然从身后一扇关闭的门里传出尖叫，我从没听过如此痛苦和恐惧的叫声。门打开了，一位研究人员探出头来，让我赶紧去弄点热饮给她身边的年轻男子。她刚刚带给他一则噩耗：他对国家政权的直言不讳触犯了当权者，为了报复，他们抓住并处决了他的母亲。

如果共情纯粹依靠理智，仅仅是前额叶皮层的产物，那罗琳听到男子的尖叫后绝不会产生如此特殊的感受，也不至于终生铭记。共情比这深入得多，不仅需要用耳朵和神经“听到”尖叫，也要动用产生恐惧和厌恶的脑区，“感受到”尖叫。幸好有这种能力，否则共情则会失去用武之地。换位思考本身是中性的，既可以有建设性， 211
也可能具有破坏性。违背人性的罪行就是依赖于换位思考的。

有一种精神疾病，其特点是换位思考和更深层次的共情之间永久地丧失了联系。这种“心理变态”经常发展成暴力，比如连环杀人犯泰德·邦迪和哈罗德·希普曼，以及展开大屠杀的墨索里尼和萨达姆·侯赛因。心理变态有很多具体表现形式，其共同点是反社会，对任何人绝无忠诚——除了他自己。例如，一位男朋友先把女友的银行账户的钱都花光再离开她，几个月后再捧着玫瑰流着泪搬回来，好重新来过。还有的公司 CEO，榨取员工，自己大笔挣钱，而一看行情不对，迅猛撤股的同时却力劝员工保留股份，2001 年安然公司破产之前，他们的 CEO 肯尼思·雷(Kenneth Lay) 就是这么做的。我们身边到处都是没有同情心和不讲道德的人，而且他们还经常身处要职。一本书的题目把这类人称为“穿西装的毒蛇”，他们可能只是社会上的一小撮，可他们在这个崇尚无情无义的经济体制中，往往能大获全胜。

毒蛇的比喻非常恰当，因为心理变态者似乎正是缺乏俄罗斯套娃里哺乳动物那古老的一层。他们的确有外层的认知能力，这样才
212 能理解别人的希望和脆弱所在，然而他们对自己的行为将对他人产生何种影响毫不在乎。一种理论认为，这类病人早期的生长发育出现异常，因此他们的学习过程和普通人不同。正常孩子把弟弟惹哭，会被弟弟的情绪弄得自己也不爽。结果由于厌恶条件作用，将来他就不欺负别人了。孩子明白要想自己舒坦，就不能肆无忌惮地把小伙伴搞得哇哇大哭，这一点和其他社会性动物一样。随着年纪的增长，孩子更学会温柔对待比自己小和比自己弱的人，就像大狗和小猫小狗玩的时候总是掌握分寸，我们还见过 540 多千克的北极熊和小巧的哈士奇闹作一团，哈士奇从来不会出事。然而，心理变态者的童年完全不同，他打小就非常不敏感。面对比自己脆弱的

人，丝毫不为所动，不管是哭是叫，都不能让他有所顾忌；长大后反而在其他方面有所领悟，他们发现伤害他人能给自己捞到好处。通过暴力能轻而易举地得到想要的玩具，蛮横不讲理就能在游戏中获胜，何乐而不为呢！心理变态者小时候就只能看到战胜别人的好处。因此他们的学习曲线就和常人不同，其中操纵和恐吓远高于常人，他们却对这些行为给他人造成的痛苦没有知觉。

所有的孩子和动物都会在游戏的时候温柔对待弱小的伙伴，图中所画是一只北极熊和雪橇犬在玩耍

世界上很多麻烦都可以归结为某些人的俄罗斯套娃只剩了外面的空壳。他们像来自另一个星球，明明可以从他人视角想问题，却没有本该随之产生的感情，不能形成真正的共情。这种人会不择手段直到掌握权力，他们对真理和道德毫无敬畏，因此还会竭力操纵他人来实现自己的邪恶目的。最终他们的权威压抑了下级的判断
力，极端的情况如 20 世纪的德国，整个国家的人都被操纵，一起 213
陷入一个魅力十足的心理变态者的残忍幻想。

这类精神病之所以让人无法理解，是因为对正常人来讲，真的很难想象怎能对他人的痛苦产生免疫。马克·罗兰德写过一本《哲学家与狼》，书中讲述了他和小狼布润尼朝夕相处的点滴故事，后

来，布润尼肛门感染，需要每天清洗和上药，小狼非常痛苦，而这种痛苦又延续给主人。这便是共情：伤害他人会给自己带来无尽的痛苦，哪怕是出于良好的目的。作为一个哲学家，罗兰德在写这一段的时候提到了被誉为“拉丁神学之父”的迦太基的德尔图良。这位真理的热烈捍卫者对“天堂”却有着极为诡异的描述。地狱当然是充满折磨的地方，而得到拯救来到天堂的人却可以在露台上看地狱，观赏他人遭受煎熬的奇景。这人不是心理变态也差不多了，竟能从永生永世的折磨里想象出快乐来。大多数正常人看他人受罪比自己受罪还痛苦，罗兰德最后写道：“布润尼走向死亡的那段日子，我不得不亲手折磨我深爱的小狼，这就是真真切切的地狱。”

举以上的例子只是让各位看到，有共情心和没有共情心各是什么样的。人和人之间的共情心理也不完全一样。要是每个人都能体会这个世界上所有的痛苦，那就没法过了。共情需要经过过滤，也需要一个开关。像其他任何情绪一样，共情也需要条件，只有符合条件才会启动。对于共情来说，最主要的是要有认同。只有认同对方，我们才会愿意分担和分享他(她)的感受，因此最容易让我们产生共情的是交际圈的最内层，我们的共情心开关随时准备为最亲近的人开启，而这个圈子之外，就要依情况而定了，得看我们愿不愿意被影响，以及能不能承受影响的代价。在街上经常能见到乞丐，我们可以去看他然后心生怜悯，也可以把目光移开或走到街对面
214 去，避免看他的脸。总之人有各种办法控制共情心的开关。

一旦掏钱买了电影票，就是主动和电影人物之间产生了认同，随时准备对他们的喜怒哀乐感同身受。我们会为女主角的爱情神魂颠倒，也会为她的英年早逝洒下泪水。其实只要有点理智都能想清

楚，这只是个电影角色而已嘛，连演员也不是认识的人。相反，共情心的开关也可以被关掉，遇到敌人的时候我们就会主动压抑对他的认同。具体做法是不把他们看成一个一个的个体，而是笼统地看作一群让人不爽的无名氏，一群低等的异类。如此一来就好办了，我们有什么理由要忍受肮脏的“蟑螂”（胡图族人对图西族人的称呼）和满身病菌的“老鼠”（纳粹对犹太人的称呼）呢？《启示录》里第五个骑士代表了剥夺人性（Dehumanization），看来开脱暴行的方法，古已有之。

和女人相比，男人的领地意识更强，冲突和暴力也更经常在男人之间发生，不难想象他们更容易关闭共情开关。男人肯定是有共情心的，只不过更有选择。跨文化研究显示，世界各地的女人都比男人有共情心，甚至有人声称女性的大脑天生就更容易产生共情。我并不相信性别差异真有这么绝对，不过女婴的目光确实比男婴在人面孔上滞留的时间更久，相反，男婴盯着机械风铃的时间也比女婴长。随着年龄增大，女孩比男孩更亲社会，更善于理解别人的情绪表达，习惯于不同的嗓音，伤害别人之后更懊悔，也更善于设身处地地替别人考虑。美国心理学家卡罗琳·扎恩-瓦克斯勒衡量了不同人对遭受痛苦的家庭成员的反应，发现女孩会更多地观察对方的面孔，给予更多肢体接触来安抚亲人，也更常表达自己的担心，比如会主动询问“你还好吧”，而男孩对他人的感觉则不那么敏感，他们更容易被动作或者物体所吸引，做游戏的时候更粗暴，也不怎么爱玩社会角色扮演游戏，而热衷于协同合作的游戏，比如一起盖个什么东西。

男性有时非常鄙视共情，这种态度甚至算不上大男子主义，科 215

研界这么晚才开始研究这个课题，正是因为所有人一直把共情等同于滥施善心，认为它专属于比较弱势的性别。18 世纪荷兰哲学家和讽刺作家伯纳德·曼德维尔说“同情心”是性格的弱点，他的这段话把传统观点发挥得淋漓尽致：

同情虽然是最温柔无害的人类情感，却同愤怒、骄傲和恐惧一样，是我们天性中的缺憾。意志力最弱的人，同情心也最多，因此妇女和儿童的同情心最泛滥。必须承认，在人的众多弱点中，同情最容易被接受，几乎可以称得上美德；不但如此，缺乏同情心的社会是难以维持的。

听上去非常拗口，但想想这话出自谁之口，就不足为奇了。曼德维尔的愤世嫉俗在当时的哲学界有目共睹，他把个人的贪婪和自私看作世界运作的第一法则，却拿不准柔弱的感情该处于何种地位。但他至少诚实地意识到社会不能没有同情。

人们一直凭直觉把共情心理和女性联系在一起，然而一些科学研究却描述出了更为复杂的图景。这些研究认为性别差异一直被“夸大”了，甚至是无中生有。这不和从前经过反复验证的男女孩差异相矛盾吗？难道性别差异随着年龄增长趋同了？我认为症结所在是心理学家给男性和女性做实验的方法不够恰当。男性对深爱的人，比如父母、爱人、孩子和亲密的朋友，是非常有共情心的；即使对不那么熟悉的人也并非铁石心肠，比如看爱情片或者悲情片的时候，他们也会落泪。也就是说，当男性的共情开关被开启，他们和女性是没有什么区别的。

可一旦男性进入竞争模式，就另当别论。比如追求事业或利益时，他们会改头换面，将温柔排挤到一个小角落。男人对潜在的竞争对手可以非常残忍，对挡道者一律铲除，绝不手软。有人甚至表达出对身体的侮辱。杰西·杰克逊长期充当美国黑人的精神领袖，不料 2008 年突然冒出个巴拉克·奥巴马，还当上了总统，取代了他的位置。杰克逊秘密录了一档电视节目，恶狠狠地说想把奥巴马的“睾丸割下来”。这还只是过过嘴瘾，有人干脆动起武来。微软总裁史蒂夫·鲍尔默听说自己公司的高级工程师要跳槽去对手谷歌公司，拎起椅子砸到房间另一头的桌子上——这是典型的黑猩猩的表达方式，接着他破口大骂，扬言要把那帮谷歌小兔崽子都干掉。 216

多数男性喜欢动作片，要是看电影时对英雄的对手起了恻隐之心，那可够受的了。反面人物被炸飞、被子弹打成筛子、被扔到水里喂鲨鱼，或者被推出飞机……死法应有尽有。但这些都不会让观众难受。因为他们就是花钱来看杀人的。有时候主角落到坏蛋手里，被绑起来用烙铁烫，观众就坐立不安。不过电影毕竟只是电影，可以随意安排，英雄永远能虎口脱险，东山再起，前面形势越危险，胜利就越甜蜜。

雄性灵长类动物都半斤八两。生物学家罗伯特·萨波斯基有时需要麻醉野生狒狒，惨痛经验告诉他，在敌人面前麻醉他的目标有多危险。被麻醉的狒狒一旦开始身体摇晃，脚下拌蒜，周围观望的敌人立马围拢而来。此仇不报，更待何时啊。雌性的反应不明显，可雄性专瞄着敌人羸弱无援的时刻趁火打劫。因此才有必要隐藏自己的脆弱之处。我亲眼见过生病或受伤的黑猩猩反而异常兴奋地做出恐吓的动作。前一秒还顾影自怜地舔伤口，后一秒一看敌人出

现，立马肌肉紧绷，最起码在敌人消失前的几分钟内都显得精力旺
217 盛。同样，我也能想象人类祖先一起活动，要是有谁腿瘸了、视力不行了或者没体力了，肯定要竭力掩饰。到了现代社会，克里姆林宫还会隐瞒首脑得病的新闻，大企业对 CEO 的健康消息也会谨慎处理，比如苹果公司就没有及时公开乔布斯的病况。总有人说男性不像女性那样轻易去医院，有病先扛着，这是社会角色决定的，但或许有其他更深层次的原因，雄性可能天生警惕，总觉得身边都是盼着他倒下的人。

和值得信任的人待在一起，比如妻子、女友，甚至好哥们儿，男性的反应就会截然相反。男性最看重的是忠诚，在拥有忠诚的前提下就会暴露他们的脆弱之处，以换取同情。男人聚集的团队里随处可见这样的例子，比如球队或者军队，我有一次甚至在黑猩猩群体中观察到了这种迹象。一只老年雄性总和一只年轻力壮的傍在一起。在老年雄黑猩猩的帮助下，毛头小黑猩猩登上了权力宝座，谁料想有一天毛头小子竟因为一个妞咬了老头子一口。这可太不明智了，因为它的霸主地位还靠老头子撑腰呢。它知错就改，赶紧给长辈理毛，谁知老头子得理不饶人（这是我见过的最狡猾的黑猩猩了），接连好几天，它一看到它的小朋友就可怜兮兮地舔被咬的伤口，小朋友一出视线它就没事了。如果同情心在雄性之间不起任何作用，老黑猩猩为什么还要费力表演呢？

因此雄性对他人的敏感可能是有条件的，大多数情况下只会为家人和朋友牵动感情，而对那些不在交际最内圈的，就不轻易打开情感开关，共情当然也不会被开启，最极端的情况就是对待敌人。神经生物学已经在人类身上找到证据。德国科学家塔尼亚·辛格在

实验中让实验者看其他人受折磨，然后对他们进行脑部扫描，他发现不管男人还是女人，看到别人的手接受中等强度的电刺激，自己的相应脑区都会亮起来，好像自己也被刺痛了一样。但只有对方看 218
起来讨人喜欢或在刚才的游戏中表现友好，才会激发这种反应。要是对方在游戏里耍赖，结果就大不一样。实验者刚刚被骗，再看对方受罪就不会有反应。女性好歹还剩一点共情心，男性的共情心丝毫不剩，大脑的愉悦中心反而亮起来。他们心中的平衡从共情向公正倾斜，于是会享受对方的痛苦。没准德尔图良描述的天堂当真存在——至少对男性是存在的，他们可以在那里看敌人遭受煎熬。

但即使是男性也不可能把共情心完完全全关闭。这几年我读过最有启发的一本书是前美军中校戴夫·格罗斯曼的《关于杀戮》。格罗斯曼追随托尔斯泰的脚步(后者给后世留下《战争与和平》一书)，探讨士兵为何杀人、如何下手，夺人性命的时候又作何感想，他说自己对战场上如何用兵反而没多大兴趣。真正去杀一个人，和看电影绝对是完全不同的概念。研究数据告诉我们一个出人意料的结论，多数男性并不具备杀手的天性。

很多人可能想象不到，尽管士兵全副武装，但绝大多数从没杀过人。第二次世界大战中，每 5 名美军士兵中只有 1 名真的对敌人开火。其他 4 人也非常有勇气，面对危险毫不犹豫，从水中登陆，从火里救出伤员，替同伴取弹药，等等，就是从没用过武器。有个军官曾报告说“班长和排长必须上蹿下跳，拳打脚踢地动员士兵开火。一个班里最后有两三个真正开枪的就不错了”。同样有人统计过，在越南战争中，美国士兵平均每发射 5 万颗子弹才杀死一个敌人——绝大多数子弹都打空气了。

219 这让人想起著名的斯坦利·米尔格兰姆实验，被试者需要触发高压电，电击另一个人。多数人都会照办，其比例远远高于实验设计者的预期，可一旦组织者被叫走，他们就开始作弊。这些人假装还在照规则触发电击，实际用的电压小很多。格罗斯曼由实验者联想到新几内亚岛原住民，其中的男人都是用弓箭射杀猎物的好手，可一旦到了战场，就刻意把羽毛从箭尾取下来，等同于自废武功……他们就是要用射不准人的武器，而且相信敌人也会如此。

对于一个正常人来说，夺取他人性命，甚至伤害他人都是痛苦的。战争实际上往往不是恶意的冲突，只是一种集体阴谋，是对无能的伪装，或仅仅是表达一种姿态而已。现在不是所有人都能意识到这一点了，因为现代社会的战争不再局限于物理冲突，远在世界不同角落的国度也可以发动战争，就像计算机游戏一样简单，于是就可以不受生物天性的抑制。不过，真的近距离杀死一个人，绝对没有任何荣耀和愉悦感可言，因此战场上大多数士兵会竭力避免。实际上是极少数（或许1%～2%）人完成了大部分杀戮。这类人极有可能属于前面提到的心理变态，对他人痛苦有免疫力。事后调查显示，大多数士兵怀有深深的抵触，看到敌人的尸体会呕吐不止，而且恐怖的记忆久久挥之不去。战争带给人的创伤可能一生一世摆脱不掉，在古希腊索福克勒斯的戏剧中就有所记载，翻译成现代话就是创伤性精神失调。哪怕战争过去几十年，有的退伍老兵还会为当年目睹的残杀落下泪来。人类下意识的肢体动作就足以唤醒记忆中的痛苦和抗拒，那恐惧的尖叫之所以在罗琳女士脑中挥之不去，也是类似的道理。也是因为同样原因，对于人类来说，近距离使出杀伤性的力道绝非易事："一般的士兵会极端抗拒刺杀同类，只有自己几乎要性命不保，快被敌人刺死，才会使出致命的招数。”

听到这里，如果你本想用战争的残暴作为人类缺乏共情心的证据，可要三思了。因为二者本身并不矛盾。扣动扳机对多数人而言是非常艰难的，如果不是对同类的共情，还会是因为什么呢？战争 220
从心理学角度来看是相当复杂的，更像是等级的产物，多数人只是听从命令，只有少数人好斗而冷血。我们当然具备杀人的能力，也会为了祖国的利益付诸行动，可其实这些行动都是有悖于内心深处掩藏的人性的。哪怕是以“焦土政策”著称的联邦军将领威廉·谢尔曼也并不是一个杀人恶魔：

> 我对战争真是厌倦极了。战争的荣耀都是扯淡。只有从没开过枪，没听过伤员呻吟和尖叫的人才会把杀戮和仇恨挂在嘴边。战争就是地狱。

无形的帮助之手

早在两千多年前，中国人就讨论过共情的作用。孔子的继承人孟子说：“恻隐之心，人皆有之。”意思是说共情是人类天性的一部分，看别人受罪也是难以忍受的。

孟子讲过一个故事，王坐于堂上，有人牵一头牛从堂下经过，王见了就问，把牛牵哪儿去啊。牵牛的说要把它杀了用血祭祀。王不忍看牛害怕的样子，觉得牛冥冥之中知道自己的命运，就让牵牛的人饶了牛，但又不能耽误祭祀的事儿，就说那找个羊替罪吧。

王对牛的善心，孟子并不意外，在他看来王在乎可怜牲畜的命运，也在乎自己的感情：

> **您看到牛，却没看见羊，一位君子对动物的态度就该是这样**
> **的，看到动物活着，就不忍心看它们去死，听到它们濒死的叫声，**
> 221 **就不忍吃它们的肉。因此他通常离屠宰场和厨房都远远的。**

相比于看不见的东西，我们更容易对看到的东西“触景生情”。人有强大的联想能力，听到、读到或者想到别人，都会产生相应的情感，但都没亲眼看到来得有劲和迫切。如果听说朋友生病住院，同情心会油然而生；可直到真的站在他病床边，看到他虚弱的外表和费力的喘息，就会愈加担心。

孟子帮我们梳理了共情的来源，以及身体上的联系在共情心的产生上能起到多大的作用。正是因为有这些联系，和疏远的人才更不容易产生共情，因为关系的密切程度，你和对方的相似性，以及你们的熟悉程度，都与之息息相关。这是非常合情合理的，从演化的角度考虑，共情最大的意义在于促进团队内部合作。我们的祖先不喜欢冲突，更希望社会平静祥和，这就要求公平分配资源。共情心促使人类这个物种更倾向于形成公平团结的小规模社会。然而如今的社会规模庞大，公平和团结就成了高标准，难以达到了；但我们的心理演化至此，就会随之觉得不舒服了。

纯粹依赖自私动机和市场导向的社会，也可能创造出很多物质财富。可如果没有了团结和彼此的信任，就会是一个非常不适宜人

类居住的地方。因此调查显示最快乐的国家并不是最有钱的国家，
而是国民彼此信任度最高的国家。相反，现代商业领域，空气中弥
漫着信任饥渴，这势必带来问题，最近很多人深度郁闷，只好通过
挥霍存款来宣泄。2008 年，世界经济体系由于疯狂的借贷行为而全
面崩塌，徒有其名的利益、金字塔骗局、用别人的钱肆无忌惮地赌
博……所有的真相和丑恶行径统统被暴露在世人面前。整个经济体
系的幕后建造者之一，联邦储备委员会前主席阿兰·格林斯潘声称
自己从没料到局面会发展至此。面对美国众议院委员会的诘问，他 222
说金融危机颠覆了自己的认知："我简直震惊了。我在这个领域混
了四十多年，无数证据显示一切运转良好。"

格林斯潘和其他供给学派的经济学家假设，尽管自由市场本身是不考虑道德的，可在它的运作下最终会达到一个平衡，其中所有人的兴趣都该得到最大程度的满足。被他们奉为大师的米尔顿·弗里德曼认为，社会责任天生就是和自由相矛盾的。鼻祖级的人物亚当·斯密更有那著名的比喻"看不见的手"，即使是最自私的动机，也会最终自动赢得最大利益。自由市场自然知道什么对于我们来说是最好的。比如面包师要钱，客户要面包，面包和钱一交换，双方满意而归。没有道德什么事儿。

不幸的是他们对斯密的模型断章取义了，而且忽略的恰恰是斯密思想中非常重要的一部分，而这部分正是我用整本书的篇幅来分析的。用贪婪作社会驱动力，必然损害社会本身的结构。斯密把社会比作一个大机器，美德是车轮轴承的润滑剂，各种不道德行为会阻碍轴承的运转。大机器平滑运转需要每个人心里都有强烈的社区意识。斯密在自己的理论中多次提到忠诚、道德、同情和公正，他

认为这些都是市场“无形的手”的重要辅助元素。

事实上社会除了经济驱动，也需要另一只无形的手，那就是援助之手。要想建造一个名副其实的“社区”，就不能忽视他人的存在，这是人与人之间交往的另一种驱动力。这种驱动力在演化史上有相当老的资历，却反而常遭人忽视。商学院提到社会伦理和责任，除了说说它们对经济的促进作用，其他只字不提。他们能对股东和其他所有利益相关者同等对待吗？为什么无聊的政治经济学对
223 女生这么没有吸引力（更别说诺贝尔经济学奖过去都与女性无缘）？会不会是因为女性同那些以利益最大化为毕生目标的理性生物最难找到认同感？人和人之间的联系在这个学科中到底处于什么地位？

人类社会建立在集群的本能之上，这种本能已经存在了上百万年，不同的动物群体同样是被它凝聚在一起。我当然不是号召大家都当彼此的跟屁虫，可我们确实应该在一起，而不是跟没头苍蝇似的各自乱飞。每个个体都不是孤立的，而是和更大的“集体”相联系。总有人说这种联系不是自然的产物，不属于人类生物性的一部分，可行为学和神经生物学方面的证据根本不掌握在那一派人手里；相反，人和人之间的联系由来已久，以至于你浑然不觉。连曼德维尔也不得不承认，没有一个社会离得了它。

第一种情况是你可以给需要帮助的人提供帮助，比如参与到粮食银行、灾难援助、老年人护理、贫困孩子夏令营等工作中。西方国家在志愿者社区服务方面做得相当好，而且在同情心的驱使下，服务不一定局限在自己的社区。第二种更需要团结一致，因为它涉及公共利益，包括卫生保健、教育、基础设施建设、交通、国家防卫、自然灾害防御等，共情在其中体现得不那么直接，因为这些领

域是社会的命脉，谁也不敢把宝押在善心上。

维护公共利益的众多力量中，最让人信得过的还是人对个人利益的追求：因为团结一致实际上是最明智的自保方式。哪怕当即看不到努力的效果，至少未来可能有好处；或者虽然个人得不到什么看得见摸得着的结果，但至少改善了我们的生存环境。共情是联络个体的纽带，其他人的幸福里也有我一份，也就是说由于有了共情，世界上无数个“对我有什么好处”就和大家的好处连在一起。所以，正是有了共情心我们才会关心集体的利益，因为共情心唤起了我们对他人的情绪。下面两个例子足以说明问题。

2005 年美国路易斯安那州遭受卡特里娜飓风袭击，电视屏幕上 224
闪现无数绝望的脸。相关部门无能善后，高层政客事不关己，更让灾难的危害雪上加霜。灾区之外的人们只好怀着恐惧、同情和担心观看这一切。对灾民的担心也和个人利益有关，因为今天发生在别人身上，明天可能就轮到自己。官方庸庸碌碌的表现带来了两方面结果：第一，让人看到了公众的慷慨；第二，人们脑海中政府的责任被动摇了。卡特里娜飓风之前，国家一直都信奉人人为己的逻辑，然而灾难让人们对这一点产生了深深的怀疑。当年，巴拉克·奥巴马就说：“我们是富有同情心的国家，这个国家不会任由退伍老兵露宿街头，不会对一个个陷入贫困的家庭置之不理，也不会眼睁睁看着我们自己的一座城市被大水淹没而袖手旁观。”

从美国走过的废奴历程也能看出共情在公共政策争论中起到的作用。废奴的动力，不仅来自对奴隶悲惨命运的想象，更来自对奴隶制度残忍现实的亲身体验。亚伯罕姆·林肯有一位奴隶主朋友，林肯在给他的一封信中表达了自己内心所受的折磨：

> 1841 年咱俩一起坐蒸汽船从路易斯维尔到圣路易斯，真是平淡无奇的旅途。你可能也记得，刚进入俄亥俄州，上来十几个奴隶，都被铁链子拴在一起。那景象深深印在我脑海中，直到今天还在折磨我；而且在那之后每次我故地重游或到其他蓄奴州边界，都能看到类似情景。这件事让人触目惊心，会继续不断地带来痛苦。

有这种想法的肯定不只林肯一人，这些感情就是后来废奴战争的最初动机。在其后的过程中，废奴主义者专门想了一招，在更多人中唤起共情和对奴隶主的愤慨，他们把运奴隶的船和上面
225 的奴隶“货物”画在传单上四处发散。因此，同情心在社会中的作用，不仅是让成员牺牲个人时间和金钱来帮助别人，还能推动政策的变革，以体现每个人在社会中的尊严。政策的影响范围不是一个个需要帮助的个体，而是更大的生存环境。在一个收入极为悬殊、毫无安全感、底层人民没有公民权的社会，你怎能期待人和人之间还存在信任？然而信任永远是公民在一个社会中最期待和最珍视的。

很明显，单靠观察动物和小规模人类社会的集体生活，还不足以帮人找到社会运作的秘笈。我们的世界太过庞杂，需要依赖人类发达的智慧，来帮我们在个人利益和集体利益之间找到平衡。然而别忽略了自然交给我们的武器，它出于本能，能完善头脑的思考，并且久经演化的考验，证明了它对生存的价值——人类借助这个武器彼此相连、互相理解、设身处地并且感同身受。美国

人看到卡特里娜难民后的担忧，林肯对锁链缠身的奴隶的同情，都来源于此。

但愿这种与生俱来的能力，能让人类生存其中的所有社会变得更加美好。

注释
Notes

注释
Notes

（各条注释前面的数字为原书页码，即本书边码）

序言

ix 巴拉克·奥巴马:2006年奥巴马于西北大学毕业典礼上的演讲,西北大学新闻服务,2006年6月22日。

第1章：生物学：自私或温存

1 “政府本身不过是”:《联邦论》51卷(罗西特,1961,p. 322)。

2 “人类或许真的非常自私”:亚当·斯密《道德情操论》(1759,p. 9)。

5 “没履行好公民责任”:纽特·金里奇,保守派政治行动会上的发言,2007年3月2日。原文如下:“How can you have the mess we have in New Orleans, and not have had deep investigations of the federal government, the state government, the city government, and the failure of citizenship in the Ninth Ward, where 22,000 people were so uneducated and so unprepared, they literally couldn't get out of the way of a hurricane?”

8 “任何一种具有明显社交天性的动物”:达尔文(1871,pp. 71－72)。

9 “人类的这种习性,是一切的基石”:对此更多解释请见《灵长类动物与哲学家:道德是如何演化而来的》一书(de Waal,2006)。

12 “行为主义之父”:约翰·华生(1878—1958)和B. F. 斯金纳(1904—1990),二人都着迷于动物行为学以及动物行为同人类行为之间的关系,他们共同创立了影响深远的行为主义。

13 “华生当年对所谓‘过分溺爱的孩子’的声讨”:华生的观点在当年属于非主流的,如果想进一步了解华生以及哈里·哈洛,请参见黛博拉·布卢姆令人深受启发的著作 *Love at Goon Park*(2002)。

17 “布希曼人又称桑人(San)”:尽管“布希曼人”或许听起来有点政治不正确,但仍被作为“布希曼男人”和“布希曼女人”的统称。Elizabeth Marshall Thomas 的解释是,当地人如今也是这么称呼自己的。人类学家更多使用“桑人”这个称呼,但这明显更为不敬,这个词来源于那马部族,意思是“土匪”。

18 “猿就能远离危机四伏的地面”：不到 200 万年以前，直立人仍然适应树上的生活，意味着他们为了安全考虑会睡在树上（Lordkipanidze *et al.*，2007）。

18 “当它们穿越人类修筑的土路”：Kimberley Hockings 及同事曾记载野生黑猩猩横穿马路，周围有人类围观（对于他们来说就是危险）。

21 “几个世纪以来”：让-雅克·卢梭有句名言“人生来是自由的”，他还解释说“人的第一法则是自己的存活，他的第一要务是自己的利益。人一旦明白事理，就对自身的生存手段拥有唯一的决断，他因此就成为自己的主人”。（《社会契约论》，1762，pp. 49 – 50）。卢梭曾经画过一幅画，画面上，我们的祖先躺在丛林里一棵果树下睡觉：肚子饱饱的，心无杂念。卢梭本人和同居多年的女仆生有 5 个孩子，却全部寄养在孤儿院里，他自己可能都没有意识到，他所描绘的无忧无虑的场景是多么不切实际。

22 “人类故事就是战争史”：温斯顿·丘吉尔（1932）。

23 “杰里科墙倒被认为是最早的战争证据之一”：以色列考古学家 Ofer Bar-Yosef 研究了杰里科墙的历史，发现当时那座城并没有遭遇敌人，城池是由残砖断瓦堆积起来，让墙变得易于攀登（如果是出于军事目的，这绝对应该避免）。另外，杰里科位于流域盆地旁的一片倾斜的土地之上，因此恐怕经常遇到大规模泥石流。

23 “一小撮一小撮地散居”：线粒体 DNA 研究显示，人类的物种数量曾经下降到 2000 左右，差点灭绝，好在后来又回升了（Behar *et al.*，2008）。以色列海法的地理学家 Doron Behar 曾说：“在人类历史上，大约一半的时间我们都生活得相互隔绝，人类形成很小的族群，散在世界各地。”（Breitbart. com，2008 年 4 月 25 日）

23 “远古人类应该长期和平共处”：Douglas Fry 回顾了关于战争的人类学文献，其中对战争的定义是：不同政党间的武装战争，根据自己的结果，他对温斯顿·丘吉尔等人的“战争假设”提出了质疑。考古学证据却显示，杀人行为非常常见（杀人者在今天的狩猎采集者中也非常常见，比如布希曼人），确凿证据显示，战争至少在距今 15000 年前就发生过。也可参见 John Horgan 的《科学找到消灭战争的方法了吗？》（《发现》杂志，2008 年 3 月）

23 “同猿作比”：倭黑猩猩和黑猩猩是同人类最近缘的灵长类动物，500 万年到 600 万年前，我们拥有共同的祖先。倭黑猩猩也被称作“要做爱不要战争”的灵长类动物，它们对和平的热爱简直是有口皆碑（de Waal，1997）。倭黑猩猩领地内的“性爱大混战”是最早被日本科学家 Takayoshi Kano 等人发现的，Takayoshi Kano 一直在刚果民主共和国工作，他将一生献给了野外研究（Kano，1992）。人们从没在野生或驯养倭黑猩猩群体中观察到同类间的致命攻击，但黑猩猩群体中的攻击却时有发生(可参见 de Waal,1986 年文章,以及 Wrangham 和 Peterson 1996 年的文章)。最近有人观察到倭黑猩猩捕杀猴子,这被作为倭黑猩猩爱好和平的反例,不过需要注意的是,捕食与争斗决不能同日而语。因为捕食的动机是生理上的饥饿,而不是进攻性,因此捕食和进攻所依赖的脑区也不一样——这也能解释为什么食草动物有时候也非常具有攻击性。想了解更多信息请参见 de Waal 发表在 *eSkeptic* 上的《倭黑猩猩,自私或温存》。

24 “平均每名布希曼人”:波莉·维斯纳(个人交流)。灵长类的争斗经常被个体间相互联系所限制,想了解更多细节,请参见 Lars Rodseth 及其同事(1991)和 Wiessner 等人(2001)文章。

25 “死亡很可怕”:Elizabeth Marshall Thomas(2006,p. 213)。

第 2 章:别样的达尔文主义

27 “曼彻斯特报纸”:查尔斯·达尔文曾写信给一位杰出的地理学家,抱怨《曼彻斯特卫报》上一篇对拿破仑扩张所作的评价,评价题为“National and Individual Rapacity Vindicated by the Law of Nature”(www. darwinproject. ac. uk,1860 年 5 月 4 日,Letter# 2782)。

28 “谁不相信生物演化论”:共和党总统候选人之间的争论,此争论在加利福尼亚 Simi Valley 的罗纳德·里根总统图书馆进行(2007 年 5 月3 日)。

28 “大自然费了这么大的劲儿”:赫伯特·斯宾塞(1864,p. 414)。

28 “安德鲁·卡耐基”:安德鲁·卡耐基 1889 年提出的竞争法则:“法则有时候对于个体来说有些残酷,却对整个族群有好处,因为这条法则保障了个体在各个群体中适者生存。”

28 “约翰·D. 洛克菲勒”:Richard Hofstadter 的《美国人思想中的社会达尔文主义》中引用了约翰·D. 洛克菲勒的话。

28 “这种宗教视角”:关于美国社会同情心(或缺乏同情心)的问题,请见 Candace Clark 的 *Misery and Company*(1997)。大约三分之一的美国人认为富人不亏欠穷人(Pew 研究中心,2004)。然而《圣经》明确写道,我们要“保护无助者和需要帮助的不幸的人,成为暴风雨时的避风港,烈日里的树荫”(以赛亚书 25:4)。幸运的是,相比于社会达尔文主义者,多数宗教团体更相信《圣经》的价值观,因此他们才会在市中心开设救济厨房,一旦发生重大自然灾害,人们也会为灾民提供大量援助。

30 “我觉得身心俱疲”:不仅社会达尔文主义者最热衷于把他们的理论错误地同演化生物学的理论等加起来,连他们的反对者也会不假思索地驳斥演化理论。今天这种混乱仍然存在,从美国演员 Ben Stein 的这段陈述可见一斑:“达尔文主义——或许再混上点帝国主义,就得到社会达尔文主义,它是种族主义的一种形式,残忍至极。借加速演化之名,社会达尔文主义使得对犹太等群体的大屠杀合理化。”(www.expelledthemovie.com,2007 年 10 月 31 日)。

31 “无数投机者”:美国人依靠自我选择形成新的人群,请见 Peter Whybrow 的 *American Mania*(2005)。

32 “我们欧洲人习惯性地认为”:Alexis de Tocqueville(*Democracy in America*,1835,p. 284)。

32 “安·兰德”:在兰德的 *Atlas Shrugged*(1957,p. 1059)中有一段典型的描述。书的主人公 John Galt 宣称:“接受现实吧,你人生的唯一道德标准就是争取个人幸福,这种幸福……是你个人道德完整性的证据,因为只有它才是你实现个人价值的证据和结果。”

36 “猴子社会几近解体”:请见 Jessica Flack 及其同事的文章(2005)。

37 “美国究竟出什么问题了”:Steve Skvara 60 岁高龄,但他的遭遇只是百万美国人中的普通一例,在过去十年间,这些美国人失去医疗保险,或者被高昂的医疗费用搞得倾家荡产。在芝加哥美国劳工联合会-产业工会联合会(*AFL-CIO*)上,Steve 态度真诚地提问,这让他迅速获得了广泛的知名度。

37 “美国的医疗系统质量”:在所有国家中,美国人均在健康保健上的花费是最多的,然而却没有得到应得的回报。整体质量上,美国健康保健全世界排名 37(世界卫生组织:2007)。在平均预期寿命这项最关键的指标方面,美国位列第 42(美国国家健康统计中心:2004)。也可参见 Sharon Begley 的“*The Myth of ‘Best in the World’*”(《新闻周刊》,2008 年 3 月 31 日)。

38 “米尔顿·弗里德曼”:摘选自 *Capitalism and Freedom*(1962,p. 133)。

38 “那整整 64 页的《伦理章程》”:Michael Miller 发表在 *Business First of Columbus*(2002 年 3 月 29 日)。

39 “杰夫·斯基林”:见 Bethany McLean 和 Peter Elkind 的 *Smartest Guys in the Room*(2003)。

39 “并不意味着基因真有自私的性格”:我曾在以前的文章中反对道金斯对自己的比喻的过度演绎(de Waal,1996),比如他曾经声称:“试着教人们慷慨和利他吧,因为我们天性自私。”我认为他在此把基因的自私同心理学的自私混为一谈了。《自私的基因》30 周年纪念那年,此书再次再版,我很高兴地看到他去掉了这句话(2006,p.ix)。

40 “聊了几句佐治亚州的特大干旱”:政府官员 Sonny Perdue 于 2007 年 11 月 13 日在亚特兰大市举行了守夜祷告。

40 “相似的学术背景”:我俩都可以算是动物行为学者,道金斯更是荷兰动物学之父 Niko Tinbergen 的学生，Tinbergen 本人于 1947 年转到牛津大学。Tinbergen 和我的老师们也有学术渊源。

40 “两个角度分析动物行为”：动物学家考虑两点，第一是为什么一种行为会在几百万年的时间尺度内在一个物种中演化出来，第二是一个个体此时如何形成这种行为。我们把第一种称为这种行为存在的根本原因，第二种是当前这种行为的直接机制（Mayr，1961；Tinbergen，1963）。“根本”及“直接”之间的区别是演化思想中最难的内容，也毋庸置疑经常遭到混淆。很多时候，生物学家集中研究根本原因，就必然不那么关注当前的机制，心理学家与此相反。我作为一位生物学家，却对心理学很有兴趣，因此我把两者结合起来，借用演化生物学的框架，从当前机制的角度来切入（比如我会更关注情绪、动机和认知等方面）。“动机自主性”的意思是某种行为背后的动机并不受行为存在的根本原因所限制。也就是说，即使从演化生物学的角度讲，某种行为的产生有利于自身利益，但这并不意味着如今动作发出者的动机仍然是自私的，就好像蜘蛛织网的时候未必一心想着抓苍蝇。

42 “这样的行为属于‘失误’”：理查德·道金斯在电视纪录片里曾经纠结于同样的问题，说在这样的情况下“自私基因失手了”。他认为，人类的善意行为现在应用的范围非常广，已经远远超过原本演化出这些行为的情况，其实也就是说它们具有动机自主性。Matt Ridley 在《美德的起源》一书中说：“我们的意识或许是被自私的基因所塑造的，但塑造的结果却喜爱社交、值得信赖，并且具有合作精神。”（1996，p. 249）

42 “跳到铁路上”：我们有时候会听到动物为了利他而牺牲自己的利益，但其实多半只是奇闻逸事而已。但人类却真会如此。新闻中时常能看到这样的消息。这里只举三个例子：

· Wesley Autrey 是一位 50 岁的建筑工人。有一次一位男子掉到纽约铁路的铁轨上了，火车急速朝他开去，已经没时间把他拉上来了，Autrey先生跳下铁轨把他扑倒，并用自己的身体盖住男子。5 辆列车从他们头顶开过。事后 Autrey 先生对他的英雄事迹表现得非常低调：“我没觉得自己干了什么伟大的事儿。”（《纽约时报》，2007 年 1 月 3 日）

· 在加利福尼亚州罗斯维尔，一名 6 岁男孩 Kevin Haskell 遭到响尾蛇的恐吓，黑色拉布拉多犬 Jet 英勇地跳到它的朋友面前，自己却被毒蛇咬了一口。这家人花了 4000 美元，为他们的宠物 Jet 输血、做治疗（KCRA，2004 年 4 月 6 日）。狗舍己为人的例子不止如此，一只狗曾经把重伤的主人从智利高速路上拽到一边，可参见视频：www. youtube. com/watch? v=DgjyhKN_35g。

· 一群海豚在新西兰北岛近海岸地区保护了 Rob Howes 和其他三位游泳者。当时这些海豚把他们紧紧围住，让他们尽量待在一起。Howes 试图自己游出去，却被两只最大的海豚赶回来，这时候 Howes 才发现一条 3 米长的大白鲨正朝它们靠近。就这样，海豚把他们围住，看护了 40 分钟，才让他们游走(New Zealand Press Association，2004 年 11 月 22 日)。

43 "划开利他主义者的皮":Michael Ghiselin(1974，p. 247)。

43 "伪装成无私的模样":Robert Wright(1994，p. 344)。

43 "《巨蟒》":对银行家的简要描述请参见 *Monty Python's Flying Circus*，1972。

44 "黑猩猩的政治":是我从前的一本书，书中记录了我在阿纳姆动物园中见证的"政治闹剧"。这本书着重讨论了权力和进攻性，并同尼科洛 · 马基雅维利的《君主论》有所呼应。然而，在争权夺势的斗争中，我却看到猿类有着维持社会关系的强烈需求，它们争执过后，必然主动和好，安慰痛苦无助的同伴。由此我想到共情和合作的主题。鲁特的死让我意识到，一旦冲突管理机制出现问题，这些动物将陷入怎样的境地。

45 "使它从一派竞争的大背景中凸显出来":人类社会需要在三者之间找到平衡:(1)对资源的竞争;(2)社会凝聚力、团结;(3)可持续的环境。三者之间存在着张力，我的书着重关注第一点和第二点之间的张力。

第 3 章：身体的对话

47 "笑源自蔑视和嘲讽":托马斯 · 霍布斯."Sudden glory is the passion which maketh those grimaces called LAUGHTER; and is caused either by some sudden act of their own that pleaseth them; or by the apprehension of some deformed thing in another, by comparison where of they suddenly applaud themselves."(Leviathan，1651，p. 43)Richard Alexander 也表达过类似观点。

47 "笑也可以成为一种流行病":Robert Provine 的 *Laughter: A Scientific Investigation*(2000)。书中描述了一种退行性疾病 kuru，这种病出现在新几内亚岛高地的食人族内部，是致死性的，然而病人却狂笑不止(哪怕自己跌跌撞撞或者摔倒，也会大笑)。

48 "每当黑猩猩幼崽的脸上漾起笑容":Marina Davila Ross 一帧一帧地分析了猩猩的面部，发现它们会不自觉地进行面部表情的模仿。如果一只猿脸上出现笑容，哪怕没有挠痒痒、翻跟头或跳跃等其他肢体动作，它的同伴也会立马重复出它看到的表情（Davila Ross *et al.*，2007）。

48 “深呼吸循环”：参见 Oliver Walusinski 和 Bertrand Deputte 的文章（2004）。查尔斯·达尔文很早以前也曾推测，打哈欠代表着放松，这种表示方式是动物界普遍的行为：“Seeing a dog & horse & man yawn, makes me feel how much all animals are built on one structure.”（达尔文的笔记本，序号 M，1838 年）我们的黑猩猩研究是 Matthew Campbell 和 Devyn Carter 开展的。然而，正如其他基本的共情的表现形式，对打哈欠的感知不仅局限在灵长类：看到人类打哈欠，狗也会打哈欠（Joly-Mascheroni *et al.*，2008）。

49 “小幅度动作”：严格来说我们复制的并不是打哈欠本身，因为打哈欠是非自主性的反射。应该说一个人打哈欠会诱导另一人打哈欠。参见 Steve Platek 采访：“The more empathetic you are, the more likely it is that you'll identify with a yawner and experience a yawn yourself.”（Rebecca Skloot，《纽约时报》，2005 年 12 月 11 日）。

50 “狒狒们有一次集体待在大石头顶端”：这件事发生在 2007 年 4 月的荷兰埃门动物园。另一起大规模歇斯底里发生在旧金山动物园，那次来了 6 只新企鹅，它们带来一种新习惯，结果导致所有企鹅一起转圈游水游了好几个星期。每天早上它们就开始这种周而复始的动作，直到晚上精疲力竭，爬上岸去。饲养员说：“我们完全失控了。”（美联社，2003 年 1 月 16 日）

50 “马被困在一片孤立的草场上”：这段视频被配上了音乐放到网上。www.youtube.com/watch? v=i6vSvOw-4U4。

51 “爱斯基摩长毛犬伊泽贝尔”：它失明后被从队伍里领了出去，结果不吃不喝，直到重新归队（Canadian Press，2007 年 11 月 19 日）。伊泽贝尔的故事让我想起达尔文提到的一只“又老又瞎的鹈鹕，身材特别胖”（1871，p. 77）。达尔文猜想其他鸟伙伴可能一直在喂养它，可我怀疑也有可能这只瞎鹈鹕就像伊泽贝尔一样，在密集的伙伴队伍中，利用听力和空气流动来判断食物的方位，要知道鹈鹕的密集队形是很有特征的。可问题仍然存在，一只瞎眼的鹈鹕究竟是如何捕鱼的呢。

51 “三次都停下脚步”：Jane Goodall（1990，p. 116）。

52 “患有自闭症的孩子”：11 岁的自闭症谱系障碍患者和其他孩子打哈欠的次数差不多，然而，正常的发育中的孩子看打哈欠的录像，自己打哈欠的频率会明显增加，然而自闭症孩子则没有变化（Senju *et al.*，2007）。

53 “神经共鸣”：很明显，镜像神经元在嘴部动作模仿及面部模仿的过程中起到了非常关键的作用（可参见 Ferrari *et al.*，2003）。可它仍然没有解决“对应问题”,也就是说,人需要先了解其他人的身体部位和自己的身体如何对应,才能模仿。

53 “海豚会模仿水池边的人”:2002 年,Louis Herman 描述了海豚对人类的模仿,Bruce Moore 早在 1992 年便记录了一只非洲灰鹦鹉模仿人的行为,不仅是人的声音,还有肢体动作。这只灰鹦鹉会用人的方式告别,一边喊“Ciao”(意大利语“再见”。——译注),一边挥舞翅膀或爪子;它还会喊“看我的舌头”,同时伸出舌头来,这些都是 Moore 教它的。对应问题对于这只鸟来说不在话下,而且是跨物种的对应。

54 “两条手臂松松垮垮地耷拉在身旁”:白宫新闻媒体曾引用乔治·W. 布什的一段话:“有的同事们看我走路,觉得昂首阔步的挺新鲜,其实我这姿势在得克萨斯州就是再正常不过的‘走路’了。”

54 “亚瑟·米勒”:Elaine Hatfield,John Cacioppo,Richard Rapson 合著的 *Emotional Contagion* 中引用了这段话(1994,p. 83)。本书非常好地对模仿行为和情绪传染现象进行了总结,我书中很多关于人类的例子也源自本书。

54 “给动物园的猿递上扫帚”:Anne Russon 写过一些生活在保护区的猩猩,这些猩猩会模仿饲养员的一些行为,比如挂吊床、洗盘子什么的(1996)。它们也会模仿没有好处的动作,比如从桶里吸汽油。

54 “实验人员穿着白大褂”:猿类同人类儿童之间的比较经常是不公平的,比如,儿童面对的实验者也是人类,但猿类却要跨物种进行实验(见 Tomasello,1999; Povinelli,2000; Hermann *et al.*,2007)。我们早该开展猿类之间的互动实验了,其结果会更有生态效度。实际上这几年这样的实验方法也取得了不少成果(de Waal,2001; Boesch,2007; de Waal *et al.*,2008)。

56 “利用模仿来获得奖励或达到其他目的”:“模仿”的传统定义是通过观察来学习一种动作(Thorndike,1898)。这种解释包含了模仿的一般含义,包括我在正文中提到的栅栏把手指钩住的例子。可实际上更窄的定义却更为流行。所谓“真正的模仿”要求认清模仿对象的目标,以及掌握模仿对象达到这个目标所利用的手段(Whiten and Ham,1992)。我本人更喜欢前者,也就是更宽泛的定义,原因很简单,我相信不管是从演化的角度还是从神经生物学的角度来讲,任何形式的模仿都具有连续性。

56 “安迪·怀腾”:St. Andrews 大学心理学和灵长类动物学教授。怀腾发展出两步范式,来测试猿类的模仿行为。他同我所在的亚特兰大现存演化联系中心(Living Links Center)合作,在我们的群居黑猩猩身上实践他的方法。其结果有力地证明猿类也有模仿能力(可参见 Bonnie *et al.*,2006; Horner and Whiten,2007; Horner *et al.*,2006;

Whiten *et al.*,2005 等文献),随之即联系到动物的"文化"这一争议话题(可参见 de Waal,2001; McGrew,2004; Whiten,2005 等文献)。

58 "成年猿类有时具有很大的危险性":即使是一只体形不大的年轻黑猩猩,其肌肉力量也能顶得上好几个成年男人肌肉绑在一起。成年黑猩猩完全不是手无寸铁的男人能驾驭的,而且历史上还有黑猩猩杀人的先例。

59 "魔鬼盒子":Lydia Hopper 用透明鱼线控制盒子和里面的食物,让盒子打开,食物自己从盒子里飞出来,足足演示了 225 遍。然后把同样的盒子交给黑猩猩,让它们操作。结果它们完全摸不着头脑(Hopper *et al.*,2007)。

59 "让钢琴家从好几段演奏中辨认自己的作品":我们说头脑活动"通过身体"来实现,实际上是一种简化。完整来说,是要通过神经系统以及我们头脑中与之相对应的本体感受来实现。这里用感知(Proffitt,2006)和钢琴家识别自己的演奏(Repp and Knoblich,2004)来加以说明。

60 "用大石头砸坚果吃":这段视频是 Sarah Marshall-Pescini 和 Andrew Whiten 拍摄的(2008)。这里我说"为模仿提供了一条捷径",我的意思是,不是所有的模仿都要求模仿者理解模仿对象的目的、方法和即将获得的好处。无意识的运动神经元模仿能够在认知做出评估之前,让模仿者快速学习,这个过程依赖于自身同对方身体上的亲近关系(cf. Bonding-and Identification-based Observational Learning, or BIOL; de Waal,2001)。

61 "一次,一头大象突然看到":请见 Katy Payned 的 *Silent Thunder*(1998, p. 63)。

62 "同样是模仿儿童动作":来自 Andrew Meltzoff 和 Keith Moore 的描述(1995)。恒河猴也会注意到自己遭到模仿(Paukner *et al.*,2005),猿类甚至会和孩子一样,仔细审视模仿它的人(Haun and Call,2008)。

62 "荷兰人的小气臭名昭著":荷兰餐馆的账单里都包含了服务费,所以小费通常都很少。然而,科学家让餐厅服务员复述顾客点的菜,小费的数量明显提升(van Baaren *et al.*,2003)。

62 "多像变色龙啊":实际上,人类无意识地模仿他人的现象,就叫"变色龙效应"(Chartrand and Bargh,1999)。

64 "最复杂的艺术作品":Joe Marshall 和 Jito Sugardjito(1986, p. 155)。

65 "合趾猿婚姻关系":Thomas Geissmann 和 Mathias Orgeldinger(2000)。这段话引自 Spiegel Online 的一段采访(2006 年 2 月 6 日)。雄性宽吻海豚也会两两形成搭档,之后它们的鸣唱也会趋同,二者之间关系越紧密,它们的声音就会越像(Wells,2003)。

65 “Einfühlung(直译是‘感觉进去’)”:这个名词最早是德国心理学家 Robert Vischer 创造的。在李普斯的措辞中,Einfühlung 帮我们更好地理解“非我的自我”这个意思。也请参见 Schloßberger(2005)和 Gallese(2005)的文章。德语在这个名词上有很多变体,包括“感觉进去”“感同身受”“感受他人痛苦”,每个意思都有自己专有的名词。也有相反的情况,比如 Schadenfreude 这个词,直译就是伤害-欢乐,也就是说看到其他人痛苦自己就高兴。

66 “当问到受试者他们看到了什么”:参见 Ulf Dimberg 及其同事的研究(2000)。Stephanie Preston 和 Brent Stansfield 最近的研究结果显示,人的潜意识对面部表情信息的处理甚至涉及概念及语义的认知层面。

67 “情绪感染”:情绪感染的定义是,对他人的面部表情、发音、姿势和动作进行自动的模仿,并与之同步,进而达到情绪上的趋同(Hatfield *et al.*,1994,p. 5)。

67 “自己也跟着哭”:研究表明,女婴比男婴更容易被哭所传染。有些科学研究甚至尝试了其他声音。有趣的是,婴儿对其他婴儿发出的真实的哭声反应最强烈,对自己哭声的录音、年龄稍大的儿童的哭声、黑猩猩的尖叫和计算机合成的哭声都不是那么敏感(Sagi and Hoffman,1976; Martin and Clark,1982)。

68 “我们还没解决上帝的问题”:出自汤姆·斯托帕德的戏剧《乌托邦彼岸》(2002)。

70 “一只大鼠的痛苦”:Joseph Lucke 和 Daniel Batson 曾用大鼠做实验,看当它们的行为造成同伴被电击的情况下,这些大鼠会不会表示关切。他们最后得到的结论是大鼠对给同伴造成的痛苦没有反应。当然这个结果并没有排除大鼠会受其他个体情绪所感染(1980)。

71 “最后一只总是比第一只显得更疼”:出自杰弗里·默吉尔在国家公共电台做的节目(2006)。后来 Dale Langford 等人研究了有同情心的小树,并发表了他们的结果(2006)。

73 “死神猫奥斯卡”:老年病专家 David Dosa 发表过一篇题为《死神猫奥斯卡生命中的一天》的文章,文中说:“要是它在某个病人床边出现,医生和护士基本上就可以认定这个病人快不行了。他们就可以第一时间通知家人。如果没有奥斯卡,很多人都会在孤独中死去。”(p. 329)

75 “它们不想看到受刺激的景象,不想听痛苦的声音”:出于自我保护目的的利他行为,根本上来说是为了减少由于他人而带给自己的负面刺激,因此是以共情为前提的。这里我所说的“利他主义”是生物学层面的利他,也就是指以损害自身利益为代价来换取他人利益,而不管给他人带来的良性影响是不是有意而为之(见第 2 章)。

76 “猴子比人更擅长领会另一只猴子的面部表情”：引自 Robert Miller（1967，p. 131）。

76 “我总是避免让动物感觉疼痛”：动物实验的伦理学是个永无休止的话题，而且经常引来激烈的纷争。我的研究并不是为了解决那些性命攸关的医学问题，因此就更没有理由试探底线。我个人有两条原则：（1）我只用群居灵长类做实验（而不是单独圈养的个体）；（2）我尽量确保实验过程不给动物带来太大的刺激和压力，我的标准是，实验方法哪怕用在人类志愿者身上也是可以接受的。

77 “理毛确实能让动物心跳减缓”：猴子的项目是 Filippo Aureli 和同事开展并发表的（1999）。Claudia Wascher 及其同事把小发射器藏在鹅的体表，他们发现鸟类看到伴侣和其他同类发生纠纷，自己也会情绪激动，说明鸟类也有情绪感染现象。

78 “共情现象的文献全是关于人的”：有一个非常值得注意的例外，心理学家 William McDougall 的研究（1908，p. 93）显示，群居动物有共情心。他对共情的概括让人深受启发：“是所有动物群体的黏合剂，让一个群体所有成员的行为变得非常和谐，让它们体会到社会生活最基本的优势。”

78 “而是一种不经思考、被自动激活的神经回路”：共情心依赖于我们神经系统的特性。（1）当感受到他人的情绪和动作，自己的神经细胞也会被激活，从而调动起相应的情绪和行动；（2）用自己这些被调动起来的状态，去接近和理解对方。这个想法最早是李普斯提出的，见他所著的 *innere Nachahmung*（内在的模仿）（1903）。我和斯蒂芬妮重新归纳了这个观点，形成了共情的“感知-行动机制”（Preston and de Waal，2002）。哪怕仅仅想象他人的状况，人也能自动地调动起相应的神经回路。因此如果你要求一个人设身处地，他的大脑活动其实和回忆他们自己从前的经历差不多（Preston *et al.*，2007）。

79 “平克 · 弗洛伊德”：节选自专辑 Meddle 中的“Echoes”（1971）。乐队成员 Roger Waters 在一次采访中说：“歌词写到街上一个擦身而过的路人，这成为一个不断出现的主题：感同身受，唤起共情，人和人之间心心相印。”（*USA Today*，1999 年 8 月 6 日）

79 “镜像神经元的发现”：Vilayanur Ramachandran：“I predict that mirror neurons will do for psychology what DNA did for biology: they will provide a unifying framework and help explain a host of mental abilities that have hitherto remained mysterious and inaccessible to experiments.（我预言，镜像神经元的发现对于心理学来说，就如同 *DNA* 的发现在生物学领域的价值。这个发现奠定了一个完整而自洽的理论框架，解释了很多神奇和实验难以验证的心理过程。）”（*Edge. org*，2000 年 6 月 1 日）可是镜像神经元的活动如何最终转化到模仿和共情等行

为层面,还不是很清楚,请参见 *Vittorio Gallese* 及其同事(2004),以及 *Marco Iacoboni* 的相关研究(2005)。镜像神经元也在鸟类大脑中被发现,因此我们所提出的感知-行动机制,可能可以一直追溯到人类和鸟类的爬行动物祖先(*Prather et al.* ,2008)。

79 “对见到的每个人都滥施共情心”:节选自对 Preston 和 de Waal 开展的研究的评论(2002)。

80 “认同感是感同身受的最基本条件”:前面提到的猴子实验也如此,彼此越熟悉,共情的反应越强烈(Miller *et al.* ,1959; Masserman *et al.* ,1994)。

80 “不同群体间存在竞争关系时”:共情更多在群体内部发生,参见 Stefan Sturmer 和同事的研究(2005)。

80 “被剥夺了猴性”:珍妮·古道尔(1986,p. 532)。

81 “整个身体都能表现一个人的情绪”:给恒河猴看同种个体的图片,哪怕只看到恐惧的姿势,也会令它非常不爽,其情绪激动程度比阴性条件刺激要强烈(Miller *et al.* ,1959)。

81 “身体姿势所透露出的信息就占了上风”:看到情绪统一的照片(即面部表情和肢体动作表达出一样的情绪),平均反应速度为 774 毫秒,然而看到情绪错乱的照片(面部和肢体表达相反情绪),平均反应速度延长到 840 毫秒,不过两种情况下反应速度都没有超过 1 秒(Meeren *et al.* ,2005)。

82 “情绪的感染跳过其他”:同身体优先理论(也被称为 James-Lange 理论)对应,Beatrice de Gelder 提出情绪优先理论。后者建立在两个紧密联系的过程之上,第一个非常快速,类似于条件反射和感知-行动机制,第二个相对较慢,涉及认知层面对刺激进行评估。

82 “面孔仍然是输出情绪最好的途径”:面部体现了个人身份。我们看到面部,就得到了身份的信息,这些信息会影响我们的行为。

83 “要想让他人感同身受,你得先献出一张生动的脸孔”:这句生动的陈述,以及帕金森症患者的例子,来自 Jonathan Cole(2001)。

83 “我活在他人的表情里”:莫里斯·梅洛-庞蒂(1964,p. 146)。

83 “我回到了人类的星球”:这位做了面部移植的匿名女士的原话是这样的(译者不懂法语):“Je suis revenue sur la planète des humains. Ceux qui ont un visage, un sourire, des expressions faciales qui leur permettent de communiquer.”(“La Femme aux Deux Visages,” *Le Monde*, 2007 年 6 月 7 日)

第 4 章:设身处地

84 “同情无论如何也不是一种自私的行为”:亚当·斯密(1759,

p. 317)。

84 “共情心或许恰恰是”:马丁·霍夫曼(1981,p. 133)。

84 “纳迪亚·科赫茨”:全名为 Nadezhda Nikolaevna Ladygina-Kohts (1889—1963),是莫斯科国家达尔文博物馆监管馆长 Aleksandr Fiodorovich Kohts 的妻子。

85 “同动物填充标本混在一起”:2007 年,莫斯科国家达尔文博物馆百年馆庆,期间展示了一些老照片。其中有科赫茨做研究的照片,之前我去参观的时候,馆里的工作人员曾给我展示过。里面当然不乏她同约尼及其他灵长类动物的合照。还有一张是她伸手从一只凤头鹦鹉嘴里接过鹦鹉递给她的东西,另一张是她举着托盘,盘上放了三个杯子,让对面的金刚鹦鹉挑。她的实验看起来都非常先进和现代,而科赫茨本人脸上总挂着微笑,看来她真的热爱自己的研究。科赫茨对猿类使用工具的能力进行了测试,这些实验同沃夫冈·科勒是同时的。样本配对测试也许也是她首先发明的,这项技术今天仍在视觉认知领域广泛应用。科赫茨一共写了 7 本书,只有一本 *Infant Chimpanzee and Human Child* 被翻译成英文(2002),这本书最早以俄语发表于 1935 年。

86 “要是我装哭”:Ladygina-Kohts(1935,p. 121)。

88 “同情的定义”:Lauren Wispé(1991,p. 68)。

89 “林肯”:故事是这样的,林肯停下马车,走到泥塘旁边,猪陷在泥里,哇啦乱叫,林肯把猪拽出来,却弄脏了自己的裤子。有一本儿童书画的就是这个故事,书名叫 *Abe Lincoln and the Muddy Pig*(Krensky, 2002)。

89 “好撒玛利亚人”:人类施予同情心是有条件的,这个实验说明了这个问题,已经成为心理学的经典。实验是 John Darley 和 Daniel Batson 共同开展的(1973)。

90 “动物相互安抚的场景,我见过不下上千次”:安抚行为在猿类个体之间太常见了(de Waal and van Roosmalen,1979),到目前为止定量研究都不下十几项。最近 Orlaith Fraser 和同事(2008)证实,安抚行为对被安抚者具有明显的减压效果。文中提到的大规模研究是 M. Teresa Romero 开展的,他对我们计算机中记录的 20 万次黑猩猩群体中自发的社会事件进行了分析。

91 “令人印象深刻”:罗伯特·耶基斯(1925,p. 131)。“契姆王子”是潘兹病症晚期时的伙伴,“契姆王子”对潘兹所显示的关爱让耶基斯非常意外,他承认:“如果我到处讲它对潘兹的利他行为,和它那些流露了同情心的行为,人们肯定会觉得我把猿类理想化。”(p. 246)。

91 “一只小鸭子”:Peter Bos(个人交流)。

92 “人类最好的朋友”:下面提到的比利时研究是 Anemieke Cools 及其

同事开展的(2008)。

93 “狗的祖先”:至于狼个体之间的安抚行为,目前我们还没有得到相应的证据(这里具体指的是安抚痛苦同伴的行为),但确实有人曾经观察到狼在争斗之后和解(即争斗双方重归于好),参见 Giada Cordoni 和 Elisabetta Palagi 的研究(2008)。

93 “我们已经做好了赴死的准备”:安东尼·斯沃福德(2003,p. 303)。

94 “最著名的照片之一”:Al Chang 拍摄于 1950 年,这张照片启发了我的绘画。

94 “经历过丧子之痛的夫妻”:Kate Murphy 对 Paul Rosenblatt 的采访(纽约时报,2006 年 9 月 19 日)。

94 “禁止拥抱政策”:“School Enforces Strict No-Touching Rule”(美联社,2007 年 6 月 18 日)。

94 “一只幼年猴子”:我在美国威斯康星麦迪逊的维拉斯公园动物园研究两群恒河猴长达 10 年。恒河猴属于季节性繁殖的动物。每年春天,大约 25 只幼崽的新面孔会出现在群体中。它们年龄相同,因此发育步调也相同,一起游戏、睡觉,甚至连不高兴的时候也相同(de Waal,1989)。

96 “它来自最原始的发声冲动”:生物具有一些天生的倾向,帮助它们日后获得至关重要的技巧,大自然中随处可见这样的例子。比如,卷尾猴遇见打不开的小物件,拼命砸的冲动难以抑制,甚至能津津有味地要上好几个小时。猫咪看到移动的小物体,目光就移不开了,然后就会扑上去!这种天生的倾向,在经验加上学习的作用下,就会逐渐形成更高级的技能,比如野生卷尾猴就会用石头砸开坚果(Ottoni and Mannu,2001),所有猫都会悄悄接近猎物然后突然扑食。“关注前反应”同样与生俱来,是日后学习能力的基础。

96 “多数哺乳动物”:共情的机制就像好多层的俄罗斯套娃,处于核心的是古老的感知-行为机制以及情绪感染能力。外面一层一层,加上越来越多的复杂性(de Waal,2003;第 7 章)。

97 “如果大石头不在跟前”:埃米尔·门泽尔(1974,pp. 134 – 135)。

97 “心理理论”:埃米尔·门泽尔在完成了一些前瞻性工作(如 Menzel,1974;Menzel and Johnson,1976)后,在宾夕法尼亚大学同 David Premack 共同开展工作。Nicholas Humphrey 于 1978 年提出动物是“天生的心理学家”(也就是说它们能重构他人的内心世界),同年 David Premack 和 Guy Woodruff 也提出著名的“心理理论”概念,意思和“天生心理学家”类似,说的也是能解读他人心理状态的能力。

98 “领会别人心思的冠军”:在实验中,麦克西小朋友脑子里的判断和真实状况不符,因此被试小朋友完成的是一项所谓“错误信念”任务。然而任务的完成严重依赖语言,语言能力会影响实验结果。如果减少语言在实验中所扮演的功能，那么岁数小一些的孩子也能表现出对麦克西小朋友的理解，因此小朋友完成这项任务的心理过程并没有之前想象的那么复杂（Perner and Ruffman，2005）。

99 “渡鸦的大脑比较发达”：源自《经济学人》对 Thomas Bugnyar 所作的采访（2004 年 5 月 13 日）。请见 Bugnyar 和 Bernd Heinrich 2005 年的文章。关于鸟类会换位思考的更多证据，请见 Joanna Dally 及其同事在 2006 年的研究。

100 “看透其他个体的精神世界”：以前人们一直认为，只有人类有“心理理论”能力，第一项对此观点提出质疑的实验证据来自 Brian Hare 及其同事在耶基斯灵长类研究中心所做的研究（2001）。他们的实验显示，群体中地位比较低的黑猩猩接近食物前，会考虑地位高的黑猩猩的想法。其他成功的猿类研究也有不少，见 Michael Tomasello 和 Josep Call 2006 年的综述。其他物种也具有换位思考能力，如鸟类（上述论文）、狗（Virányi *et al.*，2005），猴子（Kuroshima *et al.*，2003；Flombaum and Santos，2005）。

100 “想象自己是受害者的角色变换”：亚当·斯密（1759，p. 10）关于同情的经典描述。相反，“冷漠型”设身处地或许更接近所谓“心理理论”。尽管“理论”这个词容易让人误解，以为这个过程和抽象思维，以及从自己推演到他人的能力有关，实际上并无证据（de Gelder，1987；Hobson，1991）。设身处地更多是无意识的，源自我们在身体上找到的对应，请见第 3 章。

100 “一只年幼的红毛猩猩”：Sydney Morning Herald（2008 年 2 月14 日）。

100 “瑞典动物园”：黑猩猩被绳子缠的事故发生在瑞典小城 Gavle 的 Furuvik公园，是我从灵长类动物管理员 Ing-Marie Persson 那里听说的。

101 “我趁机把他请到我家”：埃米尔出生于 1929 年。我与他在 2000 年会面。几年后，他从前的一位学生写信给我说：“我目前是发育心理学教授。当年我们把绒猴关在一个温室里，一次，在去温室路上，我经过一段走廊，埃米尔刚巧在那里把黑猩猩放出来，黑猩猩们大声咆哮着。我稍微有点害怕，却见一只年轻黑猩猩 Kenton 朝我走来，它温柔地握起我的手，领我走过走廊，经过其他黑猩猩。那次我亲身体验了黑猩猩的换位思考！”（Alison Nash，个人交流）。

102 “既然所有动物都遵循”：这次演讲是在 Wesleyan 学院举行的，傲慢的会议主席名叫 Richard Herrnstein（1930—1994），是当年的斯金纳行为主义先驱之一。Herrnstein 认为，鸽子和黑猩猩没什么区别，B. F. 斯金纳也说过：“鸽子、大鼠、猴子，哪个是哪个，根本无所谓。”（Bailey，1986）

102 “一出合作逃跑”:门泽尔于1972年发表文章描述了这次黑猩猩逃跑,题目是《一群年轻黑猩猩自发发明梯子》。在《黑猩猩的政治》这本书中,我也曾描述了一出类似的合作出逃(de Waal,1982)。

104 “第一母亲”:《女警官将自己的母乳喂给地震孤儿》(CNN International,2008年5月22日)。

104 “在高加索发现了一具……古人化石”:David Lordkipanidze及其同事在此发现了180万年前的古人的化石(2007)。

104 “碧太太”:Jane Goodall(1986年,p. 357)。

105 “无私行为不胜枚举”:留下真实影像的故事中,最著名的发生在芝加哥的布鲁克菲尔德动物园。1996年8月16日,一名3岁儿童掉落到5米多深的灵长类展览池里,8岁的大猩猩Binti Jua把他救了起来。大猩猩在小水流中的木墩上坐下,把男孩抱在腿上,走开前还在他背上轻轻拍了一下。这一富有同情心的举动感动了很多人,Binti一夜成名[《时代》周刊把这只母大猩猩选为1996年“风云人物”之一(原文是Best People of 1996,但我没有查到《时代》周刊有此项评选,最接近的猜测是Person of the Year,即我们所知的风云人物。——译注)]。类似故事越来越多。我尽量不再赘述我在*Good Natured*(天赋本善)和*Bonobo*(倭黑猩猩)等书中讲过的故事(1996,1997)。Sanjida O'Connell曾就此话题做过系统概述(1995)。

105 “黑猩猩港”:黑猩猩港位于路易斯安那州什里夫波特附近。黑猩猩舍埃拉和萨拉之间的故事是黑猩猩港的工作人员Amy Fultz对我讲述的。她还曾见过一只雌性黑猩猩在取食路上,掉头走去帮助另一只同伴,那只同伴的肾有毛病,身体非常虚弱。黑猩猩港的网站(www. chimphaven. org)上提供了更多信息,你还可以在此了解到如何为它提供支持。

106 “把猿养在岛上”:提出动物从不为他人冒险的是Jeremy Kagan(2000)。然而Jane Goodall(1990, p. 213)和Roger Fouts(1997, p. 180)都曾观察到猿类跳到水里解救同伴的例子。瓦苏还救过一只它刚认识几个小时的雌性黑猩猩同伴。妈妈和婴儿溺水而亡的事发生在Dublin动物园(Belfast News Letter,2000年10月31日)。

106 “克服恐水的天性”:助人行为可能是基于亲缘关系和互惠共生关系演化而来,然而实际上没有证据显示黑猩猩指望得到回报(第6章)。虽然人类具有预期的能力,然而在他们跑进着火的建筑或跳入水中救人的时候,很难想象他们脑子里会期待着回报。这些行为驱动力很可能是情绪。我需要再次重申,一个人采取某项行动的原因,不一定同此项行为的演化原因相符,后者的驱动力很可能是个人利益(第2章)。

107 “遭遇豹子”:Christophe Boesch(个人交流)观察到,在象牙海岸,豹子捕食黑猩猩的现象经常发生。黑猩猩互相帮助，逃脱豹子袭击，为了他人利益冒巨大的风险。

108 “小孩子先学会领会别人的感情”：儿童大约 4 岁时就能通过传统的“心理理论”测试。可他们早在两三岁的时候就能感他人之所感，明白别人需要和期待什么（*Wellman et al.*，2000）。然而，即使年长些的孩子也对小红帽的故事拿捏不准，大概是对情绪认同做出了错误的判断，进而影响了最后的观点（Bradmetz and Schneider，1999）。

110 “社会性搔痒”：灵长类的习惯和传统，即“文化灵长类动物学”，是另一本书《类人猿和寿司大师》主要讨论的问题（de Waal，2001）。Michio Nakamura 及其同事对马哈雷黑猩猩的社会性搔痒行为也进行了详细的研究（2000）。

112 “判断同伴是不是在饿肚子”：没有什么证据显示猴子能领会其他个体的观点和看法，但这并不能说明它们感知不到其他个体在关注什么、打算采取什么行动，或者需要什么。我们组的 Yuko Hattori 曾开展过一项食物分享实验，看猴子对刚吃饱和没吃东西的同伴做何反应。对照组中，同伴猴子被不透明板子隔开，实验猴子没法得知同伴的进食状况。

113 “猴子……更愿意分享”：如果对面的卷尾猴是陌生猴子，或者如果实验猴子看不到对方，实验猴子都不会选择“分享”（de Waal *et al.*，2008；第 6 章）。Judith Burkart 及其同事，以及 Venkat Lakshminarayanan 和 Laurie Santos 也曾对猴子的亲社会行为做过报道（2007）。

113 “黑猩猩对没有血缘关系的同伴漠不关心”：这句话甚至直接被用作一篇科研论文的题目（Joan Silk 及其同事，2005）。Keith Jensen 及其同事也曾观察到相似的现象（2006）。然而，我们从负面结果中非常难以得到任何结论（de Waal，2009）。一个常见的问题是，动物可能很难完全领会我们让它们做的实验。比如，如果它们离同伴太远，没注意到同伴那边发生了什么，它们的行为就可能显得漠不关心，而实际上只是随机行为。

115 “有没有奖励也没有对黑猩猩的行动造成影响”：弗莱克斯·瓦内肯及其同事（2007）在实验中设置了有和没有奖励的情况。没有对结果造成区别，因此黑猩猩助人的动机似乎并不是期待奖励。

115 “他的快乐会令我们不安”：引自 Dolf Zillmann 和 Joanne Cantor 的书（1977，p. 161）。或请见 Lanzetta 和 Englis 的文章（1989）。

116 “所谓‘无私’从根本上来说究竟有多‘无私’”：Daniel Batson 对人类利他行为究竟是自我导向还是他人导向的问题开展过非常令人赞叹的研究（1991，1997）。然而关于这个问题的争论一直在继续，因为要想把“个人因素”从“他人”中摘出去，实在是不可能的，尤其在共情的问题上(如 Hornstein,1991; Krebs,1991; Cialdini *et al.*, 1997)。

第 5 章:屋里的大象

118 “看到镜中的自己”:纳迪亚·科赫茨(1935,p. 160)。

119 老普林尼:节选自他的《自然史》(vol. 3, Loeb Classical Library, 1940)。

121 在几十年前提出的:1970 年,戈登·盖洛普发表了他关于镜像自我识别(Mirror self-recognition,MSR)的第一篇论文,10 年后,他又发表文章论证 MSR 同其他所谓“意识的标志”之间的联系,后者包括归因和共情。他明确指出,鲸目动物和大象表现出相当程度的社会行为,因此它们可能也能从镜像中进行自我识别。

122 哪怕我穿上女人的衣服也没法糊弄它们:本科的时候,我的研究对象是两只黑猩猩。我和另一位男同学想知道黑猩猩是不是对所有女性都有“性趣”(比如女秘书和女学生),另外,它们如何分辨人类的性别。所以我们就男扮女装,还提高音调,装出女人说话的声音。可黑猩猩一点也没被糊弄住,至少在性方面没有显示出任何兴趣。

123 协同出现假说:这个假说的灵感来自两方面,一是戈登·盖洛普的种系发生理论,另一方面是多丽丝·比斯科夫-科勒的个体发生理论。二者都把对镜中影像的反应和社会认知联系起来。我所做的是把这两种观点归纳成一种假说。

123 这类孩子能通过镜子测试:Michael Lewis 和 Douglas Ramsay 提出,使用介词、游戏假扮,以及从镜像中辨认自己(MSR)这些能力是共同出现的。Doris Bischof-Kohler 对孩子的 MSR 和共情开展了最为细致的研究,结论显示二者之间有确凿的联系。也就是说,有共情能力的孩子,能通过胭脂测试,而没有共情能力的孩子则通不过。Bischof-Kohler 对年龄进行校正后,仍然得到同样的结果(Bischof-Kohler,1988,1991)。Johnson(1992)和 Zahn-Waxler 等人的实验也验证了上述结论。

124 神经生物学家有朝一日会给出明确的答案:2004 年 Jean Decety 提出“自我”意识在共情中的作用,科学家目前正利用神经成像技术验证这一想法。随着孩子逐渐能把自己和他人区分开来,在感知-行动机制的作用下,高级的共情心理就形成了(Preston and de Waal,2002; de Waal,2008)。人位于颞顶交界区(TPJ)的顶叶右下部皮层,执行区分自己或他人行为的功能(Decety and Grèzes, 2006)。

124 “感情太投入反而会扼杀共情心”:引自 Daniel Goleman 的 *Social Intelligence*(2006,p.54)。

125 个体发生与种系发生:现代生物学并不支持恩斯特·海克尔的重演论,但他的一些观察仍然符合事实,比如,比较早期演化出来的解剖学特征,在胚胎发生过程中通常也较早出现,另外,从不同物种的胚胎发育早期阶段通常能看出它们的共同祖先。协同出现假说认为,识别自己镜像的能力同社会认知能力一起出现,这也是在把个体发生和种系发生做比较,却没有在二者之间勉强建立联系。也可见 Gerhard Medicus 1992 年的文章。

126 连金鱼都会翻身从鱼缸里跳出去:保罗·曼哲在一次采访中说:“你把任何一只动物关在盒子里,别管是大鼠还是沙鼠,它第一反应都是想办法爬出去。要是你的鱼缸没有盖子,金鱼早晚会跳出去,到更大的空间中去。可海豚却从来不会这么做。海洋公园只需要立一个高出水面半米的网,就足以把海豚隔开”(路透社,2006年8月18日)。曼哲并没有考虑到,懂得待在熟悉的环境里,或许正是动物聪明的一种体现,而那些不够聪明的才会拼命往未知环境里跑。

126 对着镜子整理羽毛:从镜子里识别自己,不是通过训练就能做到的,而是一种自发的能力,有的动物可以,有的动物怎么都不行。如果愣是按照一定标准进行训练(见 Epstein *et al.*,1981),虽然偶尔也能通过,但这就违背了胭脂测试的初衷,而且这样的结果机器也能做到。后来另一组研究人员试图重复训练鸽子的实验,结果实验失败得一塌糊涂,以至于他们在题目中用“皮诺曹”做比较(Thompson and Contie,1994)。

127 海豚有很大的脑容量:人类大脑重约 1.3 千克,瓶鼻海豚的大脑则重达 1.8 千克,黑猩猩大脑只有 0.4 千克重,亚洲象大脑重 5 千克。相对于各自的体重,人类的脑容量是这些物种中最大的,鲸目动物则比除了人之外的其他灵长类动物都大(Marino,1998)。有些研究专门关注某些脑区,结果显示人类大脑的优势反而不是那么突出。和我们想象的相反,人类前额叶皮层占到整个大脑的比例,并不比大猿更大(Semendeferi *et al.*,2002)。

127 让海豚专家非常不爽:曼哲 2006 年的论文遭到世界各地海豚专家的反驳,他们联合起来发表文章,题目是《鲸目动物有复杂的大脑,并且有复杂的认知能力》(Lori Marino *et al.*,2007)。

128 一段炸药:根据 J. B. Siebenaler 和 David Caldwell 文章所画(1956)。

128 大型海洋生物关心和帮助同伴的例子:更多相关内容请见 Melba Caldwell 和 David Caldwell(1966)以及 Richard Connor 和 Kenneth Norris 的文章(1982)。

129 被一只海豹推到岸边:《海豹勇救落水狗》(BBC News,2002 年 6 月 19 日)。

129 雌性座头鲸:San Francisco Chronicle 刊登的 Peter Fimrite 的文章。文章写道:"鲸类专家表示如果我们觉得鲸在感谢救它的人,那我们可能会感觉良好,实际上没人真的知道它究竟在想什么。"尽管这么说,我们仍应该注意,一个具有复杂互惠习性的物种,感激是非常常见的情绪(Trivers,1971; Bonnie and de Waal,2004)。

130 这个会议还建了个网站:大会主题是"人为何为人",于 2008 年 4 月在洛杉矶举行。

130 "每当加里森·凯勒说":引自 Michael Gazzaniga 的"人类大脑是否真的与众不同?"(Edge,2007 年 4 月 10 日)。作者是这样回答他自己提出的问题的:"形成人类的过程中只不过是发生了一些相位变化,人类根本没有什么能力是值得惊奇的。"这个听起来有点含糊的结论,实际上是承认了人类大脑实际上并没有什么独特性。

132 六个印度的盲人:引自 John Godfrey Saxe 发表于 1873 年的诗《盲人和大象》。

132 "埃莉诺被发现的时候,整个鼻子都肿起来了":这件事发生在 2003 年 10 月 10 日。Iain Douglas-Hamilton 及其同事记录并拍摄了照片(2006)。

133 偷猎者的一枚子弹:引自 Cynthia Moss 的 *Elephant Memories*(1988, p. 73)。公象朝同伴喷水的故事引自 Daryl 和 Sharna Balfour 的 *African Elephants, A Celebration of Majesty*(1988),泥巴洞的情景是在《国家地理》节目 *Reflections on Elephants*(1994)中看到的。关于非洲象和共情有关的行为,请见 Lucy Bates 及其同事的综述(2008)。

135 至少比之前大象没通过胭脂测试的那次实验中用的要大:Daniel Povinelli 的大象实验的实验设置被人画了下来(1989)。

138 连关系稍远一点的猴子都没有:Esther Nimchinsky 及其同事比较了 28 种灵长类动物的大脑,只在其中 4 种大猿和人类的大脑中发现了 VEN 神经元细胞。倭黑猩猩只有一个样本,它的大脑同人类大脑密度最接近,VEN 细胞分布也最为相仿。这个结果相当有意思,因为之前人们一直猜测倭黑猩猩是最有共情心的猿类(de Waal, 1997)。

138 特殊的"痴呆":William Seeley 等人研究了额颞部异常所导致的痴呆。他们发现这些病人前扣带皮层的 VEN 神经元缺失达四分之三。

138 并不是人类和猿类所特有:迄今为止,二者看起来具有必然联系:所有有 MSR 能力的哺乳动物都有 VEN 神经元,反之亦然。但仍可能存在例外,并且这些细胞的功能还是谜。Atiya Hakeem 及其同事也对非灵长类动物的 VEN 神经元进行了研究(2009)。

140 “小狒狒狂躁的叫声引起了母狒狒的注意”:Dorothy Cheney 和 Robert Seyfarth 的研究暗示,狒狒的情绪被调动起来,却没有产生共情心理。

142 攻击了一个放骆驼的人:引自 Joyce Poole 的 *Coming of Age with Elephants*(1996 年,p. 163)。

143 亲人被豹子、狮子或鬣狗衔走的狒狒:Anne Engh 及其同事的研究(2005),在 *Baboons in Mourning Seek Comfort Among Friends* 一文中进行了讨论(ScienceDaily. com,2006 年 1 月 31 日)。

143 “在日复一日的焦虑中过活”:南非自然学家 Eugène Marais 于 1939 年发表的文章 *My Friends the Baboons*。

143 这一口不是非常严重:John Allman(个人交流)。尽管卷尾猴有安慰他人的能力,但研究结果却不是非常明晰,因为我们是将冲突后事件和基准数据进行比较的。不过 Peter Verbeek 确实发现,争斗中败下阵来的卷尾猴会主动接近其他个体,它也会受到格外友好的对待(Verbeek and de Waal,1997)。

144 阿拉伯狒狒:图画借鉴了 Hans Kummer 的 *Social Organization of Hamadryas Baboons*(1968,p. 60)。

144 在野生帽猴中观察到相似的现象:阿尼德亚·辛哈(个人交流)。

145 成年雄性狒狒有时会温柔地在紧张的小狒狒耳边哼哼:例子引自芭芭拉·斯马茨的著作(1985,p. 112),她补充说,这种行为特别出人意料,因为婴儿并没有显示出明显的痛苦:“平时,阿喀琉斯看到雌性小同伴痛苦尖叫,都会上前安抚,这次,它似乎是觉得从沙丘上滑下去也应该得到同样的安抚。”

145 “一天,它用那种危险的姿势带着小狒狒从一支树杈蹦到另一支”:罗伯特·萨波斯基的 *A Primate's Memoir*(2001,p. 240)。

146 母狒狒,名叫阿拉:在南非,人们经常让狒狒承担牧羊的责任,据 Walter von Hoesch 所描述,这只牧羊狒狒就骑在最大的山羊身上。Cheney 和 Seyfarth(2008,p. 34)听一位狒狒主人说,狒狒根本不需要特殊训练,就能把一群山羊里的母子关系都搞清楚。

146 搭桥行为:菲利波·奥雷利和 Colleen Schaffner 对蜘蛛猿的研究(个人交流)。对搭桥行为及其意义最早的描述来自 Ray Carpenter(1934)。Daniel Povinelli 和 John Cant 还曾尝试找到树上运动和自我意识之间的联系(1995)。

147 还没有一只猴子能通过测试:James Anderson 和 Gordon Gallup 曾对不同灵长类动物所进行过的镜子测试进行了详细的综述(1999)。

147 自我意识是任何一只动物采取任何行为所必需的:Emanuela Cenami Spada 和同事(1995),以及 Mark Bekoff 和 Paul Sherman

(2003)对各种动物必需的自我意识进行过讨论。然而,不能从镜子里识别出自己的动物,仍然能理解"自我主导"(即自我是思考与行动的主角。——译注)(Jorgensen *et al.*, 1995; Toda and Watanabe, 2008)。

148 对镜子的理解:除了能从镜子里认出自己的动物,和不能从镜子里认出自己的动物,其实还存在中间状况。有些动物,比如相思鹦鹉和暹罗斗鱼,会一直和镜子里自己的形象"纠缠不停",要么求爱要么攻击;大多数猫和狗逐渐才对镜子失去兴趣。卷尾猴更进一步,它们似乎立刻就能明白,镜子里的不是真猴子(de Waal *et al.*, 2005)。这种理解镜像识别能力的渐进的观点,在研究人类儿童的时候也同样适用(Rochat, 2003)。

150 "你自己必须首先是个贼,才能理解贼的想法和做法":Brandon Keim 的比喻很到位:"首先有自我认知,然后犯罪:听起来好像鸟类版本的伊甸园故事!"(Wired, 2008 年 8 月 19 日)。松鸦能换位思考,这种能力不仅可以用来骗人,还是安慰他人的前提,这方面证据已经有了(Seed *et al.*, 2007)。想更多地了解这种神奇的鸟类,请参见 Nathan Emery 和 Nicky Clayton 的研究(2001, 2004)。随之而来的问题便是,喜鹊和其他鸦类是否有 VEN 神经元(有 MSR 能力的哺乳动物就是有 VEN 神经元的),然而,这个问题或许并不恰当,因为鸟类的大脑和哺乳动物如此不同,同样的能力完全有可能是趋同演化的结果,不一定非要有意义的神经生理基础。

152 一条猎狗:这个故事是 Susan Stanich 给我讲的(个人交流)。

153 "以人为代表的双足直立行走动物":引自埃米尔·门泽尔 1974 年一份未发表的手稿。作者非常详尽地描述了黑猩猩如何从同伴的行为判断藏的东西是什么,以及藏在哪里。他做结论说,黑猩猩"有一套有效的方向交流系统,根本不用费力用手去指点"。

154 朝那片草吐唾沫:有人认为人通过做示范或者通过训练让黑猩猩学会指方向,这个例子是很好的反例,因为从没人教它朝草里吐唾沫。

154 "受惊的雌性":引自《黑猩猩政治》(de Waal, 1982, p. 27)。

155 "我们听到树丛里发出声响":Joaquim Veà 和乔迪·赛巴特-派(Jordi Sabater-Pi)(1998, p. 289)。

155 其他灵长类动物同人还是存在区别:Michael Tomasello 认为,为了说明而指向一个物体或方向的行为,是语言演化的过程中人类所特有的。他说:"猿类没有同其他个体交流信息和看法的动机,如果其他个体想和它交流,它们也无法理解。"(Tomasello *et al.*, 2007, p. 718)我在文中给出两个例子,一个是指出藏起来的科学家,另一个是展示恶心的蛆,二者都是上述论断的反例,说明猿类并不是完全不想主动交换信息,只不过确实不如人类那样乐此不疲。

第 6 章：公平即合理

158 “人本能地追求”：引自托马斯·霍布斯的 *De Cive*（1651，p. 36）。

159 “他凝视自己那双优美的手”：依蕾娜·内米洛夫斯基（2006，p. 35）。

161 跳钢管舞：这位澳大利亚政要名叫 Nigel Scullion，在俄罗斯一个脱衣舞俱乐部被逮住了（Skynews，2007 年 12 月 12 日）。

161 当今的平等主义者：Christopher Boehm 的研究明确显示，平等是非常辛苦的（1993）。人类基本的趋势是形成社会等级，然而在一些小规模社会中，人们会主动采取“平等化机制”，以防野心勃勃的雄性篡位。这种政治组织方式或许是人类史前时代的普遍现象。

161 西格蒙德·弗洛伊德：在《图腾与禁忌》一书中（1913），弗洛伊德借用达尔文“原初部族（Primal horde）”的概念，在这样的部族中，一位多疑而暴力的男性首领霸占所有妇女，儿子一旦长成就被赶出去自食其力。

161 这个区域恰恰同观看色情图片时活跃的脑区相吻合：结论来自 Brian Knutson 及其同事的研究（2008）。引自 Kevin McCabe 的 *Men's Brain Link Sex and Money*（CNN International，2008 年 4 月12 日）。

162 “我们如何看待自己”：引自罗伯特·弗兰克的 *Passions within Reason*（1988，p. xi）。弗兰克最先提出，传统的自身利益模型不能解释人类的许多经济行为。

163 集体行动获得丰厚回报：Brian Skyrms（2004）。

163 结果 11 位遇难：请见 Maurice Isserman 的 *The Descent of Men*（New York Times，2008 年 8 月 10 日）。

164 戳眼睛：Susan Perry 及其同事在他们的研究中描述了戳眼睛游戏（2003），也请见 Perry 2008 年文章。

167 在一项心理实验中：Toh-Kyeong Ahn 及共同作者在文章中对实验进行了描述（2003）。一系列研究曾对经济学中的“理性选择”模型提出质疑，如 Herbert Gintis 共同编辑的 *Moral Sentiments and Material Interests*（2005），Paul Zak 的 *Moral Markets*（2008），Michael Shermer 的 *The Mind of the Market*（2008），以及 Pauline Rosenau 的文章（2006）。

168 “威廉姆斯综合征”：Ursula Bellugi 及其同事（2000）。同孩子的对话引自 David Dobbs 的 *The Gregarious Brain*（New York Times Magazine，2007 年 7 月 8 日）。

170 寄居蟹：Ivan Chase（1988）。

170 “你从没见过两只狗”：引自亚当·斯密的 *The Wealth of Nations*（1776）。

172 “让我们考虑这样一群志愿者”：引自彼得·克鲁泡特金的 *The Conquest of Bread*（1996，p. 190）。

172 吸血蝙蝠：Gerald Wilkinson（1988）。

173 捕猎过程没有参与：Christophe 和 Hedwige Boesch 提出，参与捕猎是黑猩猩能分到肉的条件（2000）。

173 什么社会等级都要靠边站：一旦猿类进入分食状态，社会等级几乎没有任何作用，这个特点非常显著，野外工作者对此常有所目睹。人工驯养的黑猩猩也如此（de Waal，1989）。灵长类专家将之称为“对所有者的尊敬”，也就是说，一只成年黑猩猩，不管它属于什么社会阶层，只要拥有一个物品，其他个体就主动放弃占有权（如 Kummer，1991）。

174 Socko 和 May：我们的“理毛换食物”研究需要用到一个特别庞大的计算机数据库，时序分析显示，黑猩猩懂得互惠交换，而且同记忆能力有关（de Waal，1997）。

175 “服务的市场”：在《黑猩猩政治》一书中，我提出，猿类用来交换的有很多种服务，从理毛和帮忙，到食物和性。Ronald Noë 和 Peter Hammerstein 提出他们的生物市场理论，意思是商品和伴侣的价值都随着供应而变化。在交换的对象可以自由选择的时候，这条理论便适用。狒狒幼崽的市场得到越来越多的说明（Henzi and Barrett，2002）。

176 卷尾猴就会分食猎物：卷尾猴捕食及分食，请参见 Susan Perry 和 Lisa Rose 1994 年文章，以及 Rose 1997 年文章。

177 教它用奶瓶喂奶：收养 Roosje 的过程，以及养母 Kuif 的感恩之情，在《人类的猿性》一书中有详细记录（de Waal，2005，p. 202）。

178 猎人的圈套：Stephen Amati 及其同事描述过圈套对黑猩猩的各种伤害，严重的时候甚至会造成肢体残缺。一只雄性黑猩猩看到另一只雌性被套住了手，仔细检查了一番，然后咬开尼龙套，救出了这只雌性。

179 偷袭附近的木瓜园：猿类有政治交换和性交换的远见，很多研究者都曾对此进行记录，如 de Waal（1982）、Nishida *et al.*（1992），以及 Hockings *et al.*（2007）。ScienceDaily 还曾引用 Kimberly Hockings 的话（2007 年 9 月14 日）。

179 切斯特动物园：Nicola Koyama 及其同事（2006）。

179 把人类合作称为自然界“巨大的例外”：Ernst Fehr 和 Urs Fischbacher 于 2003 年写了一篇关于利他主义的文章，开篇便说“人类社会是动物界巨大的例外”。他们的理由是人类同非亲属合作，而动物严格遵循“肥水不流外人田”的原则。在如下段落中，Robert Boyd 也表达了相似的意思：“其他灵长类动物的行为非常容易理解。只有行为的受益方和动作发出者或多或少有相同的基因，自然选择才会保留那些对个人来说代价高昂的亲社会行为。”

180 遗传分析：Kevin Langergraber 及其同事（2007 年，p. 7788）的结果挑战了从前的观念。以前人们认为灵长类动物只帮助和自己有血缘关系的个体，而 Langergraber 的结论说：“野生的雄性黑猩猩配对形成非常亲密和互助的组合，大多数组合中的两只都彼此没有血缘关系，或者亲缘关系非常远。”荷兰阿纳姆动物园的情况与此类似，彼此没有亲缘关系的黑猩猩之间也时常形成亲密的组合，有时候还会为彼此承担非常大的风险（de Waal，1982）。人类另一个最近缘的近亲倭黑猩猩，其群体内的雌性非常团结，结果整合起来势力远远压过雄性。雌性的倭黑猩猩并不会长期稳定待在一个群体中，所以它们和任何一个倭黑猩猩都不存在紧密的亲缘关系，所以我们把它们之间的关系称为“二级姐妹关系（Secondary sisterhood）”（de Waal，1997）。这是无亲缘关系个体间大规模合作的又一例子。

181 一定会想法扯平：最早对灵长类动物复仇行为进行统计分析的是 de Waal 和 Luttrell（1988）。在 *Good Natured*（天赋本善）一书中进行了更多讨论（de Waal，1996）。

182 “人类天生对”：罗伯特·特里弗斯（2004，p. 964）。

182 孕育了合作的摇篮：关于强互惠关系（Strong reciprocity，SR）的众多文献提出假设，人类有亲社会的趋势，并会惩罚不合作的个体。这类行为确实有很多研究支持（Herbert Gintis 及其合作编者，2005），可 SR 是否真的是为了针对外来的陌生人演化出来的，这一点还存在争议，此类情景一般在演化的各种模型中罕有考量。事实上相反的过程也很容易说得通，即 SR 可能源自群体内部，然后才扩展到对付外来人（Burnham and Johnson，2005）。

182 鲍勃·迪伦一语中的：引自 1983 年歌曲 *License to Kill*。

183 国王的老婆们：国家大部分人靠食品救济勉强度日，可国王的 13 个王妃中的 9 个竟然跑到海外购物去了（BBC News，2008 年 8 月 21 日）。

183 “后来的要先得”：葡萄园的这则寓言（马太福音 20：1－16）实质上并不是在说分钱的问题，而是在说进入天国。然而由于我们对这个故事有关公平的方面非常敏感，所以暂且用在这里。

184 人最主要的情绪都是从自我出发的：追求公正的背后，是出于自私的考量，Jason Dana 及其同事曾设计“独裁者游戏”，对此进行研究（2004）。

185 法国启蒙：Elisabetta Visalberghi 和 James Anderson（2008，p. 283）：“尊

重对他人的公正，是人类文明发展到最近才形成的道德原则，至少在西方文化中是个新鲜事。法国启蒙哲学家们认为，它基于人人平等的理论。”

186 脑部扫描结果：最后通牒游戏是 Werner Güth 发明的，后来 Daniel Kahneman 及其同事把游戏用在自己的研究中，产生了深远的影响。Alan Sanfey 及其同事在实验中给实验参与者很低的报偿，然后对他进行脑部扫描，发现负面情绪区域活化。

186 拉玛莱拉村捕鲸人：每年这些捕鲸人只捕到为数不多的鲸，够他们维持生活的。他们划向巨鲸，然后拿鱼叉的人跳到鲸背上，把武器猛地刺进它的体内。捕鲸人追在鲸后面好几个小时，多数时候就跟丢了，有时候鲸失血过多或者筋疲力尽，就会被捕鲸人猎杀（Alvard，2004）。

187 “不公正规避”：Ernst Fehr 和 Klaus Schmidt（1999）。

188 理查德·格拉索：参见 James Surowiecki 的“*The Coup de Grasso*”（New Yorker，2003 年 10 月 5 日）。

188 “民众对有钱人一贯不信任”：这段话引自 Mike Sunnucks 发表在 Phoenix Business Journal 上的文章（2008 年 9 月 30 日）。The Huffington Post 刊登了 Nathan Gardels 一篇对诺贝尔经济学奖得主 Joseph Stiglitz 的采访，Stiglitz 称：“华尔街的崩溃对市场原教旨主义的打击，就如同柏林墙倒塌对共产主义的影响。这件事向世人显示，这种经济组织方式并不具有可持续性。”

189 “必须夹起尾巴做人！”：莫林·多德的“*After W.，Le Deluge*”（New York Times，2008 年 10 月 19 日）。

189 不公平才是猴子愤怒的根本原因：Sarah Brosnan 和我最初的卷尾猴研究发表于 2003 年，后来 Megan van Wolkenten 及其同事利用更多猴子和更严格的对照进行了后续研究（2007）。Grace Fletcher（2008）和 Julie Neiworth 及其同事（2009）的重复实验基本上支持前面的结论。Brosnan（2008）探讨了灵长类动物抵触不公平的演化机制。

190 观察到一只雌性倭黑猩猩：《倭黑猩猩》一书（de Waal，1997 年，p. 41）记录了这个例子。灵长类学家 Sue Savage-Rumbaugh 相信，倭黑猩猩只有在所有成员受到相同待遇的时候才最高兴。这个物种或许比其他猿类都痛恨不公（Bräuer *et al.*，2009）。

191 为莫庆祝 39 岁生日：华盛顿邮报发表了一篇题为“*The Animal Within*”的文章，作者是 Amy Argetsinger。阉割受害者的现象在野生雄性黑猩猩之间并不少见，类似于第 2 章中提到的阿纳姆动物园里观察到的现象。

191 “如果你想要和平”：这句话被认为出自美国作家 H. L. 门肯

(1880—1956)和教皇保罗六世(1897—1978)之口。

192 公平的原则:Keith Jensen 及其同事让黑猩猩玩最后通牒游戏(2007),可猿类接受所有条件(包括0的分配),它们可能永远抓不住游戏的要义(Brosnan,2008)。

192 “共进晚餐”:引自艾琳·佩珀伯格的*Alex & Me*(2008,p. 153)。

193 因此狗对公平或许也是很敏感的:这是 Friederike Range 等人的研究(2009)。Vilmos Csányi(2005,p. 69)描述过狗是如何渴望被公平对待:“狗在意每一点食物和爱抚,什么也不想落下。主人如果忽视了这一点,它们就情绪低落,或者对占了便宜的其他狗虎视眈眈。”

193 一种自动售货机:John Wolfe 的硬币交易实验(1936)。

194 看到他人走运:这里指的是第1章开头引用的亚当·斯密的话。卷尾猴的自私和亲社会选择实验是 de Waal 等人于2008年开展的。William Harbaugh 及其同事的工作(2007)表明,慈善行为激活人类大脑的奖赏中心。

196 把欧洲和美国做一下比较:Joel Handler(2004)。Peter Gumbel 在“*The French Exodus*”中描述了年轻企业的流失(《时代周刊》,2007年4月5日)。

197 基尼系数:基尼系数描述的是收入的分布,其范围是从0(绝对均等)到100%(最大的不均等)。根据2008年的中情局世界概况(*CIA World Factbook*),美国的基尼系数为45%,位于乌拉圭和喀麦隆之间。即使是印度和印度尼西亚的收入分布也更为均等,分别为37%和36%。大多数欧盟国家的基尼系数在25%到35%之间。Larry Bartels 曾就收入不均如何影响经济进行过论证(2008)。

197 不特别强调公平的州:犹他州和新罕布什尔州(收入分布最均等)比路易斯安那州和密西西比州(收入差距最为悬殊)健康状况差。S. V. Subramanian 和 Ichiro Kawachi(2003)想看看这一事实是否和人口种族组成有关,他们排除了种族分布因素,发现收入同健康状况的关系仍然存在。

197 理查德·威尔金森:这句话引自威尔金森的著作(2006,p. 712)。或许情绪的作用比之前想象的更为重要——Fatemeh Heidary 及其同事用兔子做实验(2008),发现了相似的负面健康作用。在8周时间内,兔子全部处于饥饿状态(只给正常食量的1/3),第一组独自关着,第二组能看到、听到和闻到正常喂食的同伴。结果第二组兔子更悲惨,更多个体由于精神压力而心脏萎缩。

199 从一只雌性对另一只雄性的帮助过程:本杰明·柏克(Benjamin Beck,1973)。

第 7 章：弯曲的木材

201 “人性这根曲木”：康德 1784 年说的这段话，原文是德语：“Aus so krummem Holze, als woraus der Mensch gemacht ist, kann nichts ganz Gerades gezimmert werden.”“弯曲的木材”这个短语还被用在 Isaiah Berlin 的书中，并且是一个著名博客的名字（Crookedtimber. org）。

201 “我们一直很清楚”：这段话是富兰克林·德兰诺·罗斯福总统第二任就职演说中针对美国大萧条说的（1937 年 1 月 20 日）。

201 野葛：为美国南部带来灾难，它蔓延之处，其他植物都窒息而死，野葛是一种藤本，源自日本，20 世纪 30 年代引入美国，本来是为了抑制土壤浸湿。这种植物每天能长 30 厘米，目前其生长已经失去控制。

202 “新人类”：语出自 Leon Trotsky（1922）。Steven Pinker（2002）曾撰文描述共产主义者对人性灵活具有可塑性的观点。

202 当女孩养：John Colapinto 的 *As Nature Made Him*（2000）中讲述了这个真实的故事，男孩的阴茎包皮环切术失败了，于是成为性学家的实验品，性学家认为性别由环境决定。他手术摘除了男孩的睾丸，给男孩注射雌性激素，告诉他他是个女孩。然而，这些努力无法抹除胎儿期激素对大脑的作用。孩子的行动仍像男孩一样，而且非常抗拒女孩的衣服和玩具。他在 38 岁那年自杀了。目前人们已经取得普遍共识，性别认同是由生物学基础决定的。

203 一方面我们有倭黑猩猩的温柔和性感：《我们内在的猿性》（de Waal, 2005）一书讨论了人类同倭黑猩猩和黑猩猩这两种同我们最为接近的灵长类动物之间的相似性。

204 “我们从来不计算外国人的死亡数目”：2001 年纽约世贸中心倒塌，伊斯兰世界齐欢庆，后来巴格达遭到炮轰，美国摇旗呐喊支持，退休少将 Donald Shepperd 甚至把这件事比作交响乐，他说：“我并不想故意玩弄辞藻，可这件事就像一出精心编写的交响乐一样。”（CNN News, 2003 年 3 月 21 日）。拉姆斯菲尔德关于伊拉克战争中死亡的本地居民的言论，出自 Fox News（2003 年 11 月 2 日）。

204 约瑟夫·拉皮德：这位司法部部长表示，以色列在加沙造成的破坏，让他想起自己家在第二次世界大战期间的遭遇。拉皮德的数位家人曾在大屠杀中遇害（*Gaza Political Storm Hits Israel*, BBC News, 2004 年 5 月 23 日）。

205 “自然中充满了竞争”：引自 David Brooks 的“*Human Nature Redux*”，《纽约时报》，2007 年 2 月 17 日。

205　马丁·霍夫曼:霍夫曼(1981,p. 79)。

205　不由自主地"心理化":带有意图的精神状况(如欲望、需求、感觉、信仰、目标、推理)是观察不出来的,只能通过行为来推断。心理化能帮助我们理解看到的各种行为(Allen *et al.*,2008)。

206　对狗也适用:Patricia McConnell(2005)用描述情绪的词语描述了犬类的各种行为。

207　维多利亚女王:Matt Ridley(2001)描述了伦敦动物园第一次猿类表演。

207　漫长科研事业进入尾声之时:戴维·普利马克(2007)和杰罗姆·卡根(2004)。

210　"只要我活着":J. K. 罗琳(2008)。

211　穿西装的毒蛇:这本书是关于商界的精神变态的,作者是 Paul Babiak 和 Robert Hare(2006)。

212　生长发育出现异常:James Blair(1995)。

212　北极熊和小巧的哈士奇闹作一团:许多动物在和年轻或者弱小的同伴玩耍的时候,都会有意让自己变得行动迟钝些。雄性大猩猩只要随便往年幼的小伙伴胸口一甩手,小伙伴就能送命,然而大猩猩在摔打游戏的时候会控制自己的力道。德国摄影师 Norbert Rosing 记录了他在加拿大哈德逊湾见到的罕见的北极熊同雪橇犬玩耍的景象。

213　20 世纪德国:Robert Waite 的 *The Psychopathic God*: *Adolph Hitler*(1977)。希特勒还曾被诊断为妄想型精神分裂症患者。

213　"那段日子":马克·罗兰德(2008,p. 181)。有人对图尔德良的特征进行了研究,得出结论说这位神父几乎真可以算精神变态了。

214　控制共情心的开关:共情产生的最主要因素是和对象的熟悉和相似感(Preston and de Waal,2002)。更多讨论请见 Frederique de Vignemont 和 Tania Singer 的研究(2006)。

214　第五个骑士:Ashley Montagu 和 Floyd Matson(1983)。

214　女性的大脑天生就更容易产生共情:英国自闭症专家 Simon Baron-Cohen(2003)称,女性的大脑擅长共情,男性擅长系统化。关于儿童的性别差异研究,请见 Carolyne Zahn-Waxler 等人的研究(1992,2006),关于女性更有同情心、更会鼓励和关心人的跨文化研究,请见 Alan Feingold 的文章(1994)。

215　"同情虽然是":引自伯纳德·曼德维尔的 *An Enquiry into the Origin of Moral Virtue*[《蜜蜂的寓言》(*Fable of the Bees*),第二版]。曼德维尔(1670—1733)恐怕是历史上和安·兰德观点最具可比性的人,后者认为利己是美德。曼德维尔这本讽刺诗集的副标题清晰地表达了他的意思:私人的恶习,公众的利益。书中称贪婪造就了繁荣,而自私的动机以及自私带来的经济收益,则高于其他人类价值。

215 更为复杂的图景:Nancy Eisenberg(2000)、Sara Jaffee 和 Janet Shibley Hyde(2000)对共情的性别差异这一传统观点提出质疑。

216 史蒂夫·鲍尔默:*Ballmer 'vowed to kill Google'*,作者 Ina Fried(CNET News,2005 年 9 月 5 日)。

219 古希腊:特洛伊战争之后,伟大的战士埃阿斯患上自杀性抑郁症。索福克勒斯描述了他的病状:"他现在承受孤独之苦……"美国部队用古希腊戏剧来治疗创伤后应激障碍(PTSD)(MSNBC. com,2008 年 8 月 14 日)。

220 "我对战争真是厌倦极了":谢尔曼及其他人对杀戮和战争的评价,出自戴夫·格罗斯曼的《关于杀戮》(1995)。

220 "您看到牛":出自《孟子·梁惠王》。

221 调查显示最快乐的:Paul Zak(2005)的调查显示,自我评估的幸福感,和国家中信任程度呈正相关。

221 阿兰·格林斯潘:转述自 Jim Puzzanghera(洛杉矶时报,2008 年 10 月24 日)。

222 斯密把社会比作一个大机器:Jonathan Wight(2003)。

223 "无聊的政治经济学":John Kay 在"*A Little Empathy Would Be Good for Economics*"一文中讨论了经济学领域的女性(Financial Times,2003 年 6 月 12 日)。"利益相关者"这个词(包括雇员、顾客、银行家、供应商、商业的本地社区等)越来越多地被和"股东"一词相对应使用,比如 Edward Freeman 在 1984 年提出的利益相关者理论中便是如此。

224 "我们是富有同情心的国家":引自巴拉克·奥巴马在科罗拉多州丹佛市民主党全国大会上所作的接受提名演说(2008 年 8 月 28 日)。

224 亚伯罕姆·林肯:引自他给 Joshua Speed 的信件(1855 年 8 月24 日)。

致谢
Acknowledgements

十年来，我一直关注共情和信任在动物及人类社会中的作用，并终于完成此书。（本书正文中插图由作者亲自绘制。——编者注）这本书里凝结了很多人的努力，我想向他们表达深深的谢意，尤其是这些年来参与过我实验室研究的学生、实验员，以及其他科研同行，即位于美国佐治亚州亚特兰大埃默里大学耶基斯国家灵长类研究中心现存演化联系中心（Living Links Center，研究人和其他灵长类在遗传学、解剖学、认知及行为等方面的相似性）的研究人员。我要感谢同我并肩钻研的合作者、同事，以及帮我阅读本书草稿的朋友，他们给我提供了宝贵的观察结果和意见，还为书中引用的语言出谋划策。感谢约翰·奥尔曼、菲利波·奥雷利、克里斯托夫·伯施、彼得·博斯、萨拉·布罗斯南、迪文·卡特、玛丽埃塔·丁多、皮尔·弗朗西斯科·法拉利、杰西卡·弗拉克、罗伯特·弗兰克、艾米·富尔茨、贝特丽丝·德盖尔德、米尔顿·哈里斯、服部裕子、维多利亚·霍纳、斯科特·利林菲尔德、查理斯·门泽尔、艾莉森·纳什、马提亚斯·奥斯瓦特、苏珊·佩里、英格玛丽·佩尔森、戴安娜·瑞斯、科琳·谢弗、阿尼德亚·辛哈、苏珊·斯坦尼奇、本杰明·德瓦尔、波莉·维斯纳和蒂凡尼·杨。

托斯萨达·尼实达曾邀我去他位于坦桑尼亚马哈尔山的营地；我去泰国观察大象时，乔舒亚·普洛特尼科和理查德·莱尔对我给予了盛情款待；玛丽亚·布托夫斯卡娅安排我参观了莫斯科国家达尔文博物馆不公开展示的部分；埃米尔·门泽尔亲切地接受了我的采访，谈论他从前做出的前沿性研究；刚刚故去的维姆·苏尔蒙特教我绘画；斯蒂芬妮·普雷斯顿更是协助我归纳出了共情机制的核心观点。我对以上各位致以深深的感谢。

我的研究受到美国国家科学基金会、美国国立卫生研究院、埃默里大学的资助，以及私人资助。感谢我的代理人米歇尔·特斯勒的长期支持，感谢和谐出版社的约翰·格鲁斯曼的鼓励和对全文的仔细阅读。

一如既往，我的第一位读者是我的妻子凯瑟琳·马林，她确保全文通顺并易于阅读。正是因为她的存在，我的生活才充满阳光和希望。

扫描二维码，进入一推君的奇妙领地，回复“共情时代”，获取本书参考文献及索引

图书在版编目（CIP）数据

共情时代 /（荷）弗朗斯·德瓦尔著；刘旸译．—长沙：湖南科学技术出版社，2023.4
书名原文：The Age of Empathy
ISBN 978-7-5710-1300-4

Ⅰ．①共…　Ⅱ．①弗…②刘…　Ⅲ．①认知心理学　Ⅳ．① B842.1

中国国家版本馆 CIP 数据核字（2023）第 032727 号

著作权合同登记号：18-2023-075

GONGQING SHIDAI
共情时代

著者
[荷] 弗朗斯·德瓦尔
译者
刘旸
出版人
潘晓山
策划编辑
吴炜
责任编辑
吴诗
出版发行
湖南科学技术出版社
社址
长沙市芙蓉中路 416 号泊富国际金融中心 40 楼
网址
http://www.hnstp.com
湖南科学技术出版社天猫旗舰店网址
http://hnkjcbs.tmall.com

印刷
长沙超峰印刷有限公司
厂址
宁乡市金州新区泉洲北路 100 号
邮编
410600
版次
2023 年 4 月第 1 版
印次
2023 年 4 月第 1 次印刷
开本
880 mm × 1230 mm　1/32
印张
10
字数
260 千字
书号
ISBN 978-7-5710-1300-4
定价
59.00 元